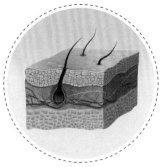

护肤与皮肤屏障

护肤与皮肤屏障

主　　编　杨　森

副 主 编　高金平　张　博

主　　审　张学军

编　　者　(以姓氏笔画为序)

马　捷　王齐兴　王瑶池　江思熠　许双俊　李蔚然

杨　森　辛　聪　汪小蒙　张　博　张书婷　张立银

郑丹翎　柳梦婷　祝可元　费文敏　高金平　唐利利

黄　勇　常玉灵　程　方　程莎莎　詹　炜　翟婉芳

编写秘书　唐利利　李蔚然

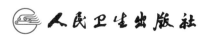

人民卫生出版社

主编简介

杨 森

一级主任医师、教授、博士生导师，2008 年卫生部突出贡献中青年专家，2007 年起享受国务院特殊津贴。安徽医科大学第一附属医院皮肤科主任医师，安徽翡睿皮肤医学研究院院长，担任中华医学会医学美容学分会常务委员兼激光美容学组组长，中国医师协会皮肤科医师分会常务委员，中华预防医学会皮肤病与性病预防与控制专业委员会副主任委员，中国医学装备协会皮肤病与皮肤美容分会护肤品和护肤材料组组长，中国化妆品科学技术专业委员会常务委员，中国康复医学会皮肤病康复专业委员会常务委员，中国整形美容协会激光美容专业委员会常务委员，中国中药协会皮肤病药物研究专业委员会常务委员兼研究指导专家，中华医学会皮肤性病学分会梅毒研究中心 PI，中华医学会安徽分会医学美学与美容学会主任委员，安徽省皮肤性病专科医疗联合体委员会主任委员，安徽省医学会皮肤性病学分会副主任委员，安徽省医学会常务理事，安徽医科大学第一附属医院化妆品不良反应监测中心主任，安徽省医疗美容质量控制中心主任。任《中华疾病控制杂志》副主编、

《中华皮肤科杂志》编委、《中国皮肤性病杂志》常务编委、《临床皮肤科杂志》编委、《国际皮肤性病学杂志》编委等十余本专业杂志的编委。

主持"973 计划"前期研究专项 1 项,国家自然科学基金面上项目 4 项,作为主要完成人参与国家"九五""十五""十一五""863"计划项目、"973"计划项目、国家自然科学基金重点项目等项目研究。先后培养硕士、博士研究生 40 余人,其中两人破格晋升为教授,一人获得全国百篇优秀博士学位论文奖,两人获得全国百篇优秀博士学位论文提名奖,多人获安徽省优秀硕士论文。

从事皮肤性病专业临床、教学和科研工作 40 年。长期从事皮肤美容、性传播疾病及遗传性皮肤病的医教研工作。其中皮肤美容及性传播疾病的诊疗已与国际接轨,紧密跟踪国际发展前沿。获国家科技进步奖二等奖 1 次、中华医学科技奖一等奖 3 次、教育部自然科学奖一等奖 1 次、安徽省科学技术奖二等奖 1 次以及其他省部级科技奖三等奖 5 次等。荣获"中国女医师协会第四届五洲女子科技奖"、2016年中国首届"最美女医师奖"、2017 年"全国巾帼标兵"及 2018 年"安徽医师杰出成就奖"等光荣称号。

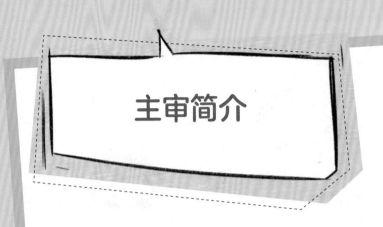

主审简介

张学军

　　一级主任医师,二级教授,博士生导师,皮肤病学国家重点学科和临床重点专科学科带头人。1986年获安徽医科大学免疫学硕士学位,1994年获上海医科大学皮肤性病学博士学位。现任复旦大学皮肤病研究所(附属华山医院皮肤科)所长,皮肤病学教育部重点实验室主任,国际皮肤科学会联盟(ILDS)常务理事,美国皮肤科学会(ADAINN)国际名誉会士,国际红斑狼疮遗传联盟(SLEGEN)名誉委员,国际银屑病协会(IPC)执行委员,全球银屑病普查委员会(GPA)亚洲区执行委员,中华医学会皮肤性病专科分会名誉主任委员,中华医学会银屑病专业委员会主任委员兼首席专家,中国遗传学会常务理事,北美华人皮肤科协会第一位"皮肤科学研究成就奖"获得者;任J Invest Dermtol副主编、BJD、JDS、IJD、AD等编委。曾任国际皮肤科学会(ISD)常务理事、亚洲皮肤科学会第9届主席、中华医学会皮肤科分会第11及12届主任委员、中国医师协会皮肤科分会副会长、安徽医科大学校长(2002—2013年)。

　　致力于疾病基因组变异研究20余年,发现银屑病、白癜风、系统性红斑狼疮和麻风等10余种常见皮肤病100多个易感基因,揭示疾

病遗传易感性机制，成果入选 2010 年度"中国十大科学进展"；发现汗孔角化症、毛发上皮瘤、遗传少毛症和掌跖角化症等 10 余种罕见皮肤病致病基因，揭示疾病病因和发病机制，成果入选 2012 年度"中国高等学校十大科技进展"。将基因组变异研究成果应用于皮肤病精准医疗，预测疾病，提高了皮肤病诊断率和药物疗效，降低了药物副作用。在银屑病、红斑狼疮等免疫性皮肤病、大疱病、遗传性皮肤病等疑难杂症诊疗上有丰富临床经验。

主持制定《中国银屑病诊疗指南》等多部皮肤病临床指南，担任"十一五""973"多发病防治首席科学家，主持国家"863"、国家自然科学基金重点项目和国际合作项目等 17 项。领导和指导的学科——复旦大学附属华山医院皮肤科位于 2017 年中国医院专科声誉排行榜皮肤科排名第一名，安徽医科大学第一附属医院皮肤科位于 2017 年中国医院专科科技影响力排行榜皮肤科排名第一名。

主编国家临床医学本科规划教材《皮肤性病学》第 5~9 版和国家住院医师规范化培训教材《皮肤性病学》等专著 20 部。在《新英格兰医学杂志》《自然》《自然遗传》等 SCI 期刊发表论文 300 余篇，SCI 他引超过 8 000 次，以第一完成人获国家科技进步二等奖 1 项、中华医学会科技奖一等奖 3 项、教育部和安徽省自然科学奖一等奖各 1 项。2004 年获卫生部有突出贡献专家称号，2017 年获谈家桢科学奖临床医学奖。

杨森教授皮肤屏障团队介绍

　　皮肤屏障一直以来都是皮肤科临床工作中十分关注的热点,其功能与正常机体内环境的维持和多种皮肤病的发生紧密相关。正常的皮肤屏障对健康肌肤的保护、免疫、代谢、遗传等方面起重要作用,而且在问题肌肤以及多种皮肤病的发生发展及治疗上有着重要意义。此外,对化妆品和护肤品功效性评定、皮肤屏障状况及相关指标的修复和改善研究更为重要。自 2014 年起,杨森教授和张学军教授带领安徽医科大学第一附属医院皮肤科、安徽医科大学皮肤病研究所二十余名医学硕、博士研究生成立皮肤屏障研究团队,围绕对皮肤屏障评估、精准护肤开展相关课题研究,现已发表论文 34 篇,其中 SCI5 篇,国内核心期刊论著及综述 29 篇。

　　在杨森教授的带领导下,本团队在皮肤屏障评估、皮肤屏障修复开展了以下工作:①围绕皮肤屏障研究开展的无创性皮肤生理功能检

测,检测皮肤各项生理参数,建立皮肤屏障无创检测方法学体系;②通过对健康人群进行全面的皮肤生理功能、高频超声检测,了解皮肤屏障状态,建立健康人群皮肤生理功能数据库;③通过无创性高效液相色谱串联高分辨质谱法,在中国健康人皮肤中检测到 12 种长链神经酰胺亚型;通过无创检测方法鉴定出中国健康人皮肤中表达的 80 种常见蛋白,对研发针对中国人特定的保湿护肤品及化妆品具有重要指导作用;④应用高通量测序技术探索中国健康人群体皮肤屏障微生态状况,为进一步研究疾病或屏障结构受损时皮肤微生态的变化和功能奠定基础;⑤对健康人群及银屑病患者的皮肤微循环和超声进行定性和测量分析,为明确中国汉族人群正常皮肤的密度和厚度、微循环指标提供了数据参考;⑥为实现皮肤屏障研究成果转化,推动医药卫生新技术,促进我国皮肤大健康事业的发展,团队历经数年,对各大医疗机构美容诊疗现状开展了皮肤护肤及护肤品问卷调查,了解不同地域、不同年龄、不同职业、不同肤质人群的护肤及护肤品使用情况。

本书由杨森教授和张学军教授带领的皮肤屏障团队倾心编写而成。通过对皮肤屏障的各项基础研究,详细阐明了皮肤屏障的功能,为日后科学护肤、护肤品和护肤材料的研发提供了理论基础。本团队将通过产、学、研结合的模式,将皮肤屏障及创伤修复防治的研究成果应用于临床与护肤、化妆品与皮肤管理。

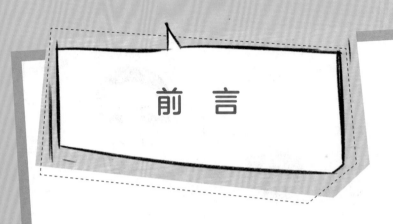

前　言

　　皮肤是人体最大的器官,有诸多功能,最重要的是屏障功能,能有效防止外界化学、物理、机械、生物诸多因素的侵入,以及防止水分、营养物质经表皮丢失。表皮角质层对防止水分丢失起着主要作用,角质细胞的完整性、角质层脂质及其中的天然保湿因子的含量及功能共同决定皮肤的屏障功能强弱。皮肤屏障功能受损可引起正常皮肤生理发生改变,导致表皮内水分经角质层丢失增加,使皮肤出现干燥、脱屑,并可导致或加重皮肤病的发生及发展。

　　随着现代科学技术的不断进步和人民生活水平的逐渐提高,人们对护肤品及化妆品的使用日益广泛,而护肤意识的提高与全民性缺乏护肤知识之间存在着巨大的矛盾;护肤美容市场存在的现状,更进一步促使普通百姓需要掌握更多的护肤知识。正确护肤已成为一门学问,皮肤问题的解决需要皮肤科专科医生提供针对性的护肤建议,对影响皮肤屏障功能的相关因素进行有效的控制、调节及改善,以期高效的达到治疗疾病、恢复健康及改善生活质量的目的。皮肤屏障修复管理可应用于正常皮肤、皮肤敏感状态及多种皮肤疾病中(如湿疹、特应性皮炎、银屑病、痤疮、激素依赖性皮炎等),有计划的、系统的皮肤管理对防止细菌侵入,减少皮肤炎症、刺激及预防复发均有重要意义。

　　为了进一步推进国内关于正确护肤的深入研究,促进护肤品的正确及规范使用,近年来在中国装备协会领导和支持下,我们成立了护

肤品和护肤材料学组,完成《化妆品皮肤不良反应诊疗指南》编写工作,配备有无创皮肤屏障监测系统并完成了近1 000人份正常人皮肤生理屏障数据收集,同时拥有化妆品不良反应监测中心,旨在加强对皮肤屏障与正确护肤关系的正确认识。

在本书中,我们将生活中人们常问的护肤问题和日常门诊所见的一些常见误区集中起来,集合多位国内知名的医学美容专家的诊治经验,查阅并借鉴了大量国内外关于健康护肤的相关资料,对这些问题一一做了详细解答。限于时间和经验,难免存在不足之处,有请广大读者和同道批评指正。同时致谢撰写过程中我们曾参阅借鉴过的所有文献的作者。

杨 森

2019 年 3 月

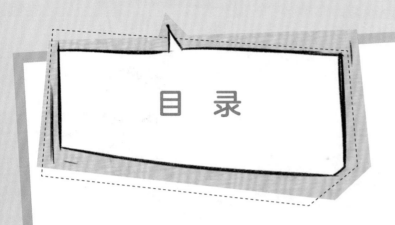

目 录

第一章 皮肤与皮肤屏障 / 1

第二章 引起皮肤屏障受损的原因 / 37

第三章 皮肤屏障损伤的表现 / 65

3.1 皮肤屏障损伤的一般表现有哪些 ⸺ 66

3.2 与年龄和性别相关的皮肤屏障损伤表现 ⸺ 73

第四章　屏障修复与精准护肤 / 103

第五章　皮肤综合管理 / 189

第一章

皮肤与皮肤屏障

1.1 皮肤的基本知识

1. 皮肤是人体最大的器官,你知道吗

皮肤看得见摸得着,被覆于体表,与我们所处的外界环境直接接触。皮肤不仅与美有关,而且对维持人体各项功能的稳定极其重要,担负着很多重要的功用。

皮肤是人体最大的器官,总重量约占个体体重的 16%,成人皮肤总面积约为 $1.5m^2$,新生儿约为 $0.21m^2$。不包括皮下组织,皮肤的厚度约为 0.5~4mm,存在较大的个体、年龄和部位差异,如眼睑、外阴、乳房的皮肤最薄,厚度约为 0.5mm,而手掌和足底部位的皮肤最厚,可达 3~4mm。表皮厚度平均为 0.1mm,但手掌和足底部位的表皮可达 0.8~1.4mm。真皮厚度在不同部位差异也很大,较薄的(如眼睑)约为 0.6mm,较厚的(如背部和手掌、足底)可达 3mm 以上。

2. 你了解自己的皮肤结构吗

皮肤包括三个不同的层面:表皮、真皮和皮下组织,表皮与真皮之间有一层连接的结构,称为基底膜带。

表皮又分为五个层面,最外层是我们大众熟知的角质层,往内依次为透明层、颗粒层、棘层、基底层。表皮层基底细胞分裂不断向表面推移,形成表皮各层细胞,最终以皮屑方式脱落,整个过程大约需要 28 天,称为表皮通过时间或更替时间。表皮层没有血管,但有丰富的神经末梢,可感知外界刺激,产生触、痛、压力、冷、热等感觉。

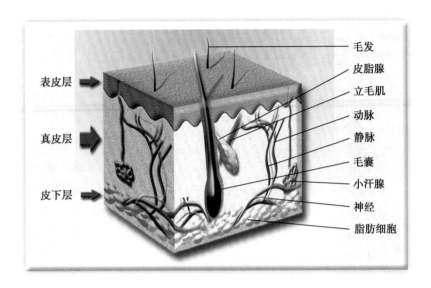

表皮层

真皮层

皮下层

毛发
皮脂腺
立毛肌
动脉
静脉
毛囊
小汗腺
神经
脂肪细胞

真皮位于表皮之下,坚韧而富有伸缩性,主要是由胶原纤维、弹力纤维、网状纤维和无定型的基质组成,它们使皮肤具有良好的韧性和弹性。其中,胶原纤维具有一定的伸缩性,起抗牵拉作用;弹力纤维有较好的弹性,可使牵拉后的胶原纤维恢复原状。如果真皮中上述 3 种纤维减少,皮肤的弹性下降,就容易产生皱纹。真皮由外往内依次是乳头层和网状层,乳头层主要由胶原纤维构成,纤维束细小,排列方向不定,内含丰富的毛细血管网和感觉神经末梢。网状层位于真皮深层,主要由胶原纤维和弹力纤维构成,纤维束粗大,排列方向与皮肤表面平行,交织成网状。此层含有丰富的血管、淋巴管、神经、肌肉、皮脂腺、汗腺、毛囊等。

皮下组织位于皮肤的最深层,其厚度约为真皮层的 5 倍,主要由大量的脂肪细胞和疏松的结缔组织构成,含有丰富的血管、淋巴管、神经、汗腺和深部毛囊等。皮下脂肪有保温防寒、缓冲外力、保护皮肤等作用。

3. 什么是皮肤附属器

皮肤附属器包括毛发、皮脂腺、汗腺和甲,均由外胚层分化而来。

毛发由同心圆状排列的角化的角质形成细胞构成,其中头发、胡须、阴毛及腋毛为长毛,眉毛、鼻毛、睫毛、外耳道毛为短毛,面、颈、躯干及四肢的毛发

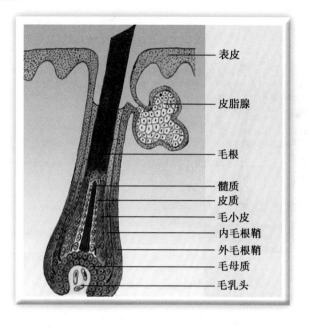

短而细软、色淡,为毫毛或毳毛,胎儿体表白色柔软而纤细的毛发又称为胎毛。毛发位于皮肤以外的部分称毛干,位于皮肤以内的部分称毛根。

皮脂腺分布广泛,存在于掌跖和指趾屈侧以外的全身皮肤,头面及胸背上部等处较多,称为皮脂溢出部位。在颊黏膜、唇红部、妇女乳晕、大小阴唇、眼睑、包皮内侧等区域,皮脂腺不与毛囊相连,腺导管直接开口于皮肤表面。皮脂腺也有生长周期,但与毛囊生长周期无关,一般一生只发生两次,主要受雄激素水平控制。

汗腺根据结构与功能不同,可分为小汗腺和顶泌汗腺,其中小汗腺遍布全身,总数 160 万~400 万个,以掌跖、腋、额部较多,背部较少;顶泌汗腺主要分布在腋窝、乳晕、脐周、肛周、包皮、阴阜和小阴唇,偶见于面部、头皮和躯干,主要受性激素影响,青春期分泌旺盛。

指甲生长速度约为每 3 个月 1cm,趾甲生长速度约每 9 个月 1cm。疾病、营养状况、环境和生活习惯的改变可影响甲的性状和生长速度。

4. 什么是毛发生长周期

毛发的生长周期可分为生长期(anagen)、退行期(catagen)和休止期(telogen),分别约为 3 年、3 周和 3 个月。各部位毛发并非同时生长或脱落,在全部毛发中,约有 80% 处于生长期。正常人每天可脱落 70~100 根头发,同时也有等量的头发再生。头发生长速度为每天 0.27~0.4mm,经 3~4 年可长至 50~60cm。毛发性状与遗传、健康状况、激素水平、药物和气候等因素有关。

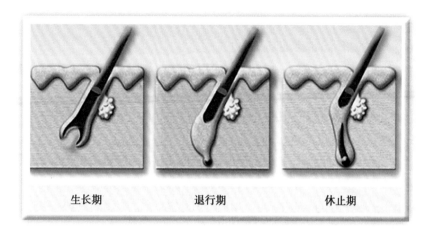

生长期　　　　　退行期　　　　　休止期

5. 皮肤有哪些功能

　　皮肤是人体最外层的保护衣,具有屏障、吸收、感觉、分泌、排泄、体温调节、物质代谢和免疫等多种功能。

　　(1) **皮肤的屏障功能:**皮肤可以保护体内各种器官和组织免受外界有害因素的损伤,包括物理性刺激、化学性刺激及微生物的入侵,也可以防止体内水分及营养物质的丢失。

　　(2) **皮肤的吸收功能:**皮肤具有吸收功能,通过皮肤吸收是皮肤外用药物治疗的理论基础,也是日常各种外用护肤品保养的前提。角质层是经皮吸收的主要途径,角质层的含水量越高,皮肤的吸收能力越强。局部用药后用塑料保鲜膜密闭封包,药物或者其他护肤品吸收可增加 100 倍,其原因就是封包阻止了局部汗液和水分的蒸发。水溶性物质不易被吸收,而脂溶性物质和油脂类物质吸收良好,环境温度升高可使皮肤血管扩张、血流速度增加,使皮肤吸收能力提高。环境湿度也可影响皮肤对水分的吸收,当环境湿度增大时,皮肤吸收能力增强。病理情况下,皮肤充血、理化损伤及皮肤疾患均会影响经皮吸收。

　　(3) **皮肤的感觉功能:**皮肤可感知触觉、痛觉、压觉、冷觉和温觉,以及湿、糙、硬、软、光滑等。此外,皮肤还有形体觉、两点辨别觉和定位觉等。痒觉又称瘙痒,是一种引起搔抓欲望的不愉快感觉,属于皮肤黏膜的一种特有感觉,其产生机制尚不清楚。精神因素对痒觉有一定的影响,精神舒缓或转移注意力可使痒觉减轻,而焦虑、烦躁或过度关注时,痒觉可加剧。

(4) 皮肤的分泌和排泄功能:皮肤的分泌和排泄主要通过汗腺和皮脂腺完成。汗液中水分占99%,其他成分仅占1%,后者包括无机离子、乳酸、尿素等。

(5) 皮肤的体温调节功能:冷时皮肤血流量减少,皮肤散热减少;热时皮肤血流量增加,皮肤散热增加。

(6) 皮肤的代谢功能:皮肤细胞有分裂增生、更新代谢的能力。皮肤作为人体的一部分,组织参与人体的糖、蛋白质、脂类、水和电解质代谢。皮肤的新陈代谢最活跃的时间是在晚上10点至凌晨2点,在此期间保证良好的睡眠对养颜颇有好处。

(7) 皮肤的免疫功能:皮肤免疫系统包括免疫细胞和免疫分子两部分,它们形成一个复杂的网络系统,并与体内其他免疫系统相互作用,共同维持着皮肤微环境和体内环境的稳定。

6. 皮肤肤色由什么决定

人体肤色随人种不同而有白、黄、棕、黑之分,同一人种也随个体而异,即使同一个人在同一个时期,不同部位的颜色也不尽相同。一般而言,女性肤色比男性淡,青年人肤色比老年人淡,阴囊、阴唇、乳晕、乳头、肛周及腹部着色较深,手掌和足底肤色较淡。

人类的肤色受很多因素影响,如皮肤内各色素含量,皮肤各层的厚度,吸收紫外线和可见光的物质含量等。但是,对皮肤颜色变化起决定作用的因素有:

(1) 皮肤内各种色素的含量,即皮肤

内黑色素、胡萝卜素,以及皮肤血液内氧化血红蛋白与还原血红蛋白的含量多少(毛细血管中的氧化血红蛋白为红色,静脉内的还原血红蛋白呈蓝色)。黑色素、胡萝卜素、还原血红蛋白含量增多,皮肤颜色就会变深。决定肤色深浅的主要因素是皮肤黑素含量,黑素在黑素细胞内合成。

(2)皮肤解剖学上的差异,主要是皮肤的厚薄,特别是角质层和颗粒层的厚薄。薄的表皮易显示出真皮血管内血液的颜色,厚的表皮透光性差,皮肤颜色发黄,如手掌部皮肤,也与皮肤内血管分布情况有关,包括深浅、程度。

(3)药物(如米帕林、氯苯酚嗪、磺胺)、金属(金、银、铋、铊)、异物(如纹身、粉色染物)及其他代谢产物(如胆色素)的沉着也会引起皮肤颜色的改变,也可能由于皮肤本身病理改变所致,如皮肤异常增厚、变薄、水肿、发炎、浸渍、坏死等变化也会造成皮肤的颜色相应变化。

(4)早期不同肤色的形成与环境影响有着密切的关系。热带地区阳光充沛、紫外线强烈,人的皮肤多为黑色或深肤色,对人体有一定的保护作用,可使人们更好地忍受紫外线的强烈照射,保护深层的血管等组织免受伤害。随着人类社会的发展,地理环境对人体的作用也就不断减弱。

(5)不同人种的肤色,还与遗传有一定的关系。比如,非洲人的皮肤呈黑色,这个特征可以保持在他们的后代中,虽然他们移居到美洲或欧洲,但黑色的皮肤仍然被遗传下来。此外,血统的混合,也可以导致新的种族类型的产生。乌拉尔人就是黄种人与白种人的后代。

1.2 皮肤屏障的结构与功能

7. 什么是皮肤屏障

　　皮肤是人体最大的器官,覆盖于整个体表,作为人体天然的外衣,起到了重要的屏障作用,被称为皮肤屏障。一方面,皮肤可以保护体内各种器官和组织免受外界环境中机械的、物理的、化学的和生物的有害因素的侵袭;另一方面,皮肤可以防止身体内的各种营养物质、水分、电解质和其他物质的丧失,从而保持机体内环境的相对稳定。从广义上来看,皮肤的屏障功能不仅仅指其物理性屏障作用,还应包括皮肤的色素屏障作用、神经屏障作用、免疫屏障作用以及其他与皮肤功能相关的诸多方面作用;狭义的皮肤屏障功能通常指表皮尤其是角质层的物理性或机械性屏障结构,又称为渗透性屏障。

8. 皮肤屏障由哪些结构组成

　　皮肤屏障主要由皮肤表面的一层皮脂膜、各种表皮细胞以及细胞间各种脂质成分组成。

　　皮脂膜是覆盖在皮肤表面的一层透明薄膜,又称为水脂膜,主要由皮脂腺分泌的脂质、角质层细胞崩解产生的脂质以及汗腺分泌的汗液乳化形成,呈弱酸性,包括神经酰胺、角鲨烯、亚油酸、亚麻酸及其他脂类成分。皮脂膜对角质层细胞具有营养作用及高效的保水作用。因此干性皮肤表皮脂类较少,更容易缺水。

角质细胞间脂质(结构性脂质)主要包括神经酰胺、胆固醇、游离脂肪酸及小分子脂质,是连接稳定表皮的重要组成成分。这些细胞间脂质来自棘层上层和颗粒层细胞的分泌,排入细胞间隙后,经过修饰、排列整合形成双层脂膜。神经酰胺是胞间脂质的主要成分,角质层内含有 12 种神经酰胺。随年龄的增长神经酰胺含量不断减少,引起皮肤干燥、瘙痒、脱屑、开裂等,皮肤屏障功能明显降低。补充神经酰胺可以迅速恢复皮肤保湿和屏障功能,所以它成了国内外化妆品公司研发的热点。

9. 组成皮肤屏障的细胞有哪些

组成皮肤屏障的细胞包含表皮内的细胞,主要是角质形成细胞,这是角质层的结构细胞。另外还有朗格汉斯细胞、迈克尔细胞、黑素细胞等。每种细胞数量多少不一,但是都担任了不同的生理功能,不可或缺,共同维持皮肤屏障的正常功能。

10. 我们为什么要了解皮肤屏障呢

皮肤屏障对于皮肤的健康,甚至全身的健康,都是非常重要的。任何引起屏障破坏的因素,都会导致皮肤出现生理或病理状态的改变。尤其是与很多皮肤疾病的发生及发展都有着密不可分的关系,如特应性皮炎、银屑病、老年瘙痒症、过敏性疾病等。在解除破坏屏障的因素之后,要想皮肤恢复正常,我们就要修复皮肤屏障。在修复之前,我们需要认识皮肤屏障,了解皮肤屏障。

11. 婴幼儿的皮肤屏障功能有何特点

婴幼儿皮肤屏障功能较成人薄弱且不够成熟,在新生儿,尤其是早产儿中表现得更为突出。皮肤屏障功能的完善一直持续到 1 岁左右,有些人甚至直到青春期,还在进行皮肤屏障系统的完善,这是人对外界干燥环境逐步适应的过程,也是基于其解剖结构逐步成熟的过程。相对于成人,婴幼儿皮肤屏障功能具体表现为表皮及真皮发育均不完善,厚度薄,细胞间连接少,结构不成熟,功能不完善,外观平滑、细嫩,更容易受损伤,造成皮肤屏障功能异常。

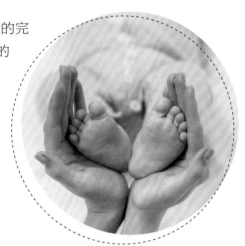

12. 儿童的皮肤屏障有哪些特点

儿童皮肤屏障功能有以下特点:

(1)新生儿尤其是早产儿的皮肤敏感脆弱,角质层菲薄,细胞间桥粒连接功能不如成人,表真皮间连接疏松,天然保湿因子含量低,影响皮肤屏障功能,导致新生儿易发生感染、中毒和体液失衡等情况。

(2)新生儿尤其早产儿皮肤表面 pH 值偏中性,显著削弱其抑制皮肤表面对微生物过度增殖的保护作用,也可促使经表皮失水增加,引起表皮屏障功能改变。

(3)表皮脂质在维持皮肤屏障功能和皮肤完整性上发挥着重要作用,新生儿出生几周后,因皮脂腺分泌活性低,导致皮肤表面皮脂含量下降,使得皮脂膜的屏障作用减弱。另外,这层皮脂膜不能通过人为的方法再生,因此最佳保护措施就是尽量避免对皮脂膜的破坏,避免使用不适宜的洗浴产品或者加强保湿润肤剂的使用等。

(4)儿童表皮内黑素小体少,且活性延迟,对紫外线的防护功能弱,更易晒伤。

(5)新生儿和婴幼儿皮肤内胶原成分较成人少且不成熟,但含有大量蛋白多糖成分,使得皮肤含水量增加,易受体液失衡影响,轻微的摩擦,如尿布摩擦,即会造成皮肤损伤。

此外,儿童皮肤还有着吸收能力强,体温调节能力差,对热刺激敏感,分泌和排泄功能较成人弱,皮肤糖原含量和水含量均高于成人,易发生细菌、真菌和病毒等感染性皮肤病等特点。

13. 中年人的皮肤屏障有哪些特点

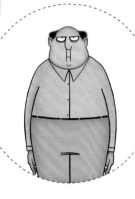

人在 30 岁左右皮肤开始衰老,60 岁以后皮肤老化更加明显。随着年龄的增大,皮肤屏障特征主要表现为缺乏水分,弹性减弱,皮肤显得干燥,失去光泽和滋润感,皮肤松弛,皱纹也显现出来。

14. 老年人的皮肤屏障有哪些特点

老年人的皮肤屏障有以下 4 个特点:

（1）**萎缩**：皮肤起皱变薄,干燥松弛,光泽减退,弹性减少,血管脆性增加,易出现紫癜、瘀斑等。

（2）**增生**：面颈部出现皮赘、脂溢性角化、樱桃样血管瘤、日光性角化病等。

（3）**迟钝**：皮肤的功能降低,容易受热中暑、受凉感冒。皮肤的反应性减退,易受损伤,对细菌、病毒、真菌等病原微生物的防御能力也削弱。

(4) 敏感: 对于某些外界刺激因素作用后的反应过于强烈,如易出现皮肤干燥、瘙痒、疼痛等。

15. 男性皮肤屏障有哪些特点

男性皮肤较粗糙,角质层较厚,雄激素分泌导致皮肤油脂分泌多,皮脂较多,且毛孔多而粗大。当皮脂大量产生而又不能及时排出,堵塞毛囊口,便容易形成痤疮。男性皮脂腺和汗腺分泌均比较旺盛,皮肤容易油腻,汗水也比较多;男性运动量大,汗液对皮肤的刺激及汗液蒸发带走皮肤的水分导致皮肤含水量下降,经皮失水量增多,pH 值偏酸性。男性户外时间较久,紫外线照射长,损伤皮肤屏障。

16. 女性皮肤屏障有哪些特点

女性皮肤比较细柔,角质层比男性薄,对外界刺激的抵抗力低于男性,因此易出现过敏性皮炎等皮肤病。女性皮肤含水量较多,但皮脂分泌比男性少,毛孔细小,皮肤细腻。女性皮肤的血管收缩与舒张调节机制比男性低,容易引起冻伤。女性雌激素分泌多,容易出现色素沉着,黄褐斑的发生率较男性高。

17. 表皮细胞间靠什么结构连接

桥粒是角质形成细胞间连接的主要结构,两个细胞相互靠近,桥粒像一粒"纽扣"将这两个细胞紧密连接在一起。桥粒的本质是蛋白质,本身即具有很强的抗牵张力,加上相邻细胞间由张力细丝构成的连续结构网,使得细胞间连接更为牢固。在角质形成细胞的生长过程中,桥粒可以分离,也可重新形成,使表皮细胞上移至角质层并有规律地脱落。桥粒结构的破坏可引起角质形成细胞之间相互分离,临床上形成表皮内水疱或大疱。

表皮与真皮之间有一带状结构,叫基底膜带,半桥粒是基底层细胞与下

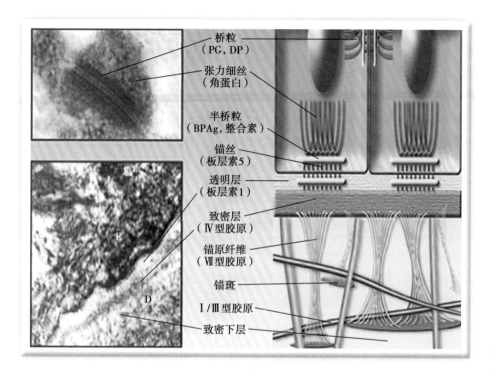

桥粒
（PG，DP）

张力细丝
（角蛋白）

半桥粒
（BPAg，整合素）

锚丝
（板层素5）

透明层
（板层素1）

致密层
（Ⅳ型胶原）

锚原纤维
（Ⅶ型胶原）

锚斑

Ⅰ/Ⅲ型胶原

致密下层

方基底膜带之间的主要连接结构，由角质形成细胞的不规则突起与基底膜带相互嵌合而成，其结构类似于半个桥粒。基底膜带除使真皮与表皮紧密连接外，还具有渗透和屏障等作用。表皮无血管分布，血液中营养物质就是通过基底膜带才得以进入表皮，而表皮代谢产物也是通过基底膜带方可进入真皮。基底膜带结构的异常可导致真皮与表皮分离，形成表皮下水疱或大疱。

18. 什么是皮肤的"三明治"结构

"三明治"结构存在于角质层中，厚度约为 13nm，由三层组成，第一层及第三层由晶状体网格结构组成，中间是液相，由类脂构成，主要含有不饱和脂肪酸及胆固醇。由于存在少量流动的长链饱和烃链，靠近液相的晶状体结构具有缓慢的流动性。层状结构形成过程中，神经酰胺与胆固醇起到很重要的作用，而在其横向堆积中，是脂肪酸在起作用。"三明治"结构在角质层的保湿、保护方面起到了很重要的作用。

19. 什么是皮肤的"砖—墙结构"

角质层由 5~15 层细胞核和细胞器消失的扁平角质细胞和薄层脂质层组成,有学者形象地将角质层比喻为"砖墙"结构,角质细胞好比墙的"砖",而细胞间脂质好比墙的"灰浆",它将角质细胞严密地连接起来,使皮肤屏障正常,保证既不丢失水分,又不受外界侵犯。

20. 影响角质层结构完整性的因素有哪些

影响角质层结构完整性的因素包括角质形成细胞分化异常、中间丝聚蛋白(Filaggrin,FLG)突变或缺乏及脂质代谢能力不强等。

21. 什么是皮肤水脂膜

水脂膜作为表皮与外界环境的交界面,是皮肤屏障结构的最外层防线。通常把皮肤屏障喻为"砖墙"结构,覆盖在"砖墙"结构之外的结构即为水脂膜。水脂膜和"砖墙"结构共同构成了皮肤的物理性屏障。其主要成分是水分和脂类。水脂膜的水分来源于汗腺分泌和透表皮的水分蒸发,脂类来源于皮脂腺的分泌产物以及角质细胞崩解的脂质、汗腺的分泌,此外,还有许多表皮代谢产物、无机盐等。

皮脂腺来源的皮脂是以全浆分泌的形式被排泄到皮肤表面,表皮来源的脂质是以板层颗粒的形式被终末分化的角质形成细胞释放到角质层细胞间隙。不同来源的脂质含量与人体皮脂腺的分布密切相关。皮脂腺不均衡地分布于除掌跖外的全身皮肤。头面及胸背等处皮脂腺较多,皮脂的含量相应较高;皮脂腺较少的部位,表皮来源的脂质含量相应较高。水脂膜的脂质约90% 来自皮脂腺分泌的皮脂。皮脂平均包含了 57.5% 的甘油三酯及其水解产物、26% 的蜡酯、12% 的角鲨烯、3% 的胆固醇酯、1.5% 的胆固醇;表皮来源的脂由 50% 的神经酰胺、25% 的胆固醇、15% 的自由脂肪酸以及少量的胆固醇酯和硫酸胆固醇组成。

22. 水脂膜的功效是什么

水脂膜作为人体皮肤的第一道防线具有重要的屏障功能。水脂膜中的脂质功能如下：

（1）角鲨烯作为水脂膜最具特征性的脂质，是一种具有分解特性的抗氧化物。光线更容易使其分解。其分解产物可能是紫外线和促氧化剂性生物学效应的重要的生理性分子介质。研究发现紫外线照射皮肤时其能量以角鲨烯过氧化反应的形式被捕获。因此，当紫外线或电离辐射作用于皮肤时，角鲨烯就能保护皮肤免受损伤。

（2）维生素 E 和辅酶 Q10 作为脂溶性的抗氧化物，与皮脂同时排泄到皮肤表面，发挥抗氧化作用。

（3）皮脂还能够抵御金黄色葡萄球菌等多种微生物的感染。单不饱和脂肪酸缺失，不仅表现出严重的皮炎，而且更容易被革兰阳性菌感染。

（4）脂肪酸被胆固醇酯化成蜡酯，在皮肤的绝缘功能中发挥关键作用。蜡酯比其他脂质更能抵御氧化物所致的皮肤损伤，提高皮肤的保水功能。

然而，除了具备良好的屏障功能，皮脂还能够调节体温。寒冷条件下，皮脂形成防水膜，防止水分蒸发；温暖环境中，皮脂转变为液态的汗液黏合剂降低汗液表面张力、保持皮肤的汗液，提高皮肤的水分蒸发效能。

皮脂在保护皮肤的同时，也有令人不悦的一面。水脂膜内的角鲨烯和蜡酯能够作为自身抗原被自身反应性 T 细胞识别，揭示了人体表面的油类自身抗原这种先前未知的屏障自身免疫机制。

此外，水脂膜还能通过减少皮肤表面的水分蒸发而润滑皮肤，并参与维持皮肤 pH 值的稳定。

23. 什么是皮肤天然保湿因子

皮肤水脂膜内有许多代谢产物和水溶性物质，在皮肤屏障结构中起到重要的保持水分功能,称为天然保湿因子(natural moisturizing factor,NMF)。NMF 是存在于角质层内能与水结合的一些低分子量物质的总称,包括氨基酸、乳酸盐、尿素等及其他未知的物质。NMF 的成分不仅存在于表皮水脂膜,也分布在角质层细胞间隙中。NMF 可减少皮肤透皮水分丢失,水溶性极强。它们与蛋白质和脂质共同使角质层保持一定的含水量,在一定程度上维持角质层内外的水分平衡。皮肤屏障结构的破坏导致 NMF 流失,使皮肤的保湿作用下降。

24. 皮肤屏障中的天然保湿因子有哪些成分

组成天然保湿因子的物质包括:氨基酸类、吡咯烷酮羧酸、乳酸盐、尿素、氨、尿酸、氨基葡萄糖、肌酸、无机盐类物质(钠、钙、钾、镁、磷酸盐、氯化物)、柠檬酸盐、糖、有机酸、肽及未确定物质,这些物质水溶性极强,对维持皮肤屏障结构的完整性和功能的实现有着不可替代的作用。

25. 皮肤屏障中有哪些脂质

皮肤中的脂质分为水脂膜中的皮脂和表皮内的细胞间脂质,其中细胞间脂质又被称为结构性脂类。皮脂腺的脂质组成与细胞间脂质区别较大,皮脂的标志性成分是角鲨烯,而角质层脂质的标志性成分是神经酰胺。水脂膜中的脂类属于游离性脂类,主要脂类成分为角鲨烯、甘油三酯、游离脂肪酸、蜡酯、总胆固醇和胆固醇酯等。结构性脂质是构成皮肤屏障的主要脂质成分,主要为神经酰胺、游离脂肪酸、总胆固醇。

26. 皮肤脂质对皮肤屏障有何影响

皮肤脂质对皮肤屏障有以下影响:

(1)皮脂腺脂质的改变对皮肤屏障的影响:皮脂中的角鲨烯是由 6 个异

戊二烯连接而成的不饱和三萜类化合物,有着特殊的化学结构,具有较强的皮肤保湿和抗氧化等功效。与健康人相比,特应性皮炎人群的皮脂腺脂质(尤其是角鲨烯和蜡酯)含量减少 2 倍。光老化皮肤和皮肤过度干燥之间有线性关系,与自然老化的皮肤相比,光老化皮肤更易对碱性物质产生过敏反应,即皮肤屏障功能更弱。而皮脂中的角鲨烯可以有效地阻断自由基链式反应,抑制皮脂过氧化,从而保护皮肤免受紫外线照射造成的氧化应激伤害。此外,甘油三酯代谢在光老化及急性紫外线暴露后的皮肤损伤修复机制中起重要的作用。

(2) **神经酰胺的改变对皮肤屏障的影响**:神经酰胺作为角质层细胞间脂质的标志性成分,其含量或某些亚类含量的变化和皮肤屏障功能的改变有着密不可分的关系。除去角质层细胞间的神经酰胺,皮肤屏障功能丧失。不同碳链长度的神经酰胺同样影响皮肤屏障功能,长链神经酰胺在维持皮肤屏障功能中有重要作用。外源性涂抹富含神经酰胺的润肤剂或脂类混合物有助于受损的皮肤屏障功能完善和恢复。

(3) **游离脂肪酸的改变对皮肤屏障的影响**:健康人角质层细胞间的长链脂肪酸被短链脂肪酸代替时,会影响皮肤组织的层状结构,而导致皮肤屏障功能障碍,皮脂组分的脂质混合物中的游离脂肪酸由短链改为长链时,混合物的结构更牢固,稳定性也会增强,在游离脂肪酸缺乏的皮肤表面,外源性补充游离脂肪酸也有助于皮肤屏障功能的恢复。

(4) **胆固醇的改变对皮肤屏障的影响**:总胆固醇是角质层里面最主要的醇类物质。角质层内包含了大量的胆固醇硫酸酯,在调节角质层细胞凝聚力和脱屑方面有显著作用。胆固醇硫酸酯在类固醇硫酸酯酶的催化下生成总胆固醇,用以维持皮肤屏障功能。总胆固醇合成受阻或含量下降可导致皮肤屏障功能异常。

(5) **脂质成分比例变化的影响**:构成人角质层主要脂质成分的神经酰胺、游离脂肪酸、总胆固醇三者以等摩尔浓度存在时是维持正常皮肤屏障功能的最佳比例,当受到外界刺激或代谢失衡而引起三者比例改变时,会造成皮肤屏障功能异常。在这三种脂质成分中任选一种或两种外用于有皮肤屏障功能障碍的人皮肤表面,都会发现皮肤屏障修复功能延迟现象;只有当三种成分等摩尔浓度使用时才能促进皮肤屏障的正常修复;当三者浓度同时提升三倍时,还可以加快修复速度。

27. 皮肤屏障中的细胞间脂质是如何形成的，有什么特点

细胞间脂质就是砖块之间的"灰浆"结构，又称为结构性脂质。结构性脂质由棘细胞合成，以板层小体或 Orland 小体的形式分布在胞质内，在棘细胞向上移行分化过程中，该板层小体逐渐移向细胞周边，并与细胞膜融合，最后以胞吐的形式排出到细胞间隙。角质层细胞间脂质由大约50%神经酰胺、25%胆固醇、15%游离脂肪酸和一些次要的脂质组成。表皮细胞在分化的不同阶段，其脂质的组成也存在着显著的差异，与基底层和棘层相比，角质层中固醇类较高而磷脂缺乏。细胞间脂质具有明显的生物膜双层结构，即亲脂基团向内，亲水基团向外，形成水、脂相间的多层夹心结构。这种结构一方面保留了生物膜的半通透或选择性通透的性质，有利于某些小分子营养物质如电解质的吸收渗透，另一方面它结合了一部分水分子而把后者固定下来，这些水分就是所谓的结合水，即使在很干燥的情况下结合水也不会丢失。

28. 什么是皮肤神经酰胺

神经酰胺由脂肪酸和鞘脂组成，脂肪酸包括非羟基脂肪酸（N）、α-羟基脂肪酸（A）、酯化 ω-羟基脂肪酸（EO），鞘脂包括二氢鞘氨醇（DS）、鞘氨醇（S）、6-羟基鞘氨醇（H）、植物鞘氨醇（P），两两组合生成不同亚类神经酰胺。实际上由于两条链的长度均存在多样性以及额外官能团，使神经酰胺含有很多种亚类。神经酰胺的合成与代谢与几种酶相关。合成主要有两条途径，一条是从头合成途径，由丝氨酸和棕榈酰基 -CoA 在丝氨酸棕榈酰转移酶（SPT）的作用下生成神经酰胺；另一条是酶解途径，由鞘磷脂在鞘磷脂酶的作用下水解生成神经酰胺。神经酰胺也可以在神经酰胺酶的作用下分解生成鞘氨醇和脂肪酸，在神经酰胺激酶的作用下生成磷酸神经酰胺，在葡萄糖神经酰胺合成酶的作用下生成葡萄糖神经酰胺。神经酰胺通常由鞘磷脂和葡萄糖神经酰胺通过鞘磷脂酶和 β-葡萄糖脑苷脂酶在皮肤中酶促裂解来提供。水解的磷

脂酶有酸性、中性、碱性。其中酸性和中性在外源性刺激下能很快活化,在短时间内生成神经酰胺。皮肤中的神经酰胺属于神经鞘脂类,由脂肪酸和鞘氨脂碱基组成的一类化合物,约占角质层脂质总重量的一半,目前角质层中已发现 12 种神经酰胺,共同参与表皮屏障功能的形成,而且在信号转导、细胞增生与分化、免疫调节中发挥着重要作用。

29. 皮肤屏障中的神经酰胺有哪些功效

神经酰胺是结构性脂质中的重要成分,是角质层中的主要脂质之一。角质层中脂质衍生自颗粒细胞中的层状体,由 50% 神经酰胺、25% 胆固醇和15% 脂肪酸组成,形成复层板层膜充满整个角质层细胞间隙。复层板层膜是物质进出表皮时所必经的通透性和机械性屏障,是角质层中唯一的连续结构,施加到皮肤上的物质必须要通过这些区域,而这些脂质增加了黏附力和阻碍细胞之间的物质移动,既防止体内水分和电解质的流失,又能阻止有害物质的入侵,有助于机体内稳态的维持。神经酰胺质和量的变化均可以引起脂质结构改变,改变皮肤屏障功能,进一步引起相关的皮肤疾病。角质层的保湿作用也与神经酰胺密切相关。皮肤中的水、脂类及天然保湿因子(NMF)共同组成皮肤的保湿系统,阻止水分的丢失。角质形成细胞从基底层向角质层分化的过程中,神经酰胺、脂肪酸、游离胆固醇被排出,呈层状分布于角质细胞之间,形成防止水分丢失的屏障。当各种原因所致脂类缺乏时,水屏障作用减弱,经表皮水分流失就会增多,出现皮肤干燥脱屑。而神经酰胺具有高度水合作用,减少表皮水分蒸发,增进表皮细胞凝聚力,防止皮肤干燥脱屑。

30. 神经酰胺如何参与信号转导及细胞分化

神经酰胺作为脂质第二信使,调节细胞生长、分化,是有效的保湿剂。其结构中含有大量的亲水性基团,对水有较好的亲和作用,可以通过以下几种方式参与信号传导及细胞分化:

（1）通过激活鞘磷脂酶增加鞘磷脂水解。目前已经在哺乳动物中鉴定了6种同种型的鞘磷脂酶，即酸性鞘磷脂酶、4种类型的中性鞘磷脂酶和碱性鞘磷脂酶。酸性和中性鞘磷脂酶通过激活鞘磷脂酶产生与肿瘤坏死因子相关的细胞凋亡诱导配体受体，来增加神经酰胺的生成。碱性鞘磷脂酶催化鞘磷脂水解成溶血磷脂酰胆碱和血小板活化因子以抑制炎症反应。

（2）丝氨酸棕榈酰转移酶和（或）神经酰胺合酶的活化增加了神经酰胺的从头合成。神经酰胺合酶有两种同工酶，对不同的底物以及组织有特异性。例如脂肪酰基 -CoA 的链长不同，则反应不同，产生的神经酰胺的酰胺连接的脂肪酸链的长度不同，即显示出不同的生物活性。

（3）通过鞘氨醇 -1- 磷酸酶增加鞘氨醇 -1- 磷酸（S1P）水解以产生鞘氨醇，然后通过神经酰胺合酶合成神经酰胺。神经酰胺和 S1P 都是皮肤中的鞘脂，神经酰胺参与细胞凋亡、细胞周期阻滞、皮肤炎症和应激反应；S1P 参与不同细胞功能的调节，包括细胞生长、分化、增殖、凋亡。S1P 可以拮抗神经酰胺介导的健康皮肤的细胞凋亡，抑制角质形成细胞增生并诱导其分化。两者在皮肤中具有结构功能，它们及其衍生物还是调节角质形成细胞的信号分子。除了这三个途径，还可通过几种信号传导分子如蛋白激酶 C（PKC）和 c-jun N- 末端激酶（JNK）的活化介导抗增生和凋亡的作用。

31. 神经酰胺如何参与免疫调节

脂质在免疫调节中及皮肤炎症方面起重要作用。神经酰胺及其代谢物信号的调节可以调节自身防御系统，并且还可调节皮肤中的炎症反应。皮肤的脂质组成是独特于任何其他组织的，并且在不同物种不同部位分布不同，随着年龄的增加，脂质分布也会有所改变。皮肤的脂质包括甘油三酯、胆固醇酯、蜡酯、角鲨烯和角质形成细胞衍生的脂质（包括神经酰胺），以及皮肤常驻菌产生甘油二酯后释放的脂肪酸。角质形成细胞代谢和皮肤菌群活性都会影响皮肤表面脂质。许多脂质在皮肤表面具有抗菌功能，包括类鞘氨醇碱和皮脂衍生的皂角酸。游离脂肪酸如月桂酸、棕榈酸和油酸可增加抗微生物肽的释放，还与葡萄糖基神经酰胺、鞘氨醇等抗微生物脂质以及人类 β- 防御素 2 等抗菌肽协同作用，参与皮肤的固有免疫，防御病原体的入侵。

32. 皮肤屏障中有哪些蛋白

皮肤中的蛋白主要有两种,即细胞角蛋白和角蛋白中间丝相关蛋白,其中中间丝相关蛋白包括丝聚合蛋白、兜甲蛋白、内披蛋白、角质形成细胞转谷酰胺酶、小分子富含脯氨酸蛋白。

33. 什么是皮肤角蛋白

角蛋白是表皮细胞的主要结构蛋白,呈纤维状,直径约 10nm,属于中间丝家族。根据角蛋白基因核酸序列的同源性将其分为Ⅰ型(分子量较小,呈酸性)和Ⅱ型(分子量较大,呈碱性)。角蛋白仅在上皮细胞表达,具有独特的理化特征,能抵抗胰蛋白酶和胃蛋白酶之类的蛋白酶的消化作用,不溶于稀酸、碱、水和有机溶剂。角蛋白不溶于盐水溶液,但可溶于含有变性剂如尿素的溶液,水溶液中的角蛋白能够重新组装中间丝。成熟的角蛋白纤维是由Ⅰ型和Ⅱ型以 1∶1 比例聚合而成的异种二聚体,在表皮中角蛋白是成对表达的。基底层细胞处于未分化状态,具有生长分裂能力,细胞中特异性表达角蛋白 5/14,即增生特异性 K5/K14;细胞一进入棘细胞层就出现了 K1/K10 角蛋白对的表达,即分化特异性 K1/K10。角蛋白的不同表达代表了表皮细胞的不同分化阶段,反映不同的组织类型。如在掌跖部位表皮基底层还表达 K2e/K9;K6、K16 角蛋白在正常表皮看不到,而主要表达在毛囊外毛根鞘和皮脂腺导管部位;K15 在表皮和毛囊很少表达,主要出现在外泌汗腺及支气管上皮;K17 在正常表皮中不出现,而在病理状态下如银屑病、扁平苔藓等则强表达。

34. 皮肤角蛋白有哪些功能

角蛋白影响着上皮细胞的细胞极性,细胞形状及有丝分裂活性。角蛋白最重要的作用是形成张力细丝,为上皮细胞和组织提供支架以维持机械应力,保持其结构的完整性,确保机械弹性,防止静水压变化并建立细胞极性。角蛋白可快速分解并可以重新组合,从而为细胞骨架提供灵活性。角蛋白基因的正确表达和角蛋白细胞骨架的完整构建是表皮物理性屏障结构的基础。角蛋白功能的调节是通过角蛋白的翻译后修饰来实现的。为了适应细胞内变化的条件,角蛋白与各种其他蛋白质如热休克蛋白分子、桥粒、微管蛋白等发生相互作用。除机械功能外,角蛋白还参与其他功能,如细胞信号传导、细胞运输和细胞分化,味蕾纤维中的角蛋白可传导味觉,Corti 器中的某些上皮细胞中,角蛋白可将振动传递给感觉毛细胞的微机械功能。

角蛋白丝还可通过调节蛋白质合成和细胞生长来影响细胞代谢过程,K17 通过与信号分子结合来调节受损分层上皮细胞中的蛋白质合成和细胞生长,角蛋白还可能参与膜结合囊泡在上皮细胞细胞质中的转运。

35. 哪些皮肤疾病与角蛋白异常相关

角蛋白的基因突变或其他先天性缺陷将直接影响表皮组织结构的完整性,导致出现一系列以皮肤屏障结构损害为主要临床特征的皮肤疾病(表1)。

表 1　角蛋白异常相关皮肤疾病

角蛋白	主要表达	组织相关疾病
K1,K10	表皮基底层上终末分化细胞,毛囊皮脂单位导管上部	先天性大疱性鱼鳞病样红皮病;弥散性非表皮松解性掌跖角化病
K2e	掌跖基底层上终末分化表皮细胞	Siemens 大疱性鱼鳞病
K3,K12	角膜	Meesmanns 角膜营养不良
K4,K13	非角化性鳞状复层上皮终末分化细胞如黏膜、食管、大汗腺等	白色海绵状痣
K5,K14	鳞状复层上皮基底细胞及早期分化细胞,毛囊外根鞘及皮脂腺导管上皮	单纯型大疱性表皮松解症
K6a,Kc~f,K16	掌跖、黏膜、伤口愈合部位及表皮附属器	Ⅰ型先天性厚甲症,局限性非表皮松解性掌跖角化病
K8,K18	单层上皮	原因不明硬化

角蛋白	主要表达	组织相关疾病
K9	掌跖部表皮	表皮松解性掌跖角化病
K6b,K17	表皮附属器	Ⅱ型先天性厚甲症,多发性皮脂腺囊肿
hHb6,hHb1	毛皮质细胞	串珠形发

36. 什么是皮肤丝聚合蛋白

　　丝聚合蛋白又称为微丝凝聚蛋白,是一种广泛存在于皮肤表皮的碱性蛋白质。主要功能是与角蛋白中间丝相互作用,协同角蛋白的聚集,从而维护皮肤屏障的功能。丝聚合蛋白的前身是丝聚蛋白原。形态学上,丝聚蛋白原的出现与角质透明颗粒的形成是一致的。新生的丝聚蛋白原无生物活性,不溶于水,聚集于富含组氨酸、形态不规则的角质透明颗粒中。在角质层形成细胞由颗粒层向角化层分化过程中,通过特异性磷酸酶和蛋白酶的作用,从无活性的丝聚蛋白原转换成有活性的丝聚合蛋白,进而协助角蛋白丝聚成束状。在角质层上部丝聚合蛋白的精氨酸基团经过脱氨基作用后进而降解成其他亲水性氨基酸,通过与表面的水分子相互作用而维持水分。在角质层中下层,丝聚合蛋白与角蛋白丝结合可作为暂时性的支架。

37. 哪些皮肤疾病与丝聚合蛋白相关

　　(1) 寻常型鱼鳞病:寻常型鱼鳞病患者的皮肤颗粒层中丝聚合蛋白匮乏。无论是杂合突变还是纯合突变,都可能引起丝聚合蛋白的表达缺失。

　　(2) 特应性皮炎(AD):目前已发现近40个与特应性皮炎有关的丝聚合蛋白突变位点,丝聚合蛋白在特应性皮炎患者皮损中表达明显降低。这些突变的最终结果会导致皮肤表皮物理屏障损害,同时也导致丝聚合蛋白降解障碍,天然保湿分子减少,表面 pH 升高,进而引起皮肤干燥、粗糙。

　　(3) 接触性皮炎:丝聚合蛋白以及其中间代谢产物比如组氨酸可与镍、

锌、铁发生螯合作用,减少其对皮肤的损害。若 FLG 发生突变,就会导致生成减少或功能障碍。一旦物理屏障受到损害,接触致敏物或者刺激物时发生作用。所以,FLG 基因突变更容易引起接触性皮炎。

(4) **斑秃**:FLG 基因位点突变与斑秃有明显的关系,斑秃皮损处 FLG 蛋白和其 mRNA 的表达水平较正常对照明显降低。

(5) **银屑病**:与银屑病密切相关的 TNF-α 和 IL-17 在下调中间丝蛋白的表达中起了重要作用。

(6) **痤疮**:炎性细胞因子的局部增多可促进丝聚合蛋白的基因表达。

38. 什么是皮肤兜甲蛋白

人的兜甲蛋白由 315 个氨基酸组成,分子量为 25.8kDa,蛋白分子两端为高谷氨酰胺赖氨酸末端,中间为三个高甘氨酸—丝氨酸区组成的甘氨酸环基元,其间由两个小的高谷氨酰胺区分隔。甘氨酸环基元的特点是富含甘氨酸、丝氨酸以及半胱氨酸。兜甲蛋白是一种带正电荷的、高度不溶于水的碱性蛋白,这种不溶性在被交叉连接进角质包膜前即存在,其原因可能部分来自其甘氨酸及其他疏水基团含量及双硫键的形成。兜甲蛋白表达在细胞分化的后期,开始出现在表皮颗粒层,是角蛋白透明颗粒中的高硫成分。在角质层兜甲蛋白被转谷氨酰胺酶交叉连接在角质包膜上,成为角质包膜的一个重要组成成分,对表皮的屏障功能起重要作用。

39. 哪些皮肤疾病与兜甲蛋白相关

兜甲蛋白基因的表达调控受多个转录因子之间复杂的相互作用共同调控。兜甲蛋白基因突变可导致兜甲蛋白角皮症,突变体兜甲蛋白发生核易位干扰了角质形成细胞的终末分化,从而引起相应临床表型,包括火棉胶婴儿、变异性残毁性掌跖角化症及进行性对称性红斑角化症。另外在特应性皮炎和银屑病皮损内兜甲蛋白亦出现表达减少,其表达异常受相关细胞因子的影响。

40. 什么是皮肤内披蛋白

内披蛋白的分子量为 680kDa,其氨基酸组成接近于培养的人角质形成细胞的角质包膜蛋白,富含谷氨酸谷氨酰胺以及较高含量的赖氨酸及脯氨酸。内披蛋白在角质形成细胞分化过程中出现较早,最初见于棘层上半部,位于细胞质内。在角质层则聚集于细胞的周边,与含有—OH 的神经酰胺共价结合,由此将脂质基质和角化细胞连接起来而发挥作用。

41. 哪些皮肤疾病与内披蛋白相关

内披蛋白表达异常与对称性肢端角化病、板层状鱼鳞病有关,另外特应性皮炎患者皮损内内披蛋白表达减少,而银屑病患者皮损内内披蛋白表达增多。

42. 什么是皮肤角质包膜

终末分化的角质细胞质膜下形成一高度特异的蛋白质 / 脂质聚合物结构,包括蛋白质包膜和脂质包膜,称之为角质包膜。参与蛋白包膜形成的结构蛋白为中间丝相关蛋白,包括丝聚合蛋白、兜甲蛋白、内披蛋白及富含脯氨酸的小蛋白(SPRRs)等。颗粒层的角蛋白中间丝与新合成的丝聚合蛋白相互作用,进一步聚集成束,接着兜甲蛋白、内披蛋白及 SPRRs 等蛋白质沉积在细胞膜内侧。在正分解的细胞膜下,通过转谷氨酰胺酶的交叉连接作用,共同形成一种稳定的蛋白壳膜。角质包膜在电镜下显示为一种约 15nm 厚的电子致密带,占整个角质层干重的 5%~7%,其组成为蛋白质 90%、脂质 10%。角质包膜分为两种类型:一种是脆弱型,形状不规则,表面有皱褶,主要存在于角质层的下部;另一种是坚硬型,形状呈多角形,表面平滑,主要存在于角质层上部,具有坚硬角质包膜的角质细胞已经发育成熟。坚硬 / 脆弱角化包膜的比率可能因部位而异,在光暴露部位,如面部和手背,脆弱角质包膜在浅层占的比例较高,这个发现提示外部环境因素,如紫外线和湿度,可能影响角质包膜的成熟。

43. 什么是皮肤富含脯氨酸的小蛋白

　　一组富含脯氨酸的小蛋白分子(SPRRs)在角质形成细胞的终末分化中也参与角质包膜的形成。在细胞的中外 2/3 层,SPRRs 混合于大量的兜甲蛋白中,像桥梁一样在兜甲蛋白之间形成交叉连接。SPRRs 基因家族包括 2 个 SPRR1(A,B)、7 个 SPRR2(A~G)、单个 SPRR3 以及新近发现的单个 SPRR4。所有的 SPRRs 基因家族成员均位于 1q21,相互之间紧密相连,局限于 300kb 长的 DNA 片段内,并且与兜甲蛋白及内披蛋白基因位点紧密相邻。在正常人表皮中,SPRR1 的表达主要局限于表皮棘层上部、颗粒层以及毛囊外根鞘的上部,在毛囊间表皮的表达则呈小灶状。SPRR2 则同时在毛囊区、毛囊间表皮有高及中度表达。SPRR3 在表皮则完全无表达。引人注意的是,在银屑病、扁平苔藓及鳞状细胞癌中 SPRR1 和 SPRR2 的表达大大增高。SPRR3 在角化棘皮瘤及鳞状细胞癌中也有表达。SPRR4 在正常表皮表达很低或阴性,但 UVB 及 UVC 可以诱导其在表皮基底层上方的表达。

44. 什么是皮肤水通道蛋白

　　水通道蛋白是细胞膜上参与跨膜水转运的一组通道蛋白。水通道蛋白 3 (AQP3)是人类皮肤中表达量最丰富的水通道蛋白亚型,表达于基底层的角质形成细胞,分子量为 28kDa。体内循环中的水分和甘油可以通过 AQP3 到达表皮,促进角质层的水合作用,与皮肤保湿功能有关。正是由于水通道蛋白的存在,细胞才可以快速调节自身体积和内部渗透压,转运水、尿素和甘油等物质进入皮肤,成为维持皮肤水合作用的一个关键因素。动物研究显示,AQP3 基因敲除后皮肤保湿功能和弹性降低,创伤愈合延缓;AQP3 还与细胞增生及迁移有关,可能参与皮肤肿瘤的发生、发展和转移。AQP3 与炎症性皮肤病如新生儿中毒性红斑、特应性皮炎等的病理机制相关。维甲酸、肿瘤坏死因子 -α 等多种物质可调节 AQP3 的表达,对其表达进行调控将为治疗相关皮肤病带来新的手段。

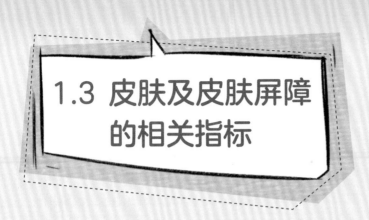

1.3 皮肤及皮肤屏障的相关指标

45. 无创性检测皮肤物理性屏障的相关指标有哪些

无创性检测皮肤物理性屏障的相关指标包括经表皮水分流失（transepidermal water loss，TEWL）、角质层含水量（SC）、皮肤表面 pH 值、皮脂、皮肤黑色素和血色素、皮肤血流量、皮肤厚度、皮肤弹性，以及利用 VISIA 面部图像分析仪检测皮肤的斑点、毛孔、皱纹、纹理、紫外线色斑、棕色斑、红区和紫质。通过对这些指标的检测来客观评价皮肤屏障结构和功能的完整性。

46. 什么是皮肤角质层含水量

角质层除防止机体水分过多丢失外，其另一个重要功能是潴留适量的水分，以维持皮肤的正常生理功能（皮肤弹性、角质层中酶的活性以及皮肤的粗糙度等）。正常情况下，角质层中的水是结合水，形成自外向内含水量由少到多的梯度。

47. 角质层含水量如何检测

检测角质层含水量最常用的方法是间接检测皮肤的电特性，包括电导法和电容法。皮肤角质层除含有水分外，还含有盐类、氨基酸等电解质。一般

纯水不导电,由于角质层内含有电解质,而呈现出与水分含量相应的电流。用直流电测试容易引起电极表面电子积聚,而使电流变得难以流动,若使用交流电则不会发生这种现象。电导法和实测角质层水分含量的相关系数高达0.99,可以非常灵敏地测定角质层的水分含量。随着水分的增加,电容值增加,而电阻抗降低。此外,还有傅立叶变换红外光谱仪、近红外光谱仪、光热红外光谱仪等,均基于水可以吸收反射光,且吸收后产热的原理,但这类仪器因昂贵,同时需要技术支持等限制了其使用。

48. 角质层含水量的影响因素有哪些

角质层含水量受性别影响,尽管多数研究显示男女之间的角质层含水量无明显差异,但系统或局部使用雌激素可明显增加绝经后女性角质层水分的含量。

年龄影响角质层含水量的研究报道结果不尽相同,如婴儿角质层含水量高于成人,黑色人种年老者角质层含水量明显低于年轻人,白色人种年老者前臂角质层含水量高于年轻人,而年轻人的手掌、口周及眼睑部位的角质层含水量高于年老者。

此外水通道蛋白也参与影响角质层含水量,主要体现在缺失 AQP3 的动物角质层含水量减少,刺激表皮 AQP3 的合成可增加角质层含水量。源于角质形成细胞的结构性脂质可防止经皮水分的丢失及角质层水分的丢失,从而影响角质层含水量。

季节对角质层含水量的影响表现在冬季皮肤干燥,而夏季角质层含水量较高。生活环境的干湿度对角质层含水量也具有重要影响,当人体暴露在相对湿度 10%~30% 的环境中 30 分钟,角质层含水量明显减少,有的减少高达 50%。

此外,外用保湿剂、汗腺的功能和数量、使用清洁剂清洗皮肤、维生素缺乏(包括烟酰胺、维生素 A、维生素 D 等)、蛋白质缺乏或代谢异常(中间丝相关蛋白)及一些皮肤病(特应性皮炎、湿疹、银屑病、鱼鳞病)也会影响角质层含水量。

49. 角质层含水量异常对皮肤生物功能有哪些影响

角质层含水量减少会导致角质形成细胞 DNA 合成速度明显加快,表皮增厚,表皮分化蛋白(中间丝相关蛋白)明显减少,炎性因子表达增加,如表皮白介素 -1α 增多,真皮组胺和肥大细胞增多,对局部刺激的敏感性增强,以及表皮通透屏障功能降低。

50. 角质层含水量异常会出现哪些皮肤表现

正常情况下皮肤角质层含水量在 10%~20% 左右,低于 10% 时,皮肤无疑就处于缺水状态,表现为颜色暗淡、干燥粗糙、蜕皮,甚至有细小的褶皱,皮肤过分干燥时,会伴随主观上的干燥、紧绷感觉。

51. 皮肤 pH 值的正常范围

皮肤 pH 值范围通常是处于微酸性状态(范围在 4~6 之间),不同部位皮肤表面 pH 值不同,面部 pH 值明显高于前臂伸侧及前臂屈侧;不同年龄皮肤表面 pH 值不同,年轻人的皮肤 pH 值较低,50 岁以后皮肤 pH 值 明显升高;女性面部及前臂 pH 值高于男性,且在男性,随着年龄增大皮肤表面的 pH 值增高;在女性,13 岁以后表皮的 pH 值随年龄的变化不明显。研究表明,刚排出的汗液 pH 值为 5~6,随着水分的不断蒸发,其 pH 值会逐渐降低。

52. 皮肤 pH 值在屏障功能的作用是什么

皮肤表面有一层在角质层水溶性物质、排出的汗和皮脂、皮肤表面的水溶性油脂层及排出的二氧化碳共同作用下形成的皮脂膜,对人体有保护作用,有人称它为人体的"酸外套"。pH 值通常是处于微酸性状态(范围在 4~6 之间),这种相对稳定的 pH 值对维持皮肤屏障功能有重要的作用,能通过影响与屏障功能成熟化相关酶的活性(角质层脂类代谢酶和蛋白激酶)而影响皮肤屏障功能,也能保护皮肤对抗微生物的侵害,对寄生于表面的各种细菌和真菌的生长很不利,因而可以防止这些细菌侵入机体,起到自动净化的作用。皮肤表面的酸性脂膜是维持皮肤屏障功能的重要结构,pH 值的升高,能使屏障功能减退。改变皮肤的 pH 值可直接调节激肽释放酶 5 的活动,从而导致皮肤屏障功能障碍。碱性化的皮肤在特定的无菌条件下诱导激肽释放酶 5 和激活蛋白酶活化受体 2,增加皮肤对外界有害物质的敏感性,皮肤屏障功能的恢复速度也减慢,增加皮肤疾病的患病率。相比之下,弱酸化的皮肤减少激肽释放酶 5 的活动,同时复层板层膜结构形成过程中所需的各种关键酶的最适 pH 值也为弱酸环境,间接改善皮肤屏障作用。

53. 皮肤 pH 值如何检测

目前,测定皮肤表面 pH 值通常采用皮肤酸碱度测定仪,同过去的比色法相比,此法具有高度灵敏性和准确性。测量前将仪器探头从饱和氯化钾保存液中取出放入蒸馏水中待用。进行皮肤检测时,将探头由蒸馏水中取出用拭镜纸轻轻沾净探头上的液体,然后将探头垂直放置于被测皮肤表面,约 3 秒轻按探头手柄上红色按钮,读取主机显示屏上的数据。同一部位测量 3 次,取平均值。

54. 哪些因素会影响皮肤表面 pH 值

（1）身体不同部位皮肤的 pH 值不同，因为各部位皮肤表面的成分不同。通常来讲，除湿度较高的身体皱褶区域如腋窝、腹股沟、乳房下、指间等处外，不同部位的 pH 值相差并不大，皱褶区域的 pH 值通常会偏高。

（2）不同性别的 pH 值差异不是很大，但也有一些报告认为男女间的皮肤表面 pH 值存在差异，女性似乎比男性更偏酸一些。组织学上已经证实不同的出汗量会引起汗液 pH 值的改变。

（3）表皮 pH 值受脂类分泌及丙酸杆菌的影响，pH 值在夏季皮脂分泌旺盛时较低。

（4）外源性因素：碱性肥皂使皮肤的 pH 值上升，短期使用同皮肤 pH 值一致的合成去污剂以及用自来水冲洗，也会引起 pH 值小范围的变化。

55. TEWL 是什么

角质层的细胞间脂质会防止发生大量水分流失的蒸发，仅允许有限数量的呈蒸气相的水分通过，可用 TEWL 来衡量蒸发水分量。TEWL 反映的是体内水分通过角质层向外扩散的部分非显性蒸发，是由汗液分泌和水分经表皮被动扩散共同作用的结果，反映皮肤角质层水膜层的完整性，影响表皮水含量的水平，是角质层屏障受损程度的一个极其敏感的指标，是评价皮肤功能的重要指标，一般用于皮肤屏障功能的评价。TEWL 不能直接表示角质层的水分含量，而是表明角质层水分散失的情况，TEWL 值越高，表明经皮肤散失的水分越多，角质层的屏障功能越差。

56. TEWL 在屏障功能中的作用是什么

角质层是表皮终末分化的产物,有保护机体的作用,其中最重要的是渗透屏障,可以阻碍经皮蒸发水分的丢失。水分是角质层主要的塑形物质,能使皮肤表面光滑,TEWL 从功能上反映皮肤的水通透屏障,通过测量皮肤表面的水蒸气压梯度反映水分散失的情况。当屏障功能受损时,TEWL 值增高;相反地,TEWL 值的降低提示屏障的修复。

57. TEWL 如何检测

运用无创性皮肤生理功能测试仪测量。该仪器因其无创、方便、快捷等特性被广泛应用在皮肤屏障的研究中。将仪器测试探头顶端较短的一侧圆柱体轻轻垂直于被测的皮肤表面放置,按压探头手柄上红色按钮,即测量开始,仪器显示屏会每秒自动采集一次 TEWL 数据,并连续成为一条曲线。这条曲线上同时也会显示出 TEWL 的平均值和偏差值。另外,转换显示屏后还可以分别显示出探头下端传感器处的温度和相对湿度曲线,同时还会记录测量时温度和相对湿度的平均值。待测量结束后,取偏差值最低时所对应的平均值。

58. 不同年龄、不同部位的 TEWL 有差别吗

有学者测量了上海市 160 名不同年龄男女性健康人的面部(前额、左额、鼻尖、颊、颧、颊、口周)、手背(曝光部位)及前臂屈侧(非曝光部位)皮肤的 TEWL。结果如下:按年龄大小分 5 组,结果 40~50 岁组的人 TEWL 值最高,而 20~30 岁的人最低。TEWL 值的单位是 $g/(m^2 \cdot h)$,也就是每小时每平方米面积丢失多少克水。鼻子部位最高,平均 $22.5g/(m^2 \cdot h)$(40~50 岁人)和 $19.8g/(m^2 \cdot h)$(20~30 岁人)。前臂屈侧(非曝光部位)部位最低,2 个年龄组的人分别为 $8.9g/(m^2 \cdot h)$ 和 $7.2g/(m^2 \cdot h)$。说明鼻子的皮肤易受到伤害,要重点呵护。面部其次高的部位是口周,20~30 岁的人平均为 $16.3g/(m^2 \cdot h)$,然后是下巴 15.5g/

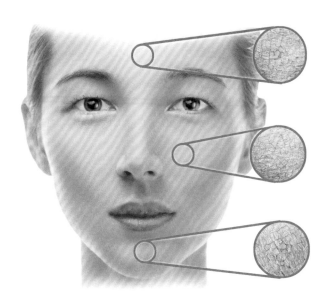

$(\mathrm{m}^2\cdot\mathrm{h})$，前额和颧骨处相似，约为 $14\mathrm{g}/(\mathrm{m}^2\cdot\mathrm{h})$ 左右，最低的是面颊 $12.5\mathrm{g}/(\mathrm{m}^2\cdot\mathrm{h})$。

59. 皮脂是什么

　　皮肤角质层表面覆盖着的一层脂质膜称为皮脂。皮脂主要来源于两个方面：皮脂腺分泌占主要部分（甘油三酯、甘油二酯、游离脂肪酸、蜡酯、鲨烯、胆固醇等），另外一部分是表皮脂质来源（神经酰胺、游离脂肪酸及胆固醇等），能滋润角质层，抑制细菌生长，能转运抗氧化物维生素 E 至表皮，抗皮肤老化。这些成分是皮肤角质层屏障的重要结构，除面颊部外，皮脂含量受年龄、性别及季节的影响。皮脂的分泌情况可以作为皮肤分型的依据，可将皮肤分为干性皮肤、油性皮肤、中性皮肤和混合性皮肤，但临床上一般由患者自身的感觉和医生的观察决定，带有很大的主观性。皮脂的测量为客观地区分皮肤类型提供了依据。

60. 皮脂在屏障功能中的作用是什么

　　皮脂具有抗菌、促进炎症反应以及拮抗炎症反应的作用，能够抑制病原微生物的繁殖,阻止有害物质进入皮肤;脂质(主要是神经酰胺)既可以与水结合而储存水,又可以形成疏水的膜以防止水分丢失,从而调节表皮水分含量,滋润角质层使皮肤柔软,从而影响表皮通透屏障功能。有研究发现皮脂的物理化学特性通过选择性渗透作用影响着涂抹于皮肤表面混合物的吸收。此外它还具有抗氧化性能,保护皮肤不受 UVB 辐射的损害,拮抗皮肤老化。

61. 皮脂如何检测

采用的是世界公认的 Sebumeter SM 815 皮脂测量仪,最大的优点是测试探头体积小,使用方便,可测试皮肤的任何部位。测试探头顶端 $3N/64mm^2$ 的压力保证了油分测试的良好重复性,其特殊的透明胶带保证了只测试皮肤的油脂,而不测试皮肤的水分。将油脂测试盒探头端插入主机光度计孔,轻轻按压后在主屏幕上显示计时 30 秒,然后拿出探头,在屏幕计时显示为 25 秒时,再将半透明胶带放置于被测部位,探头与皮肤接触面的压力要固定,待屏幕计时器显示为 0 秒时,重新将探头放回光度计孔,再次轻轻按压,主机屏幕则会显示出所测油脂数值,并记录。

62. 关于皮肤中的黑色素,你知道多少

人体皮肤有四种生物色素,即褐色的黑色素、红色的氧化血红蛋白、蓝色的还原血红蛋白和黄色的胡萝卜素。其中,黑色素是决定皮肤色泽的主要因素,

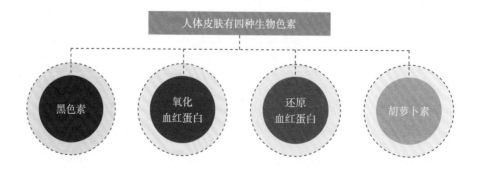

人体皮肤有四种生物色素

黑色素　　氧化血红蛋白　　还原血红蛋白　　胡萝卜素

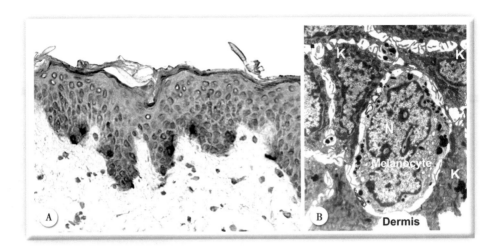

是皮肤成为褐色、黑色的主要色素。黑色素是由黑素细胞产生的,皮肤的黑色不取决于黑素细胞的数量,而是取决于黑素体的数量、分布及黑色素含量。黑素细胞主要分布在表皮基底层,黑色素的生成和沉着受多个因素影响:紫外线照射、激素、精神因素、甲状腺素等,它们可以单独作用,也可以协同发挥作用。

63. 黑色素是怎样形成的,哪些因素会增加黑色素的生成

黑色素是由黑素细胞产生的,黑素细胞是皮肤的一种树枝状细胞。黑色素的具体形成过程如下:在黑素细胞内,酪氨酸在酪氨酸酶的作用下形成多巴,多巴在酪氨酸酶的作用下去氢后形成多巴醌,并重新排列形成 5,6-醌吲哚,聚合后与黑素细胞的结构蛋白相结合即形成黑色素。黑色素分布到皮肤表皮各个细胞层,从而影响皮肤的颜色。

黑色素会受到一些因素的影响而生成增多,主要包括以下几方面:紫外线照射会诱导皮肤产生氧自由基增多,使黑色素增多;雌激素会增加酪氨酸酶的活性,使黑色素增多;肾上腺皮质激素在一般情况下减少黑色素的生成,含量过高时又会刺激黑色素的生成。含重金属的化妆品使酪氨酸酶活性增强,使黑色素增多。

64. 关于皮肤中的血色素，你知道多少

血色素是俗称，现在统称为血红蛋白，是评价患者是否贫血的一个重要指标。毛细血管中的氧化血红蛋白为红色，是正常肤色的四种色调之一。皮肤中血色素数量主要反映真皮层含氧血红蛋白的情况，是影响皮肤颜色的重要因素。皮肤微循环将血红蛋白运输到皮肤，单位时间内通过皮肤的血液增多，皮肤的颜色红润。

65. 皮肤黑色素和血色素如何检测

皮肤黑色素和血色素的检测可以采用 Mexameter MX18 法。通过测定特定波长的光照在人体皮肤上后的反射量来确定皮肤中血色素的含量。色素检测仪的测试探头由光源发射器和接收器组成，另有弹簧以保持检测时对皮肤的压力恒定。对受试者进行测量时，将探头顶端垂直轻压在被测部位皮肤的表面上，探头内有一个弹簧保证每次测试时压力恒定。保持测量 1~2 秒，主机便会发出提示音，显示屏上即会显示出皮肤血色素的数值，记录数据。同一部位连续测量 3 次，求平均值。

66. 皮肤黑色素、血色素在屏障功能中的作用是什么

皮肤颜色能够反映皮肤屏障的完整性，而皮肤的颜色主要取决于其中黑色素和血色素（红色素）的含量。快速、准确地测量皮肤中黑色素和血色素的含量在皮肤屏障研究的应用中不可或缺。人皮肤黑色素的含量在种族、性别、年龄以及躯体不同部位均具有显著差异。相关研究称有色人种皮肤屏障的渗透性较白色人种更完整，而且抵抗紫外线的损伤、抗菌以及抗机械强度的作用也较强。

第二章

引起皮肤屏障受损的原因

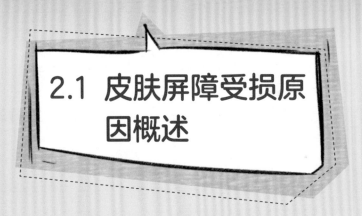

2.1 皮肤屏障受损原因概述

1. 皮肤屏障功能的调节因素主要有哪些

皮肤屏障功能受角质层的水合作用、钙离子、体内酶的活性、皮肤 pH 值及心理因素的共同调节。

2. 皮肤屏障受损在结构上的表现

如果皮肤屏障功能受损,TEWL 将会增加,皮肤出现干燥、脱屑、敏感等;同时,对外界抗原及微生物的抵御作用减弱,可诱发和加重某些皮肤病的发生。

3. 影响皮肤屏障结构的内在调节因素有哪些

影响皮肤屏障结构的内在调节因素主要包括钙离子及其通道、人组织激肽释放酶(human tissue kallikreins,KLKs)、pH 值、过氧化物体增生受体

（peroxisome proliferators activereceptor，PPAR）激动剂、糖皮质激素及性激素等。

4. 影响皮肤屏障结构的外在环境因素有哪些

主要包括极端温度及湿度变化、强力的清洁护肤、紫外线照射、城市颗粒物污染、病原体感染、不同的化妆品配方、生活用品及工业毒物（以洗衣粉和酒精为代表）、运动强度（影响皮肤 pH 值）等。

5. 引起皮肤屏障受损的常见因素有哪些

引起皮肤屏障受损的常见因素包括：

（1）皮肤屏障功能异常导致TEWL值增加，皮肤抵抗功能下降，抗原进入，引起超敏反应或者细菌定植增加，皮肤抗感染能力增强，这些都可以引起皮肤的炎症，而炎症反过来又会加重皮肤屏障功能的异常。炎症和皮肤屏障功能障碍形成恶性循环。炎症促进皮损的形成，引起皮肤屏障功能降低；而皮肤屏障功能障碍进一步引起皮肤屏障功能的破坏。

（2）滥用护肤品。在选择护肤品时有些人会为了追求速效，而使用含有过量铅汞或添加激素的产品，看到效果后更加乐此不疲地长期大量使用，久而久之皮肤屏障被破坏，一些人便患上了激素依赖性皮炎。

（3）接受不规范、不正规的美容护肤如激光、果酸换肤不当，使皮肤屏障受损，导致皮肤的防御功能大大减弱，很容易受到外来因素的侵害。常出现的皮肤问题有：皮肤潮红、毛细血管扩张、色素沉着、皮肤老化等。

（4）激素药膏使用不当。激素药膏对于很多皮肤问题都有很好的治疗作用，但是对于激素药膏的用量和可持续使用的时间一定要询问专业医生，不能凭自我感觉主观滥用，以免引发激素依赖性皮炎。关于一些激素皮炎与红血丝患者，千万不要再认为只要不去抹护肤品，就相当于保护皮肤了。这种思维相当错误，在不及时修复的情况下，只会形成恶性循环，而不是所谓的慢慢使皮肤恢复。

（5）遗传因素、药物使用不当、某些皮肤疾病可导致皮肤屏障功能损伤。

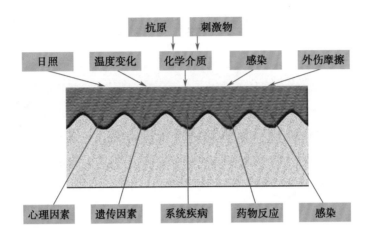

（6）环境因素，如寒冷、干燥、紫外线照射也可以使皮肤屏障损伤。藏族同胞的高原红，就是由于长期紫外线暴晒后造成的角质偏薄，皮肤屏障功能受损。

（7）反复摩擦去角质、过度清洁等不良护肤习惯也会导致皮肤屏障受损。

6. 引起皮肤屏障受损的常见物理损伤因素有哪些

损伤皮肤"保护层"的物理因素有很多，常见的包括气候环境变化（如寒冷、紫外线、空气干燥等）、日晒等。比方说藏族同胞的高原红，就是由于长期紫外线暴晒后造成的角质偏薄，皮肤屏障功能受损。

7. 引起皮肤屏障受损的常见化学损伤因素有哪些

大部分朋友对自己的皮肤分外呵护，花了那么多钱去保养，更不会舍得在太阳下暴晒，怎么还会出现皮肤屏障受损呢？其实，这往往跟过度清洁、过度去角质等不良护肤习惯有关，生活中碱性洗涤剂、药物（糖皮质激素、维甲酸类、过氧化苯甲酰等）及化妆品使用不当都可引起皮肤屏障受损。

8. 引起皮肤屏障受损的常见生物损伤因素有哪些

致病微生物、寄生虫、动植物、昆虫及其所产生的生物活性物质均可引起皮肤屏障受损。

9. 引起皮肤屏障受损的常见医源性因素有哪些

过度使用清洁产品、滥用激素成分产品、美容手术不当是引起皮肤屏障受损的常见医源性因素。

10. 引起皮肤屏障受损的常见疾病有哪些

临床上，一些疾病如甲状腺功能减退、尿毒症或者服用某些特殊药物，如锂制剂或维甲酸类药物等均可引起皮肤屏障受损。

2.2 皮肤屏障受损的
具体原因

11. 气候、紫外线、城市颗粒物等对皮肤屏障
有什么影响

　　(1) 低湿度和低温: 气候条件影响皮肤屏障功能,低湿度和低温均可导致皮肤屏障功能的下降,角化细胞和真皮肥大细胞数量增加从而导致促炎细胞因子和皮质醇释放增加,皮肤变得对外界刺激物更加敏感,易发生过敏反应,同时增加对机械应力的敏感性。正常的皮肤含水量为 20%~35%,当外界相对湿度低于 60% 时,角质层含水量就会下降到 10% 以下,皮肤屏障功能受损,此时皮肤就会出现干燥、干裂、瘙痒或已经存在的皮肤疾病的恶化。低温还会导致皮肤水合作用和 TEWL 值的下降。

　　(2) 紫外线照射: 接受过量紫外线照射后,皮肤可出现粗大皱纹、弹性下降、不规则的色斑沉着、毛细血管扩张。研究发现,受到紫外线辐射后,诱发氧化应激和炎症等病理生理过程,细胞内抗氧化酶被抑制,生成多量的氧自由基,导致 TEWL 增加,破坏皮肤屏障结构的稳定性。

　　(3) 城市颗粒物污染(PMs): PMs 是复杂的混合物,包含金属、矿物质、有机毒素和生物材料。通过测量暴露在不同 PMs 值的人群 TEWL 值后发现,PMs 明显破坏了角质层完整性,其中角化细胞、成纤维细胞的增生和细胞毒性很大程度上影响着皮肤屏障功能。PMs 明显降低角化细胞生存能力(约为 80%)、成纤维细胞的生存能力及钙黏蛋白的受损,通过 caspase-3 的激活引起细胞凋亡。

12. 日常清洁剂、化妆品、生活用品等对皮肤屏障有什么影响

（1）**清洁护肤：**当过度清洁皮肤、用过量表面活性剂或过热清水清洗时，显著增加了皮肤TEWL和显著减少了角质层水合作用，破坏皮肤的屏障功能，对外界病原微生物、化学、物理刺激的抵御作用减弱，皮肤失水速度增加、缺水干燥粗糙、刺疼、瘙痒，更容易受到紫外线伤害。

（2）**不同的化妆品配方：**人类皮肤屏障是皮肤完整无缺的重要组成部分，其功能是皮肤健康的先决条件。化妆品配方中部分成分，尤其是渗透增强剂，渗透到更深的皮肤层从而影响皮肤的屏障功能。皮肤渗透增强剂在很大程度上增加了 TEWL 和激肽释放酶 7（KLK7）的活性，保护皮肤屏障功能，减轻皮肤敏感性。"类维生素D"可减少 TEWL 和改善皮肤微循环，从而改善皮肤屏障功能。

（3）**生活用品及工业毒物（以洗衣粉和酒精为代表）：**合成洗衣粉由表面活性剂、增效添加剂等组成，使用各种类型的离子表面活性剂均能造成皮脂膜的损伤缺失、皮肤屏障功能的损害。有研究发现洗衣粉浓度达到 1% 时可破坏皮肤屏障，而日常使用洗衣粉浓度多在 0.1%~0.3%，常规使用对皮肤基本无害。酒精作为一种有机溶剂，能经无损皮肤吸收，并对黏膜有刺激作用。用 75% 酒精作消毒剂时对皮肤屏障有损害作用，长期与酒精接触的皮肤要加以保护。

13. 水质对皮肤屏障有什么影响

含有大量 Ca^{2+} 和 Mg^{2+} 的硬水可以与肥皂中的脂肪酸形成不可溶解的沉淀物（金属皂），并沉积于皮肤中。这种不可溶解的沉淀物即使用自来水冲洗

3分钟,仍有约80%残留在皮肤表面,给皮肤屏障带来损害。

14. 什么是表面活性剂

表面活性剂是清洁产品的主要活性成分,其作用远远不止洗涤功效。当表面活性剂溶解于水溶液中,其活性基团可以吸附在溶液的表面或其他界面上,迅速降低界面张力或界面自由能,改变体系的界面状态而直接产生乳化或破乳、发泡或消泡、湿润或反湿润以及分散、加溶等效果,因此被广泛应用于多种类别的产品配方中。

15. 表面活性剂有哪些类型,每种类型分别有什么特点

表面活性剂根据其溶于水后亲水端所带电荷不同分为4类。

(1) **阴离子表面活性剂**:是清洁类化妆品中最常用的活性成分,清洁能力强、泡沫丰富及价格低廉,也是洗涤剂工业应用(如肥皂)最早和最广泛的清洁原料。在中性或偏碱性的水溶液中,阴离子表面活性剂形成带负电荷的离子基团,降低皮肤表面脂质的界面张力使其分散、溶解于水中,从而达到清洁作用。阴离子表面活性剂能破坏皮肤的脂化膜,有一定刺激性,常和其他类型的表面活性剂复配使用,降低其刺激性和发泡能力,使产品更为温和。

(2) **阳离子表面活性剂**:能在水中离解出具有表面活性的阳离子,与其他表面活性剂一样吸附于界面,达到一定临界胶团浓度(CMC)时形成胶团,从而降低溶剂的表面张力,产生洗涤、分散、乳化、加溶、湿润以及增稠等作用。阳离子表面活性剂的洗涤作用有限,清洁能力弱,但抑菌能力强,对硬表面亲和力强,易于吸附在皮肤、头发及牙齿上,常用于头发调理剂、皮肤柔顺剂及口腔用品上;对皮肤刺激性较强,有一定细胞毒性作用。

(3) **两性表面活性剂**:指分子结构中既具有阳离子亲水基团,又具有阴离

子亲水基团,在溶液中显示等电点的一类表面活性剂。两性表面活性剂单独使用清洁能力不足,发泡、乳化及湿润等效果均较弱,但与阴离子表面活性剂复配使用时可表现出较强的去污和发泡效果。两性表面活性剂具有优良的流变特性,如水溶助长性、钙皂分散性以及良好的生物降解性;对皮肤黏膜刺激性弱,耐硬水和浓度较高的电解质,有一定的抑菌作用。这些特点使得两性表面活性剂在化妆品配方中被广泛应用。

（4）非离子表面活性剂: 溶于或悬浮于水溶液中不形成带电离子,依靠其完整的中性分子体现表面活性的一类物质。非离子表面活性剂具有较高的表面活性,其水溶液的表面张力低,加溶作用强,具有良好的乳化能力和清洁去污效果。此外,非离子表面活性剂对电解质的容忍度高,在较宽泛的 pH 范围内使用可与多种类型的表面活性剂配伍;对皮肤刺激最小,是公认最温和的表面活性剂。

16. 电脑辐射对皮肤有损害吗

　　电磁辐射对人体的侵害是从细胞开始,辐射会使细胞加快死亡,使新细胞的生成受到抑制,或造成细胞畸形,或造成人体内生化反应的改变。在辐射剂量较低时,人体本身对辐射损伤有一定的修复能力,可对上述反应进行修复,从而不表现出危害效应或症状。但如果剂量过高,超出了人体内各器官或组织具有的修复能力,就会引起局部或全身的病变。常用电脑很容易令皮肤产生过敏症状。实际上,这并非是由笔记本电脑电磁辐射带来的直接危害。真正的原因在于,电脑屏幕会产生静电,这可能导致吸附灰尘,加上长时间面对电脑会导致面部肌肤油腻,容易沾染灰尘,这就导致了肤色黯淡长斑、干燥缺水、毛孔变粗、眼睛干涩、黑眼圈形成并加重。这一类病态皮肤,医学专家冠以它一个新名称"计算机皮肤",这类"计算机皮肤"中的色斑患者,名曰"电脑辐射斑"。

17. 皮肤表面的微生物对皮肤屏障有什么影响

我们的皮肤不是无菌的,其中定居着大量的微生物,这些微生物和皮肤表面不同的生态位,形成了复杂的生态系统—皮肤微生态。皮肤表面的菌群分为常驻菌群和暂住菌群,常驻菌永久定居于皮肤上,定居在皮肤表面、角质层、表皮外层及皮肤和毛囊的深缝中。这些微生物能够在皮肤上生长和繁殖,不侵入或破坏皮肤组织,较深皮肤区域中的这些微生物不能通过洗涤轻易除去。大部分常驻微生物是无害共生体,包括球菌、杆菌和真菌。暂驻菌是暂时着落于皮肤上、一般不在皮肤繁殖的微生物,它们不能永久地驻存于健康皮肤上,但是会在皮肤表面存活并部分繁殖。暂驻菌是可能的病原体,一些病原微生物能在皮肤上频繁的出现,常见有金黄色葡萄球菌等。皮肤表面的微生物大多数对我们机体都是有益的,如清理皮肤表面的垃圾(凋亡的细胞),分解多余的脂质,通过竞争性抑制抵抗外来病原菌入侵等。皮肤表面有大量微生物存在,至少有 250 种细菌,每平方厘米皮肤表面细菌大约 10 万个。由此可见,皮肤是微生物的"理想家园",附着其上的微生物数量远远超出了人们以前的认知。

18. 熬夜对皮肤屏障有伤害吗

一般来说,晚上十点到早晨六点是最佳的睡眠时段,效果最好,因为这段时间是肝、胃等器官处于休眠状态,也是最佳的排毒时间。而皮肤在晚上十点到次日凌晨两点进入夜间保养状态,被人们称为"美容时间"。如果长时间熬夜,会破坏人体内分泌系统和神经系统,造成肌肤无法顺利代谢,角质堆积在皮肤的表面,就会出现皮肤干燥、弹性差、缺乏光泽、暗疮、粉刺、黄褐斑、黑斑等问题。另外,极其容易出现眼袋、黑眼圈、皱纹。有些人以为熬夜出现眼圈和眼袋没什么关系,以后不熬它就会消失了,然而事实并不是这样。如果长期熬夜,形成的眼袋是很难通过普通的保养手段去除的,因为该部分的皮肤已经松弛,胶原蛋白已经严重流失,皱纹已经出现,很难再复原。另外,因为身体功能的减弱,衰老的加快,面部、手部的皮肤特别容易长出皱纹,让你看上去非常衰老。很多人（特别是体型较瘦的人），熬一个通宵以后，看看自己的手背，会发现不但没有血色，而且非常干枯、起皱，就像起皮的树枝一样恐怖。另外，熬夜会诱发皮脂腺分泌异常，本来是干性皮肤，熬夜一段时间便可转化成油性皮肤，每天分泌大量油脂，搞得脸上和头上油腻腻的。也有一些皮肤愈发干燥，甚至脱屑。

19. 熬夜为什么容易引起皮肤过敏

在现代的生活状态下，熬夜成为必不可少的生活组成部分。无论是为了煲电视剧、上网、通宵玩乐而主动熬夜，还是因为加班、复习而被动熬夜，所造成的结果都是一致的皮肤暗淡、眼圈发黑。特别是一些长期熬夜的人群，更是油光满面，痘痘爬上脸。有专家指出，人在休息时皮肤的血管处于舒缓状态，也能得到休息，但熬夜让这些血管"疲劳"了，影响血液循环，自然就会第一时间在皮肤上反映出来，因此黑眼圈和难看的肤色在所难免。而长期不规律的睡眠状态，加上过大的生活和工作压力，有可能影响内分泌，造成代谢紊乱。时间长了，痤疮、黄褐斑、皱纹，甚至是一些皮肤疾病，如毛囊炎、脂溢性皮炎等问题都可能会"找上"早已脆弱不堪的皮肤，这个时候再要处理就更困难了。特别是一些女性为了掩盖熬夜后的皮肤，画上浓妆遮掩更是火上浇油，加速皮肤问题恶化。

熬夜对身体其实有诸多伤害，但对皮肤这个身体最大的器官来说，其伤害有直接的，也有间接的。长期熬夜使人更容易感到疲劳、精神不振等，身体抵抗力随之下降，一些平时不会发生过敏的皮肤也会变得敏感。而每个人过敏的原因可能不一样，花粉、灰尘、灰霾、日晒，甚至一些护肤品里面含有的香料、防腐剂、乳化剂等成分都有可能引起皮肤过敏而出现红肿、瘙痒等皮炎的症状。解除皮肤过敏状态,仅依靠抗过敏治疗不够,只有从根源上去除致敏的原因,才能避免皮肤的反复过敏,同时要尽量按时作息,让睡眠回归到正常状态,熬夜之后注意及时补足睡眠。

20. 如何修复因熬夜而引起的皮肤问题

熬夜所引起的皮肤问题是由内而外的,并非用护肤品就可以解决。有的护肤品也许仅仅能暂时改善一下皮肤的外在状况,但精神的萎靡和继发的皮肤病变是护肤品力不能及的。为了延缓肌肤衰老,一定要在睡前花十分钟时间热敷一下脸,滋养缺水的肌肤。起床后,利用冷、热水交替洗脸,刺激脸部血液循环,涂抹保养品时进行适度地按摩,不仅可以促进化妆品的吸收,修复受损肌肤,还能增强皮肤弹性。

21. 表面活性剂对皮肤屏障的影响

表面活性剂作为洗涤类产品的主要功效原料,通过清除皮肤表面的污垢及代谢产物(包括油脂等成分)发挥清洁作用。过度频繁的皮肤清洁,无论采用表面活性剂的类型如何,都会削弱皮肤表面的屏障结构,损害皮肤屏障功能。

首先是使皮肤的屏障的脂质受到损害。皮肤中的角质层起到人体与外界环境之间的保护作用,脂质是角质层中就像砖头一样搭建的脂质屏障的重要成分。但表面活性剂的过度清洁会使脂质流失。一旦脂质屏障受到损伤,皮肤的保湿能力将下降,引起洗后紧绷、干燥、红斑等症状,甚至引起敏感性肌肤。过于频繁地使用清洁剂,脂质流失的伤害都有可能发生。其次,表面活性剂可能会使蛋白质变性,甚至表面活性剂进入细胞间隙,使细胞间的物质溶出。当然,有很多种手段可以减弱这种对皮肤的伤害,比如添加温和表面活性剂。

还有更严重的是对细胞的毒性,这种情况会比较少一点,只要使用的表面活性剂都是法规认可的正确添加的表面活性剂。

22. 皮肤清洁对 pH 有何影响

自然状态下皮肤表面 pH 平均值约为 5。正常清洁情况下,pH 值会短暂升高,但很快会恢复正常值。绝大部分肥皂和清洗产品的 pH>7,自来水的 pH 值为中性偏弱碱性。不合理地使用上述产品清洗或过度清洁,会导致皮肤表面 pH 值升高。影响皮肤屏障的机制之一是高 pH 值会激活皮肤角质层的丝氨酸蛋白酶,破坏角化桥粒,导致皮肤屏障完整性受损,皮肤角质层含水量减少、TEWL 值增加,从而对刺激性物质的耐受性变差。

23. 皮肤清洁对局部表面正常菌群有什么影响

皮肤正常的酸性环境更适合有益菌生长,抑制有害菌的繁殖。皮肤表面和毛囊内的正常微生物菌群也会分泌一些物质杀灭有害菌,如毛囊皮脂腺内寄生的丙酸杆菌可将皮脂中甘油三酯分解成有杀菌作用的游离脂肪酸;表皮葡萄球菌能分泌自溶酶,可溶解一些潜在的致病菌和过路菌群。因此,如果过度清洁杀灭了皮肤表面正常微生物,会使得有害菌的数量增加,破坏原有的平衡状态。

24. 过度清洁对皮肤屏障有什么影响

清洁是保持皮肤健康的基本方法,但是过于频繁地清洗、过度使用去污及去角质能力强的清洁产品,均会造成皮肤屏障的损伤,影响正常 pH 值和破

坏皮肤微生态平衡。清洁的目的是清除多余的皮肤代谢产物、沾染的灰尘及化妆品等。日常生活中,一般每天需清洁面部两三次,根据皮肤特点和环境情况可适当增减。但面部清洁存在着一些认知误区,如面部油脂要彻底清除,特别是认为痤疮等脂溢性皮肤疾病是由于清洁不够所导致等,从而使得许多患者为了避免皮脂较多而过度清洁。国外的一项大型流行病学调查显示,用水清洁的次数越多,皮肤越干燥。过度清洁会损伤皮肤屏障。皮肤屏障受损后,对于外界病原的抵御作用下降,会诱发和加重皮肤疾病。因此,正确的皮肤清洁,既要清洁皮肤,又要保护皮肤的屏障功能。

25. 封闭空调环境对皮肤屏障有何影响

天气过热或过冷时大家都会在屋里开空调、开暖气,但是空调房间里空气干燥,这会让你的皮肤干燥缺水,在这种情况下,你的肌肤就需要进行补水保湿了。

26. 如何修复因封闭空调环境造成的
皮肤屏障受损

(1) **定时开窗通风**:使用空调必须注意通风,每天应定时打开窗户,关闭空调,增气换气,使室内保持一定的新鲜空气。

(2) **室内放加湿器**:空调室内很干燥,而加湿器通过高频振荡的方式将添加的水化成水雾小分子喷到空气中来增加空气的湿度,或者在空调房里放盆水亦可。只不过,加湿器释放出来的水雾含水量很低,而且辐射范围有限。

(3) **养些花花草草**:室内养些盆栽花草(根直接泡在水里的),如富贵竹,通过植物加湿,空气湿度会相对提高。

(4) **适当饮水**:在有条件的情况下,最好随时喝水,千万别等口渴的时候再喝;当摄入的水温低于身体基础温度时就很难挥发,只会影响身体功能,对皮肤有害而无利,所以一定要喝温水。

(5) **多吃新鲜蔬菜、水果**:像海带、菠菜、卷心菜、胡萝卜、西红柿、绿豆、洋葱、茄子、香菇、牛奶、蛋白、橘子、葡萄、香蕉、梨、苹果等,都是必选的食物。

27. 沐浴水温对皮肤屏障的影响

根据水温不同,可分为热水浴、温水浴、冷水浴。热水浴的水温是在38~40℃之间,热水浴可以促进我们的血液循环,让我们心情愉悦。热水浴对失眠的人特别有效。失眠了,泡一个热水澡,仿佛全身的毛孔都打开了,泡完澡上床,能美美地睡上一觉。温水浴指介于冷水浴和热水浴之间,温度是在34℃左右。温水浴对心脏不好的人或者是被烫伤的人效果特别好。冷水浴是指用10~20℃之间的冷水洗澡,现在大部分年轻人都喜欢冷水澡,当然这其中也有一定的好处。冷水澡可以使我们的皮肤更加紧致,更加光滑,让我们表现出一种非常健康的状态。洗澡次数过多、水温过高,容易发生皮肤瘙痒。通常患有皮肤瘙痒的患者在皮肤表面上并没有明显的症状,就是觉得身上非常痒,最常发生在四肢部位,尤其小腿前侧及手部,严重的患者甚至全身瘙痒难耐。

因此,建议洗澡时水温不要超过45℃,可以使用含有薄荷、冰片的止痒药膏来止痒,同时多使用护肤霜,但不要随意使用含激素的外用药。尽量不要搔抓,搔抓不仅会使皮肤破损,还会继发皮炎、湿疹,使局部的感觉神经因反复刺激而更加兴奋、敏感,瘙痒进一步加重,这样就会越痒越抓、越抓越痒,形成恶性循环。

28. 老年人冬季如何洗浴可避免皮肤屏障的损伤

天气转凉后,人体皮脂腺分泌减少,皮肤容易干燥,引起瘙痒。而老年人皮脂腺、汗腺萎缩、皮肤变薄干燥,表现得较为突出,加上气候干燥而且气温偏低,老年人就很容易发生皮肤瘙痒。最初瘙痒仅局限于某一处,进而扩展至身体大部分,尤其以夜间最为严重。所以老年人应减少洗澡对皮肤的刺激。一周洗澡以1~2次为宜,避免过度洗浴。洗澡时水温以35~37℃为宜,不要用力搓澡。搓澡时,不要用损伤皮肤角质层的搓澡巾,应选用全棉澡巾。

29. 哪些不当的日常习惯会引起皮肤缺水

很多人常常会说,我日常都有很注意补水呀,为什么脸部皮肤还是会那么干燥? 你是否每个星期都去角质? 虽然去角质可以帮皮肤重拾光彩,但过于频繁地去除角质(例如每周做1次以上),或同时使用好几种去角质产品,会让角质层变得越来越薄,失去储水及抵抗外界环境伤害的能力。是否只擦化妆水不擦面霜? 千万不能只擦化妆水就结束了护肤过程,因为补充的水分没有牢牢锁住肌肤仍旧得不到护理以及修复。因为脸多油,是否一直用强清洁洗面奶? 告别高温夏天,不再油光满面,如果你还如夏天般用强力清洁产品洗脸,会让脸越洗越干,且更易引起敏感症状,如泛红、脱皮、瘙痒等。

30. 染发剂对皮肤屏障有何影响

任何一种染发剂都含有二甲苯,会刺激皮肤,引起皮疹。不仅有可能使头发毛囊受伤、头发脱落,而且还会导致各种疾病的发生。由于永久性染发剂含有"偶氮染料"、芳香胺类化合物等成分,虽然国家对其含量制定了标准,并规定使用时必须严格按产品说明进行调配,不得任意增加浓度,然而,即使在允许标准范围内使用此类染发剂,仍有可能引起过敏性反应,如接触皮肤炎、湿疹、鼻炎、哮喘等,严重的导致过敏性休克,危及生命。"偶氮染料"能够与人体某些细胞结合后,造成细胞核内脱氧核糖核酸受损,引起细胞突变、致癌、致胎儿畸形。头皮毛囊是毒素进入人体的最佳通道。若长期使用染发剂,经过慢性积累,会引致膀胱癌、皮肤癌、淋巴系统肿瘤、乳腺癌、白血病等恶性肿瘤。

染发剂产品的氧化剂含量偏高,可对头发造成损伤,经常使用易使头发枯燥、发脆、开叉、脱落等。染发剂 pH 值过高或过低会刺激使用者的皮肤和头发,造成皮肤和头发表面酸碱度的不正常,降低皮肤抗病菌的能力,碱性过强还会使头发枯黄、无光泽或断裂。

有实验证明,长期使用染发剂可引起人体皮肤过敏反应,如接触部位的皮肤发痒、出现红斑、丘疹,甚至有水疱、红肿、胀痛、渗液等症状。如果皮肤有外伤或患皮肤病,则更易吸收化学药品,而导致慢性蓄积中毒,孕妇甚至有可能发生胎儿畸形。

31. 运动对皮肤的影响

多运动对皮肤好吗?答案是显而易见的。对于想要改善肤质的朋友来说,不妨坚持运动,因为运动出汗对皮肤是比较好的。那么,运动出汗对皮肤的好处和注意事项有哪些呢?

(1) 帮助伤口愈合:很少人知道汗腺竟然有帮助伤口愈合的作用。我们身上有几百万个这种有外分泌功能的汗腺,这些汗腺是成人干细胞的储存藏库,能够帮助伤口的关闭,加速伤口的愈合。

（2）**奇妙的排毒功能**：正常情况下出汗的时候，主要是排出过多的盐分、尿素、氨和酒精等。对身体不利的多余的钠盐和体内代谢产生的毒素，它们也可以随着汗液被排出体外。这就是人们常说的排毒。

（3）**汗液有抗菌功能**：我们的汗腺可以分泌出一种有抗菌功能的东西，可以帮助肌肤提高抵抗力。

（4）**运动有助于消痘**：运动出汗可以帮助我们清洁毛孔和皮表的污物。不过，运动后还是要清洁皮肤哟。否则汗液混合油脂垃圾会加重毛孔的堵塞。其次，大量合理的运动可以促进身体的各个机能的新陈代谢，保证每个部位的健康，从而减少痘痘。

（5）**改变心情**：运动出汗，可以刺激大脑内啡肽的产生，继而改变你的心情，控制情绪波动，帮助止痛等。

适当出汗对身体有一定的好处。但过度运动可影响皮肤的 pH 值、角质层水合作用和皮脂的分泌，可能对正常皮肤屏障功能的维持有负面影响。出汗明显增多可导致皮肤表面变得潮湿，角质层水合作用明显增加，油脂的含量明显减少。温暖和潮湿的气候可以为微生物增长提供有利环境。皮肤屏障受损也可能是一些与体育运动有关的皮肤病的原因。

32. 修复损伤屏障的生活小细节有哪些

皮肤是人体最大的器官，直接与外界环境接触，也最容易受到"侵害"。小到青春痘，大到成片的湿疹，每个人或多或少会遇到一些皮肤问题。很多皮肤病的发生由不良生活方式导致，只有提高保护皮肤的意识，才能减少疾病对身体的伤害。湿疹患者应减少洗浴次数。频繁洗浴对皮肤屏障有害无益，应慢慢改变频繁洗浴的习惯，且每次浴后涂抹保湿护肤品。老人和孩子减少洗澡次数的同时要控制好水温，40℃以下为宜。很多老人有用香皂、肥皂甚至硫黄皂清洁身体的习惯,就因为这些皂类"洗得干净"。殊不知,这些皂类"洗得干净"的原因是它们具有较强的碱性,而碱性越大,对皮肤的损伤越大。

皮肤病患者沐浴最好用清水清洁,如非要使用清洁产品,要选中性或弱酸性的,并且浴后一定要涂抹保湿护肤产品。老年人可以涂抹凡士林,如果觉得过于油腻,很多医院都有自制的"维 E 霜",保湿护肤效果很好,价格不足十元,也很便宜。

贴身穿的衣物最好选择纯棉的,颜色以白色或肉色为好,有颜色的衣物经过染料上色,劣质的染料中化学成分很多,还可能添加甲醛。在夏季,身体毛孔张开,皮肤直接与劣质的衣物染料接触,受到的损害是很大的。另外,新买的内衣一定要多洗几次再穿。

33. 修复皮肤屏障的日常生活小技巧有哪些

生活细节方面改善:

技巧一:每天多喝水很重要:补水的重点在于随时补充身体所需的水分,所以每天多喝水就变得很重要了。多喝水不但可以加速新陈代谢,把多余的废物统统赶出体外,还能让肌肤表层的水脂膜保持润泽感及弹性。补水要在饥渴感不明显时,因为当身体感觉到饥渴时补水就太晚了。

技巧二:适当乳液急救:当感到面部肌肤干燥紧绷时,可以多涂一层乳液。因为其中的保湿因子可以将水分锁住,防止流失太多。千万别像浇花一样,反复把水直接洒在脸上。这样做肌肤不仅没法吸收水分,还会因为水分蒸发而让脸上觉得更干燥,结果适得其反。

技巧三:果蔬补水天然健康:蔬菜和水果都含有丰富的水分和维生素,多吃水果和蔬菜对肌肤非常有益。如苹果、雪梨、奇异果、柑橘等,新鲜多汁,营养丰富。番茄果肉中含有丰富的维生素 C 和维生素 A,能美白滋润肌肤,补充水分,增强锁水功能,是公认的美白蔬果。

34. 吸烟对皮肤屏障有什么影响

　　香烟的烟雾对吸烟者和非吸烟者都有危害。有研究显示吸烟与皮肤老化、伤口愈合不良、瘢痕形成、过敏性皮炎、掌跖脓疱病、基底细胞癌、黑素瘤、痤疮、脱发、鳞屑病等一系列皮肤损害和皮肤慢性疾病相关。吸烟会明显加速皮肤老化，还与早期皮肤老化（皮肤干燥、皱纹、色斑等）有关。衰老的程度与每天吸烟的数量和烟龄有关，跟踪统计显示，40 岁的重度吸烟者面部肌肤的老化程度和皱纹与 60 岁左右的非吸烟者相当，而皮肤老化可导致正常的生理功能降低或丧失，进而引起其他肌肤问题。香烟烟雾可以降低角质层的水分含量，引起轻微的炎症反应，还致使大量胶原蛋白遭到破坏，促使皮肤老化现象的发生。

　　来自香烟烟雾的化学物质会影响皮肤屏障的完整性，让皮肤结缔组织产生降解，其结果增加了皮肤基底金属蛋白酶类（MMP-1、MMP-3）的破坏，这也与眼眶周围皱纹出现有关联。

　　胶原是维持皮肤张力的主要结构蛋白之一。研究显示，吸烟导致的皮肤老化现象与胶原合成减少密切相关。在皮肤成纤维细胞培养中发现烟草提取物可以抑制胶原合成。其前体物质溶胶原 I 型、III 型合成同时减少，导致皮肤张力下降，易于产生皱纹。

35. 酗酒对皮肤屏障有什么影响

　　适当饮酒虽然可以促进血液循环，但是过度饮酒就有加速皮肤老化的危害，会使血管长时间处于扩张状态，并加速胶原蛋白的流失，让皮肤提早进入老化状态，皱纹也会提早出现。

　　喝酒还会加速体内和皮肤水分的流失，导致皮肤变得干燥缺水，还可能出现脱皮角质化的现象。常喝酒就会给皮肤带来很大的负担，让皮肤慢慢变得粗糙，影响皮肤的健康状态。

36. 雌激素对皮肤的影响

对女性来说，雌激素对皮肤确实有好处，但前提是雌激素的水平不能太高。雌激素对维持皮肤及皮下组织的正常结构和功能有重要的作用。随着年龄的增大，雌激素水平的下降使皮肤胶原的含量下降。皮肤成分的变化导致了和皮肤老化相关的功能上的变化，如：胶原的变化导致皮肤强度和弹力下降，亲水性的葡胺多糖浓度下降导致皮肤水容量减少，这些变化都可以导致皮肤松弛、失去弹性、暗淡无光等。

女性在妊娠期间垂体分泌促黑素细胞激素（MSH）增加，同时雌激素和孕激素大量增多，这些激素的变化促进了皮肤黑素细胞的功能，使黑色素增加，孕妇肤色加深。面颊部可能会出现蝶状褐色斑，称为妊娠黄褐斑。

对皮肤功能的深入研究显示，雌激素能促进体外培养的人类上皮黑素细胞的增生活性和酪氨酸酶活性，而酪氨酸酶是生成黑素过程中的一种重要的酶，酪氨酸酶活性的增加会导致生成更多的黑素。美国 FDA 的用药指导中就明确指出，对于绝经期妇女的雌激素替代疗法的一个常见的副作用就是会出现色斑。

这些证据都显示，雌激素虽然有可能让女性的皮肤变得更加柔嫩，但如果其水平过高，也会导致皮肤的色素沉积，出现色斑。

37. 内分泌对女性皮肤屏障有什么影响

内分泌会影响女性的皮肤，当内分泌正常时，女性朋友的皮肤会比较白皙而富有光泽，基本不会长痘痘和色斑，但是，一旦内分泌出现问题，女性朋友就会出现一系列的肌肤问题，让人感到非常的烦恼。

女性内分泌对皮肤影响有哪些呢？

（1）**毛孔粗大：**对于内分泌失调的女性来说，皮肤会变得比较粗糙，实际上是因为毛孔粗大导致的。而导致毛孔粗大的原因就是因为雌激素的分泌量减少，雄激素的分泌量增加所致。众所周知，维持正常的雌激素水平，是皮肤细嫩光滑的主要原因，一旦雄激素分泌过多，毛孔就会变得比较粗大。

（2）**长痘痘：**内分泌失调的女性，对皮肤的影响之一就是长痘痘，因为雄激素偏高所致。所以,长痘痘的女性,在检查性激素六项时,一般都能看出雄激素有偏高的倾向。

(3) **长色斑**:内分泌失调的女性容易出现色素沉淀的情况,所以在脸上会出现色斑,其中最常见的就是黄褐斑。

38. 过度护肤对皮肤屏障的影响

有些人一天做面部清洁两次或以上,甚至经常去角质。这些过度清洁的日常习惯是后续各种皮肤问题的导火线。皮肤表面有一层皮脂膜,是人体自身分泌的油脂和水分等构成的水脂膜和表层结构性物质组成天然的第一道屏障,杀菌或抑制微生物的生长,滋润皮肤,不可轻易破坏。用洗面奶或洁面用品清洁面部来达到洁面控油的目的,这就等于自毁皮脂膜。没有这一层保护膜,皮肤问题接踵而来:干燥、敏感、毛孔粗大等。频繁应用化学品洗手、洗头、洗澡、反复搓澡等,过度地消除人体表面看似很脏的保护层,结果皮肤过敏和干燥就伴随出现。长此以往,会出现毛孔粗大、皮肤暗沉、松弛、敏感、皱纹等。实际上,只要有基础的护理,如适度清洁、根据季节及环境选择合适质地的护肤霜,在特殊需要时才使用面膜就可以满足基本需求了。

人都说"一白遮三丑",爱美的女士每天都会使用一种以上的美白产品,这些真的有效果吗?事实上,很多美白产品含有激素或重金属汞等物质,短时期可能有增白效果,但时间久后就会出现其他化妆品问题。要美白,最重要的不是美白产品,而是防晒。不论使用含有何种成分的美白产品,如果防晒没做好,要有实际效果很难。事实上,我们的皮肤有自然代谢黑色素的功能,所以只要做好防晒,即使不用美白产品,虽然速度很慢,色素沉淀还是可以自然淡化的。

39. 过度刷酸对皮肤屏障有什么影响

首先,刷酸是什么?刷酸,实际上就是利用酸作用于皮肤,主要是让表皮剥脱,达到让肌肤焕然一新的效果。当然,不同的酸可能效果有所不同,有的酸还有刺激胶原蛋白产生的作用。酸有很多种,护肤品里常有的就是水杨酸、果酸之类的,除了可以治疗轻度痤疮粉刺以外还可以美白,另外就是一些处方药,比如维甲酸、异维甲酸、全反式甲酸等,主要针对痤疮、闭口、粉刺等。

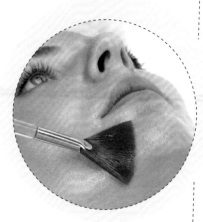

酸对皮肤的作用主要就是剥脱角质,而物理屏障的作用主要靠角质层来行使。刷酸焕肤,实际是在破坏角质层。如果在刷酸期间,还使用去角质的产品,比如磨砂膏等,无疑会加重屏障损毁的情况。

40. 化学剥脱术对皮肤屏障有影响吗

化学剥脱术,是利用化学药物的细胞毒性以及蛋白质凝固作用造成表皮细胞破坏,蛋白质凝固溶解,引起皮肤炎症,继而利用创伤修复的过程促进表皮细胞分裂,使胶原纤维排列规则化均一化,同时还能够使变性的弹力纤维发生质的改变,减少皮肤皱纹它还可以抑制过多的皮脂分泌,改善毛孔阻塞,淡化色素沉着斑,最终达到改善皮肤质地,美容皮肤的目的。

剥脱术后的不良反应包括剥脱过深或过浅、粟丘疹、毛细血管扩张、色素改变、感染、红斑、瘢痕、接触性皮炎或愈合迟缓。剥脱术后红斑可以持续很长时间,某些剥脱药有系统性毒性,特别是酚和水杨酸。深度剥脱术后皮肤潮红和体温敏感可能会持续数月。术后护理也相当重要,剥脱术后为防止色素沉着,术后要坚持用防晒霜,避免日晒,要避免口服避孕药、含雌激素的药和光敏药。对中度、深度剥脱术治疗前、中、后要服用抗病毒、抗细菌和抗真菌药物,以预防感染。

41. 护肤品中含有酒精,会损伤皮肤屏障吗

普通化妆品的成分中,一般都含有酒精这个物质,一般的爽肤水、收敛水,细致紧肤水都含有酒精的,因其具有超强的渗透力而被广泛使用在化妆

品的原料中。护肤品中的酒精可能会对使用者造成以下影响：①使水分蒸发。过度使用会使皮肤变干燥，不过现在含酒精化妆品大都已经注意到这一点，会添加保湿成分而有所改善。②过敏问题。还是有少部分人对醇类，如酒精（乙醇）、丙二醇、甘油（丙三醇，Glycerin）等过敏。③味道不舒服。有人会对化妆品中的酒精产生不适感。

42. 护肤品的酒精，一定对皮肤有害吗

首先我们要正确对待护肤品里面的酒精成分，很多人都认为酒精是百害无益的，其实这是完全错误的认识。化妆品中所用的酒精都是经过特殊处理的专用酒精，并且有以下用处：①收敛作用，刺激毛孔收缩，使毛孔不会变大。②清凉作用，使得毛孔自然收缩。③促进皮肤吸收，这是目前酒精被添加的最大原因，因为现在化妆品的有效成分效果都不是问题，就是吸收率低而已，酒精可以改变皮肤的油脂形态，使活性成分易穿透皮肤而吸收。根据研究，其提升率达数倍到数十倍以上，所以若您使用"疗效性"化妆品，大可不必太排斥酒精，它给你的好处绝对比坏处多。④杀菌作用，这是酒精的基本功能。对于痘痘皮肤和用化妆品容易长粉刺的人，有很好的抑制作用。⑤清洁作用，清除不容易洗去的油垢、污垢。⑥抑制油脂，效果虽不及专业的去油脂成分，但也算是额外的功能。

43. 外用维甲酸对皮肤屏障有什么影响

维甲酸软膏属皮肤科常用药。可用于治疗寻常痤疮，特别是黑头粉刺皮损，老年性、日光性或药物性皮肤萎缩，银屑病，鱼鳞病，各种角化异常及色素过度沉着性皮肤病。维甲酸可以去除肌肤表层的死皮细胞，比市面上销售的其他去角质产品或者药剂好得多。用药一段时间后会感觉到其副作用-皮肤发红和脱皮。但一旦你的肌肤适应了（辅

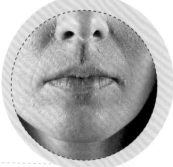

以适当的服用过程),你就将拥有更加光滑润泽的肌肤。再者,如果你的肌肤有晒伤、黄褐斑或色素沉积等问题,维甲酸会促进修复的过程,且比脉冲治疗要便宜得多。

44. 长期使用抗生素类药膏对皮肤屏障有何损伤

长期使用抗生素,会导致菌群失调。当彼此平衡关系被打破的时候皮肤功能就会紊乱,从而导致疾病的发生。健康皮肤微生物之间相互作用可维护皮肤微生态平衡,为皮肤提供第一道抵御防线,保持皮肤的健康、白皙和美丽。一旦皮肤微生态被破坏,皮肤就失去正常的生理功能而被感染,就会老化失去光彩,甚至出现问题。所以,大家为了皮肤健康,一定要在专业医生的指导下使用抗生素,千万不要擅自滥用哦。

45. 长时间应用糖皮质激素会对皮肤屏障产生什么影响

我们通常所说的激素是指糖皮质激素,这类药物使用初期皮肤迅速变白(归功于激素强大的抗炎、缩血管作用,一天白一个度,确实很诱人),水润细嫩。然而长时间外用,则会损伤皮肤屏障。糖皮质激素对皮肤屏障的破坏作用主要是通过影响角质细胞层的结构、中间丝相关蛋白及表皮脂质的含量。长期外用皮质类固醇激素会造成角质细胞层变薄甚至缺失;减少结构性脂类的分泌影响其数量;抑制中间丝相关蛋白的合成进而减少中间丝相关蛋白分解产物的含量,降低其水合作用。通过以上各种途径使皮肤屏障完整性受损,造成皮肤缺水干燥。长期使用皮质类固醇激素停用后易复发,患者对其产生依赖性。外用糖皮质激素导致表皮细胞增生分化受抑制,板层小体数量及分泌减少,表皮脂质合成减少,角化细胞套膜、表皮"砖墙"结构受到破坏,TEWL升高,皮肤表面 pH 升高,角质层完整性 / 内聚力异常,表皮屏障功能恢复延迟,并影响黑素细胞及朗格汉斯细胞的作用。上述这些变化使皮肤渗透屏障、物理屏障及抗微生物屏障均受到严重破坏。

46. 精神状态（心理因素）对皮肤屏障有何影响

精神对皮肤屏障的影响需要从两方面看：一方面,精神应激改变皮肤渗透性,使皮肤的经表皮水分丢失量增加,影响颗粒层的黏附性与完整性,破坏皮肤屏障功能;另一方面还可诱发瘙痒,引起搔抓,表现为皮肤糜烂、血痂、抓痕,破坏皮肤屏障功能,进一步加重屏障损伤,形成恶性循环。皮肤及黏膜屏障功能的受损使多种抗原或半抗原更容易侵入人体,与抗原提呈细胞相互作用并诱发级联免疫反应,这些炎症反应又会反过来导致皮肤屏障功能失衡。

平时未处于精神压力的环境下,皮肤的屏障功能的修复试验明显好于精神压力升高时,说明精神应激事件对皮肤屏障功能处于负向调节作用。应激事件可以改变表皮的渗透性,从而影响皮肤的屏障功能,而恢复皮肤屏障功能则能缓解瘙痒,舒缓精神心理压力。精神应激不仅破坏皮肤屏障、影响机体炎性细胞的功能,还通过中枢和外周神经通路释放各种神经激素、神经肽作用于免疫细胞。而且,在皮肤科的疾病谱中,有一大类疾病是直接由精神神经因素所导致的,而更多皮肤病的加重都跟情绪相关。如荨麻疹、神经性皮炎、斑秃、银屑病、湿疹等,其病因、发病过程和疾病的演变与心理社会因素密切相关;另一方面,皮肤疾病又因瘙痒等症状常常困扰着患者,引起焦虑、烦躁不安等情绪症状。某些皮肤疾病也可因为影响了外貌而造成患者心理上很大的压力。

47. 敏感性皮肤与皮肤屏障受损有关吗

敏感性皮肤的屏障功能被破坏时皮肤容易出现敏感,是因为不完整的皮肤屏障使外源性的抗原容易透过皮肤进入体内,被抗原呈递细胞呈递后引起变态反应;另外,由于外用刺激性药物、滥用激素外用制剂或激光术后皮肤屏障功能被破坏,也是皮肤容易出现敏感状态的原因。这种类型皮肤的护理应选弱酸性、不含香精、无刺激及具有修复皮肤屏障功能的化妆品。

48. 有哪些原因可以导致敏感性皮肤

敏感性皮肤的原因尚不完全清楚,是多因素共同作用的结果。目前仍没有统一的说法,可分为内源性因素如种族、年龄、性别、遗传、内分泌因素、某些疾病等,以及外源性因素如化学物质刺激、环境因素、生活方式、心理因素等。

内源性易感因素:①种族。Thomas 等研究表明,敏感性皮肤存在于任何种族中,但总的来说白种人的皮肤更易敏感,这可能与不同人种间皮肤黑素含量差异有关,白种人皮肤内黑素体积小、聚集成块,无法有效地吸收紫外线,易使皮肤受到伤害;而黑种人则反之。②年龄。在既往调查中敏感性皮肤中年轻人比老年人更容易发生,原因可能是老年人的皮肤表面的神经分布减少,则导致了感觉神经功能减退。③性别。越来越多的女性声称皮肤敏感高于男性,Latinga 等在进行流行病学统计中认为,男性比女性的皮肤更易受到外界的刺激而产生皮炎。④遗传。据调查表明,敏感性皮肤的患者具有一定的家族遗传性。⑤疾病。部分敏感性皮肤的患者本身可能患有某些皮肤疾病,如异位性皮炎、银屑病、酒渣鼻等。据调查在异位性皮炎女性患者中,66% 皮肤敏感性增高。还有一部分人群是处在疾病的亚临床期或者临床表现轻微,但是仍易受外界因素的激惹。

外源性刺激因素:①环境因素,包括大气污染、季节更替、暴晒时间、紫外线照射强度等;②化学因素,包括日常使用的化妆品、染发剂、香料及杀虫剂等刺激性物质;③生活方式,包括油炸及刺激性饮食、酒精、咖啡、过度使用身体护理产品及过度淋浴等。

49. 痤疮患者皮肤屏障为什么会损伤

痤疮患者皮肤屏障受损与以下因素有关:

(1) 由于痤疮主要发生于面部,且疗程较长,患者容易出现病急乱投医的情况,尝试使用一些含有角质剥脱剂、糖皮质激素等成分的产品。长期使用角质剥脱剂可使角质层完整性受损,糖皮质激素可抑制角质层脂质合成,从而使皮肤屏障受到损害。

(2) 外擦含酒精的一些药物也会损伤皮肤屏障。高浓度的酒精具有高挥发性,在带走皮肤热量的同时也会带走皮肤表面的水分,同时酒精具有脂溶性,可削弱皮肤屏障功能和增加皮肤的通透性。

(3) 痤疮患者由于皮肤比较油腻,患者大多有过度清洁皮肤的不良习惯,频繁使用香皂或祛痘洁面乳洁面,香皂中的皂盐易导致角质层水肿及天然保湿因子丢失,皮肤屏障功能受到破坏,洁面乳虽然具有一定的保湿和润肤作用,但其中的一些成分仍然可损伤皮肤屏障。

(4) 经常使用较热的水洗脸可使皮肤表面脂质流失,影响皮肤屏障功能。

(5) 频繁去角质:主要是使用磨砂型洁面乳或去角质膏等,这会导致角质层经常处于剥脱状态,使皮肤屏障结构受损。

(6) 部分痤疮患者存在护肤误区,认为使用化妆水和润肤剂会加重皮肤油腻状态而不用护肤品。如果过度清洁皮肤又不使用护肤品,将使受损伤的皮肤屏障不能及时修复。

第三章

皮肤屏障损伤的表现

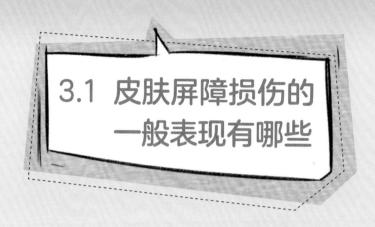

3.1 皮肤屏障损伤的一般表现有哪些

1. 皮肤屏障受损后会有哪些皮肤表现

健康的皮肤屏障可以抵御外界有害刺激物及日光等进入皮肤,同时具有保湿及调节抗炎作用。周围的环境因素如日光、温度的快速变化等;局部因素如过度清洁、激素外用不当,辛辣、刺激性食物等均可对皮肤屏障造成损伤。皮肤屏障一旦被破坏后,可引起皮肤自身防御能力不足,对内无法锁住水分,对外无法抵御微生物和化学物的侵袭,导致一系列恶性循环:皮肤出现敏感受损,经皮水分丢失增加,皮肤易出现干燥、脱屑、老化等,甚至引起皮肤疾病如色素沉着异位性皮炎、湿疹、银屑病、鱼鳞病、日光性皮炎、刺激性皮炎、激素依赖性皮炎、痤疮、酒渣鼻、脂溢性皮炎等的发生。在肌肤的皮脂膜被各种原因破坏之后,面部肌肤对于外界的刺激不能够及时的舒缓,这样肌肤就会出现发红。在肌肤皮脂膜受损越来越严重的情况下,面部发红的现象也是在不断扩大和加深,所以出现肌肤大面积的红也是屏障受损的一种表现,任何能够舒缓皮肤的护肤品作用都不大,涂抹上去也是伴随着一阵阵的刺痛。屏障受损时皮肤出现的另一大问题是皮肤的耐受性过低,对正常的护肤品也可能出现过度的反应,通常是接触性刺激性皮炎。皮肤的表现可能是刺痛、灼烧、干燥或者瘙痒,严重者会伴随红肿,皮肤失水快,pH 值偏高。

2. 皮肤干燥除了引起主观不适外,还有哪些危害

皮肤干燥是指皮肤缺乏水分令人感觉不适的现象。其症状主要为皮肤

发紧、个别部位干燥脱皮、洗澡过后全身发痒。年龄增长、气候变化、睡眠不足、过度疲劳、洗澡水过热、洗涤用品碱性强等都是导致皮肤干燥的重要原因。皮肤出现干燥，那就可能提示你的身体缺水，皮肤一旦缺水，不单只是干燥那么简单，还容易出现各种各样的皮肤问题，如：皮肤粗糙、角质过厚、油脂分泌过剩、暗沉无光等，更严重的是加速皮肤的老化现象。皮肤干燥究竟会引起哪些问题呢？且听我们细细道来：①紧绷干痒，皮肤紧绷也是皮肤缺水干燥的症状之一，平日皮肤间接性缺水也会引起此种不适的感受，脸部皮肤细胞处于缺水症状，严重的情况下导致紧绷引起干痒以及皮肤过敏等问题。②过敏，皮肤干燥缺水的症状下很容易导致皮肤过敏，一旦皮肤缺水没有补充所需的水分，导致毛孔内的油污堵塞无法正常排出，就会导致皮肤过敏，使后续护肤品不能正常吸收，营养成分堆积于毛孔内部和皮肤表层形成脂肪粒、黑头粉刺等。③脱皮，皮肤干燥缺水的情况下容易导致皮肤起皮脱皮，这是很常见的一大问题，很多人等到皮肤脱皮才开始意识到皮肤干燥缺水，其实这时候皮肤已经处于严重缺水的状态，导致脸部角质层干燥脱落从而引起死皮和皮屑的剥落。④毛孔粗大，并不是油性皮肤油脂分泌过多才会导致毛孔粗大，其实皮肤缺水干燥也是引起毛孔粗大的主要原因。皮肤角质干燥不能进行正常的代谢，毛囊堆积过多的角质代谢物，使皮肤变得粗糙干燥，从而堵塞毛孔引起毛孔粗大。此外，许多皮肤干燥病患者病情较重时出现明显口干、咽喉干燥、舌红无苔、不愿意发声、痰液黏稠，可伴有气管炎、间质

性肺炎、肺不张等；唾液分泌减少，吃饭时口腔液体分泌少，吞咽困难，而不能进干食，可伴有牙龈炎、口角干裂、口臭等。

3. 如何早期发现皮肤屏障受损

我们可以通过简单的肤质检测来早期发现皮肤屏障受损:①经皮失水量检测可检测皮肤角质层水分散失量。②皮肤酸碱度检测,可检测皮肤的酸碱度(pH 值),pH 值越高,水通透屏障功能越低。③角质层含水量检测,当皮肤屏障功能受损时,角质层含水量降低。④皮脂检测:皮脂过多可影响角质层脂质正常排列模式,影响皮肤屏障的完整性,神经酰胺的减少也会影响皮肤屏障的正常功能。其他包括质谱法可分析皮肤屏障中神经酰胺、蛋白含量,皮肤弹性检测,VISIA 图像分析,激光多普勒血流仪检测皮肤微循环等手段均可帮助我们发现皮肤屏障的异常。

4. 如何判断你的皮肤是否出现了屏障功能受损

怎样判断自己的皮肤屏障是否受损呢? 可从以下几点判断:

干燥:屏障受损最直接的表现就是干,干到两颊脱屑,涂抹任何乳液面霜都锁不住水分。

外油内干:早上起来肌肤像糊了一层油,甚至导致毛孔堵塞造成闭口粉刺和痤疮。实际上,肌肤内部的干燥紧绷感丝毫不逊色于干性肌肤。

红血丝:屏障受损导致皮肤耐受性和防御力下降,风吹、日晒和环境温度过冷过热都会导致皮肤充血,时间久了,毛细血管失去弹性,就形成了永久性的红血丝。

敏感刺痛:外界分子透过支离破碎的角质层,深入到真皮层,导致炎症产生。别说用手摸了,头发丝碰到都会觉得刺痛。

继发炎症:很多皮肤疾病通常都是屏障受损之后,皮肤遭受到了外界有害的攻击,导致肌肤发炎或特异性皮炎。

色沉:肌肤屏障就像一堵严实的墙壁一样,抵挡住了外在不良因素对皮肤的伤害。所谓的斑点就是黑色素细胞,是从皮肤的基底层慢慢迁移到了皮肤的表皮层,却又久久不能被代谢掉,从而形成斑点。色沉首先出现在炎症肌肤,炎症不消,皮肤代谢异常,就会刺激黑色素的形成。这是皮肤的一种自我保护机制,通过形成大量黑色素,帮助皮肤抵抗外在光热等的伤害。

5. 皮肤屏障功能受损对我们造成什么影响

（1）皮肤屏障功能异常导致经表皮失水增加,皮肤抵抗功能下降,抗原进入引起超敏反应或者细菌定植增加,可以引起皮肤的炎症,而炎症反过来又会加重皮肤屏障功能的异常。

（2）炎症和皮肤屏障功能障碍的恶性循环。炎症促进皮损的形成,引起皮肤屏障功能降低;而皮肤屏障功能障碍进一步引起皮肤屏障功能的破坏。

（3）滥用护肤品。在选择护肤品时有些人会为了追求速效,而使用含有过量铅汞或添加激素的产品,看到效果后更加乐此不疲地长期大量使用,久而久之皮肤屏障被破坏,一些人便患上了激素依赖性皮炎。

（4）接受不规范、不正规的美容护肤如激光、果酸换肤不当,使皮肤屏障受损,导致皮肤的防御功能大大减弱。很容易受到外来因素的侵害,出现的皮肤问题如:皮肤潮红、毛细血管扩张、色素沉着、皮肤老化等。

（5）激素药膏使用不当。激素药膏对于很多皮肤问题都有很好的治疗作用,但是对于激素药膏的用量和可持续使用的时间一定要询问专业医生,不能凭自我感觉主观滥用,以免引发激素依赖性皮炎。

（6）关于一些激素皮炎与红血丝患者,千万不要认为只要不去抹护肤品,就相当于保护皮肤了,这种思维相当错误,在不及时修复的情况下,只会形成恶性循环,而不是所谓的慢慢使皮肤恢复。

6. 如何评估你的皮肤干燥度

水滴一沾脸就被吸收掉,好像永远都不够,这是很多人给皮肤干燥下的定义。医学界对皮肤干燥并没有明确概念,不过正确判断干燥与否的标准应该大体如下:

(1) 整张脸感到紧绷。其实这个很好理解,特别在我们有热水洗脸的时候,而且水的温度相对是较高的情况下,即便我们的皮肤不干燥,这时候我们的脸也是紧绷的,其实这个时候我们的脸是处于一个缺水的状态,所以我们在洗脸的时候切不可用过热的水洗脸。其实,不光是我们洗脸,就是我们洗澡的时候如果也用过热的水,同样我们的皮肤也会出现这种类似的情况。

(2) 用手掌轻触时,没有湿润感;用手轻轻抚摸,没有湿润的感觉。

(3) 身体其他部分的皮肤呈现出干巴巴的状态;我们身体的每一个部位所处的环境是不一样的,最明显的就是我们的脸部和手,比如有一些人的脸看起来皮肤很好,但是他身体上的皮肤却不怎么好。

(4) 洗过澡后皮肤发痒,尤以肋下、四肢及后背为甚。洗过澡后身体局部出现发痒、干燥,特别是我们用过热的水洗澡过后,经常会出现这种情况,还有是在冬天。这里说的是在局部环境的一个变化所导致的一个短暂的现象,但是同们也要引起我们的一个注意。如果你在没有这些外部情况下也出现发痒的状况,那你就更应该引起你的重视了。面部皮肤干燥严重到一定程度,会出现"干性脂溢性皮炎",具体表现是面部起红斑,并伴随口、鼻四周皮肤脱落现象,十分刺痒难受。这些现象都说明,皮肤"渴"了。

7. 皮肤屏障受损的皮肤敏感有哪些具体表现

很多患者会有这样的经历,皮肤干燥脱皮时试图用保湿剂缓解,但是症状不但没有缓解,反而会出现皮疹、痛痒,甚至烧灼感。这便是皮肤屏障受损后皮肤敏感的表现。

　　皮肤屏障受损后皮肤会变得比较薄,可能会出现干燥脱屑、上覆鳞屑的红色斑片、水疱、渗出、面部潮红、面部血管明显等表现。不仅皮损多样,患者还会有强烈的搔抓冲动,搔抓引起皮肤出现抓痕,同时进一步破坏了皮肤屏障,导致皮肤问题加重。此外,患者皮肤还会出现刺痛、烧灼感、紧绷感、潮热感等。皮肤敏感的常见部位包括面部、外阴、手足,其中以面部最为常见。面部皮肤容易受到刺激,出现潮红。患者皮肤敏感,对干冷、热、冷空气等环境变化易产生不适反应,对多种化妆品成分过敏,甚至出现皮疹、瘙痒,在接触肥皂、清洁剂、漂白粉后也容易出现反应。当患者压力较大、辛辣刺激饮食、饮酒后可使皮肤反应进一步加重。

8. 皮肤敏感与皮肤过敏的区别是什么

　　敏感皮肤和皮肤过敏是两个不同的概念。皮肤敏感不是一种皮肤病,它属于一种"亚健康"的皮肤状态,是由于皮肤屏障功能的缺损所导致的,是一种高度不耐受的皮肤肤质类型,此类型皮肤易受到各种因素的激惹而产生刺痛、烧灼、紧绷、瘙痒等主观症状,皮肤外观可正常或伴有脱屑、红斑和干燥。

　　皮肤敏感的患者容易出现皮肤过敏现象。皮肤过敏是疾病,是一种机体的变态反应,是指有过敏体质的人在接触、吸入、摄入或注射过敏原,如花粉、粉尘、异种蛋白、化学物质、紫外线等后,产生的一种免疫反应。诱发皮肤过敏的原因包括食用海产类食物、使用或接触含金属的物质,呼吸含有植物花粉的空气以及对物或昆虫的反应等。

9. 敏感性皮肤分为哪几种类型

　　敏感性皮肤的临床类型可分为:①环境型。常见于肤色白、干、薄的皮肤,主要对环境因素出现反应,如对冷、热、快速的温度变化等敏感。可频繁地出现面部潮红。②化妆品型。主要对化妆品出现反应。③非常敏感型。对外源性的因素如化妆品、环境因素和内源性因素都可出现严重的反应。

10. 皮肤屏障是如何被你"洗掉"的

不恰当的皮肤护理方式可损伤皮肤屏障,过度清洁及清洁剂的使用不当对皮肤的损害越来越受到重视。

皮肤清洁的目的是清除多余的皮肤代谢产物、沾染的粉尘及化妆品等。一般每天需清洁面部 2~3 次,根据具体的皮肤特点和环境情况而定。清洁次数过多,可除去皮肤的皮脂,破坏皮肤表面的水化膜屏障,造成皮肤干燥和透皮水分丢失增加。

含有大量钙离子、镁离子的硬水和肥皂中的脂肪酸形成不可溶解的沉淀物沉积于皮肤中,较难清洗干净,进而损伤皮肤屏障。清洁剂中的表面活性剂会损害皮肤中蛋白和脂质,破坏皮肤的脂化膜,对皮肤有一定刺激性,造成皮肤屏障损伤。

清洁频次增加或选择肥皂等清洁剂会使皮肤表面 pH 值升高,破坏皮肤屏障的完整性,导致角质层含水量减少、TEWL 值升高。

过度清洁杀灭了皮肤表面正常微生物,使得有害菌的数量增加,进一步破坏了皮肤屏障的完整性。

3.2 与年龄和性别相关的皮肤屏障损伤表现

11. 婴儿的皮肤屏障功能破坏有哪些表现

由于婴儿皮肤屏障的角质形成细胞连接异常,使丝聚合蛋白及天然保湿因子含量降低,表皮的保水能力、皮肤弹性及机械性能降低,外界变应原及刺激物容易侵入皮肤,使皮肤屏障功能产生障碍,从而导致婴儿湿疹,患儿皮肤出现红斑、丘疱疹、小水泡、渗出等伴瘙痒。尿液或粪便中相关成分可引发婴儿皮肤表面pH值升高,对皮肤造成很大伤害;同时,尿布局部环境中因为尿液原因而使得湿度增高,加上婴儿活动时皮肤与尿布摩擦,均会进一步破坏婴儿皮肤屏障功能,出现尿布皮炎,表现为会阴、臀部等部位红斑,散在斑丘疹或脓疱。

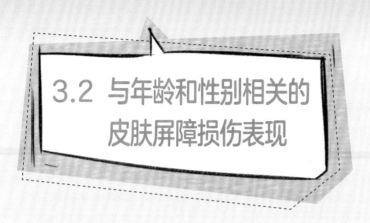

12. 青年女性化妆品皮炎的皮肤屏障损伤主要有哪些表现

化妆品皮炎是化妆品引起的皮肤损害,在接触性皮炎中占有相当大的比重。化妆品中的某些成分直接刺激皮肤,损伤皮肤屏障,角质层变薄,含水量下降，表皮内蛋白变性，脂质含量减少，经皮失水量增加，引起刺激性皮炎。患者可表现为疼痛或烧灼感，也可有瘙痒。皮损一般为干燥性红斑，也可出现水疱渗液。接触化妆品引起过敏可导致接触性皮炎，患者可出现红斑、丘疹、水疱、渗液及瘙痒。在接触一段时间后发病。

化妆品中若含有激素，长期使用也可导致激素依赖性皮炎，皮肤角质层变薄，毛细血管扩张，经皮失水增加，皮肤干燥、脱屑，面部有刺痛或紧绷感，无法抵御外界刺激而导致皮肤敏感。因此必须要修复受损的皮肤屏障，增强皮肤抵御外界刺激的能力，才能有效地治疗和预防化妆品皮炎。

13. 老化皮肤的皮肤屏障有何改变

皮肤老化可有以下表现：表皮或真皮变薄，真皮乳头变平，表皮更替时间延长，弹性蛋白减少，血供减少，血管易破裂，胶原纤维和弹性纤维减少或皮肤变薄，免疫反应受损或延迟，皮肤感觉神经损伤，汗腺萎缩，皮脂腺萎缩，角质层生理性脂质分泌减少，角质层经表皮失水率增高，角质层结构改变，黑素细胞功能降低。表皮变薄并萎缩，角质细胞数虽无改变，但表皮细胞层数减少；真皮乳突变平，乳突处血管减少，导致真表皮交界处黏合力下降，皮肤物理屏障功能降低；树枝状细胞减少且活性降低，这是导致老年人皮肤免疫屏障功能下降的重要组织基础；真皮的弹性纤维、胶原纤维变细变直、数量减少，真皮内的蛋白聚糖也明显减少，这些是皮肤松弛、下垂的重要原因；皮脂腺和汗腺萎缩，导致皮肤表面生理性脂质分泌率下降，进一步降低皮肤物理屏障功能，甚至出现干皮症或老年性瘙痒。过度光暴露会引起皮肤的光老化退变，表皮往往增厚，但真表皮交界处连接变得扁平；树枝状细胞也有显著减少；弹性纤维增多、变粗、排列紊乱，而胶原纤维则减少，并出现典型的嗜碱性变和异常沉积；真皮内的蛋白聚糖减少,真皮血管扩张,管壁增厚;也可出现毛囊扩张及皮脂腺萎缩。

14. 随着年龄的增长,皮肤屏障功能有何改变

随着年龄增长,皮脂腺功能减退,皮肤萎缩、干燥,加之过度热水洗烫,易泛发全身瘙痒,称为老年瘙痒症。老年瘙痒症多因皮脂腺功能减退,皮脂分泌减少、皮肤干燥和退行性萎缩或过度洗烫等因素诱发,可发生在四肢及躯干。特别在冬季,由寒冷诱发,由寒冷室外骤入室内或在夜间脱衣睡觉时加重。

研究表明,随年龄增加,老年人角质层脂质成分发生了一定变化,胆固醇和甘油三酯含量减少,而神经酰胺水平无改变。究其原因,可能与表皮脂质生物合成能力的减弱有关,致角质层细胞间脂质的含量及比例发生变化。皮肤屏障功能受损,水分丧失,皮肤变得干燥,同时,角质细胞间的黏附力下降,脱屑增加。皮肤干燥时其物理性状也会发生改变,这种变化如果被角质层下部的神经末梢感受器所感受就会产生瘙痒症状。

皮肤老化导致皮肤干燥和 pH 值增加,屏障功能衰退,降低对皮肤的保护能力,皮肤易受外界刺激,导致瘙痒症易发。中老年人皮肤中虽然板层小体分泌物的合成及分泌正常,但是在角质层中的脂质代谢过程有缺陷,从而影响角质层中的脂质。水通道蛋白 3 利于水和甘油在细胞膜间的运输,以保持表皮含水量。衰老造成老年皮肤中水通道蛋白 3 表达下降,导致皮肤干燥。

3.3 与季节/环境因素相关的皮肤屏障损伤表现

15. 春季皮肤屏障有何特点

春季温度忽冷忽热,紫外线骤然变强,花粉、柳絮等过敏原随春风四处飘浮。此时皮肤易因温度急剧变化呈现敏感状态,过敏原则会让易感人群的皮肤发生过敏反应,两者概念不一样,但主要表现都是泛红、发热、瘙痒,可能还伴有脱屑、丘疹等。这种状态下,皮肤屏障功能削弱,对外界防护能力降低,加之紫外线增强,更容易被晒黑。防护能力降低带来的伤害进一步削弱屏障功能,两者相互影响形成恶性循环。皮脂腺分泌自春季开始增强,但排泄功能稍滞后,因此皮肤上易出现痘,炎症亦可影响屏障功能。皮肤健康的人,也可能因为春季到来,屏障功能发生改变,对于敏感肌肤等屏障本就不完善的人来说,春季皮肤面临的压力更大。

16. 夏季紫外线如何损伤皮肤

紫外线是指阳光中波长 10~400nm 的光线,可分为 UVA(紫外线 A,波长

320~400nm, 长波)、UVB (波长 280~320nm, 中波)、UVC (波长 100~280nm,短波),波长越长,穿透能力越强。UVA 射入皮肤真皮层,产生大量氧离子自由基,刺激各种酶素的出现,可以破坏真皮主要成分——胶原蛋白的结构,故其主要是光老化。UVB 可在极短时间内引起皮肤红斑、水肿等炎症反应,刺激表皮层中的黑色素细胞加速分泌黑色素,以发挥其吸收紫外线、构筑肌肤屏障的特性,这一特性会导致肤色变暗沉、变黑。UVC 穿透能力比较弱,在抵达地面之前就已经被臭氧层吸收

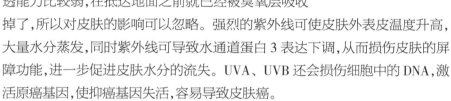

掉了,所以对皮肤的影响可以忽略。强烈的紫外线可使皮肤外表皮温度升高,大量水分蒸发,同时紫外线可导致水通道蛋白 3 表达下调,从而损伤皮肤的屏障功能,进一步促进皮肤水分的流失。UVA、UVB 还会损伤细胞中的 DNA,激活原癌基因,使抑癌基因失活,容易导致皮肤癌。

17. 为什么一到冬季皮肤就瘙痒难忍

　　西北风一刮,大部分人的皮肤都会比较干燥,这时一些冬季常见的皮肤病也开始在一部分人群中肆虐起来。许多人,特别是老年人就自诉全身或者小腿前皮肤瘙痒、干燥、脱屑。白天由于外界干扰,尚可分心而无暇顾及,一到晚间,瘙痒难忍,全身似有蚂蚁在爬,无法忍受。但检查皮肤,却无任何原发性皮疹,仅可见由于搔抓引起的皮肤抓痕,血痂或者色素沉着等继发性损害,如持续时间长久,则可继发苔藓样皮损。皮肤科医生往往诊断为冬季瘙痒症或皮脂缺乏性湿疹。

　　之所以会出现瘙痒是因为皮肤屏障结构的改变。冬季皮肤角质层水分含量会逐渐减少,而当皮肤角质层的水分含量低于 10% 时,皮肤就会出现干燥、紧绷、粗糙及脱屑等。皮肤干燥与皮肤的失水有关,皮肤水分的缺乏又与皮肤的天然皮脂有关,皮肤表面的脂质犹如一件外衣,阻止了皮肤水分的蒸发,使皮肤保持滋润。而到了冬天,人的皮温也会随着气温变化而降低,无

论是显性出汗还是隐性出汗,都大大减少,人体皮肤的润滑剂皮脂腺的分泌也大大减少,尤其是老年人皮肤较薄,表面的脂质也减少,皮肤自然就显得干燥,冬季冷风又可增加水分的损失,进一步扰乱表皮的脂质平衡,这样干燥就不可避免了。同时,冬季衣服又穿得较多较紧,这样异物持续刺激敏感的皮肤,瘙痒也就难免了。冬季频繁洗澡也是原因之一,热水对皮肤本身是一种刺激,再加上洗涤剂的使用使皮脂去除更多,导致皮肤更加干燥,因此冬季出汗也不多,完全没必要洗的过于频繁,更不要用过烫的水洗澡。

18. 长期处于潮湿环境中皮肤屏障的变化

皮肤角质层含水较少,电阻较大,对低电压电流有一定阻抗力。长期处于潮湿环境,角质层含水量升高,皮肤电阻变小,故易受电击。角质层长期含水量处于高水平,临床上出现浸渍,此时若有摩擦,能轻易将表皮擦烂。潮湿的环境最有利于真菌的生长,可能会引发真菌导致的皮肤癣,使皮肤屏障遭受破坏。根据潮湿环境不同,屏障改变不同,潮湿环境相关性皮炎主要有失禁相关性皮炎、皮肤褶皱处皮炎、伤口周围皮炎和造口周围皮炎。比如失禁性相关皮炎,若是由尿液造成,除了尿液造成的潮湿环境,还与尿液中的尿素氨等物质改变皮肤的弱酸性 pH 值,使得皮肤处于一个不适宜的碱性环境中有关;另外皮肤与床单或衣服的摩擦力也是发生皮炎的一个重要因素。

19. 怎样应对季节性敏感肌肤

除了及时到正规医院就医外,个人护肤应注意:首先,温和清洁,避免使用皂基等强清洁力的洗面奶,可用氨基酸洗面奶或者清水,水温不宜过高。其次,保湿。建议采取医用护肤品,成分简单,不含酒精,不含易致敏成分,根据自身皮肤情况采用霜或乳液。此外,对于季节性敏感肌肤,在换季时,不建议使用功效型护肤品,例如维生素 A、维生素 C、果酸等。最后,注意防晒,季节性敏感肌肤的皮肤屏障功能弱,保护能力差,紫外线能破坏皮肤屏障,加重皮肤问题。

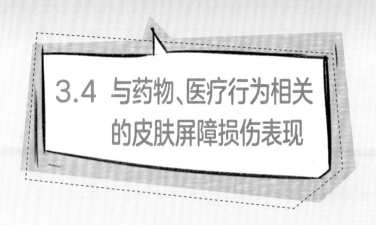

3.4 与药物、医疗行为相关的皮肤屏障损伤表现

20. "刷酸"后皮肤屏障有何改变

"刷酸"的字面意思可以理解为使用酸类物质,如果酸、水杨酸等涂抹于脸上,这些物质具有腐蚀作用,根据浓度等不同可腐蚀的深度也不同,腐蚀的目的是让皮肤长出新的表皮,甚至可以刺激胶原蛋白的形成。刷酸后,最开始的一段时间,皮肤屏障功能下降,因为酸的剥脱作用,表皮变薄,因此刷酸后需要严格防晒,并使用含透明质酸、表皮生长因子等修复作用的医用面膜,以免被紫外线伤害。屏障会随着时间修复,新生表皮长出后,由于没有了刷酸前陈旧的角质覆盖,皮肤会更有光泽,较之前白皙。

21. 外用维生素 A 酸类药物对皮肤屏障有何改变

表皮角质形成细胞、黑色素细胞及真皮成纤维细胞都是维甲酸作用重要的靶细胞。维甲酸显著的药理活性之一是诱导表皮增生,使颗粒层和棘细胞层增厚。另一个重要作用是在表皮细胞分化后期通过影响角蛋白 1(K1)、角蛋白 10(K10)酶解,影响丝聚合蛋白原至丝聚合蛋白过程及交联包膜形成促进表皮颗粒层细胞向角质层分化。并且,维甲酸可影响黑色素细胞的黑色素生成。当皮肤发生生理性老化,或受药物、紫外线辐射及创伤伤害时,维甲酸可纠正或预防有害因素对真皮结缔组织生化成分及形态结构引起的异常,刺激皮肤细胞外基质蛋白合成,在真皮上部加速形成新的结缔组织带,并可提高伤口部位的张力强度。维甲酸对皮肤有刺激性,可随药物浓度和给药次数的增加引起不同程度的皮肤刺激性炎症,如红肿、糜烂,削弱角质层屏障。

22. 外用抗生素类药物对皮肤屏障有何改变

皮肤表面存在许多微生物,正常情况下,它们和人体和平共处,达到一个井水不犯河水的平衡状态,这就是我们皮肤的微生物屏障。在医生指导下合理使用抗生素,有效控制皮肤感染,能防止炎症继续破坏皮肤屏障,促进皮肤的微生态平衡,对皮肤屏障是保护作用。但不恰当使用抗生素,会大量杀灭对药物敏感的细菌,还可能培养出耐药菌,此时,皮肤表面细菌种类及数量平衡被打破,菌群失调会诱发更严重的感染,皮肤屏障功能进一步受到破坏。

23. 药物封包对皮肤屏障有何改变

封包对皮肤的影响作用是复杂的,而且还不完全明确。封包是使皮肤产生明显改变且影响皮肤生物学和皮肤创伤愈合的复合过程。可能产生的复杂变化包括改变表皮脂类、DNA 合成、皮肤表面酸碱度、表皮周期、皮肤形态学、汗腺和朗格汉斯细胞等。由于应用简单,封包被广泛应用于临床来促进药物渗透。一方面,药物的亲脂性越高,则封包诱导的药物吸收有明显增加趋势。封包能够增加脂溶性、非极性分子的穿透,但对极性分子的作用较弱。另一方面,健康角质层的平均含水量为 10%~20%,封包可以阻止皮肤表面扩散水的丢失,促进水分进入细胞间脂质。

24. 光疗后皮肤屏障有何改变

光疗法即利用光线的辐射能治疗疾病的物理疗法。光疗主要有紫外线疗法、可见光疗法、红外线疗法和激光疗法。不同的光疗法会有不同的表现。如红外线可使皮肤及表皮下组织吸收热,热可以引起血管扩张,血流加速,局部血液循环改善,组织的营养代谢增强,血液淋巴循环的加速,促进了组织中异常产物的吸收和消除。而一定剂量的紫外线照射后,经过一定的时间可出现不同程度的皮肤色素沉着。长波紫外线照射后黑色素沉着强,短波紫外线照射后色素沉着弱。常用于一些色素脱落性疾病如白癜风的治疗。光疗治疗后因为皮肤的吸收能力增强,新陈代谢加快,部分患者可能出现皮肤干燥缺水的情况。

25. 化学剥脱治疗后皮肤屏障有何改变

采用化学剥脱术治疗疾病已有数十年的历史,但既往使用的化学剥脱剂对皮肤创伤大,难以推广应用。近年来逐渐采用分子量最小的果酸即羟基乙酸做化学剥脱,因其副作用小,疗效确切,越来越受到关注。果酸剥脱的机制是通过活化类固醇硫酸酯酶和丝氨酸蛋白酶降解桥粒,造成角质形成细胞间桥粒瞬间剥脱,加快角质层细胞脱落,激活角质形成细胞的新陈代谢、更新或重建表皮;同时也促进黑素颗粒的排除,有改善肤色的作用。果酸还可以降低角质形成细胞的粘连性,松解堆积在皮脂腺开口处的死亡细胞,纠正毛囊上皮角化异常,使皮脂腺排泄通畅,抑制粉刺形成。

26. 激光治疗会破坏皮肤屏障吗

激光是 20 世纪 60 年代初期发展起来的一门新技术。近年来,由于激光医疗技术的不断发展,激光用于美容已日趋完善。目前,激光不仅广泛应用于各种损容性皮肤病的治疗,还常用于美容整形术及皮肤的美容保养。用于皮肤美容的激光又分为剥脱性和非剥脱性,剥脱性的激光会破坏皮肤屏障,非剥脱性的激光如果操作得当对皮肤屏障是基本无损伤的。

27. 光子嫩肤会使皮肤变薄吗

随着年龄的增长及外部环境的影响,绝大部分人面部皮肤会出现如色斑、皱纹、皮肤松弛、毛细血管扩张等现象,影响人们对人体皮肤外在美观的追求。而光子嫩肤作为一种成熟的无创光学医疗美容技术,被广泛用在医学美容中。其原理是根据不同患者的皮损情况选择不同波长的强脉冲光,使得患者皮肤组织在脉冲光化学的作用下产生应激性改变,在保证不造成皮肤损害的基础上,使得患者皮肤真皮层胶原纤维分子结构产生变化,从而修复皮肤。由此可知,如果操作得当的话,光子嫩肤对皮肤是没有损伤的。

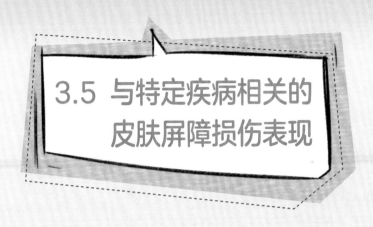

3.5 与特定疾病相关的皮肤屏障损伤表现

28. 常见的皮肤屏障受损性疾病有哪些

皮肤屏障广义包括物理屏障、色素屏障、神经屏障、免疫屏障。皮肤屏障狭义主要指物理性屏障,我们平时说的皮肤屏障都是物理屏障。物理屏障由皮脂膜、角质层角蛋白、脂质、"三明治"结构、"砖墙"结构、真皮黏多糖类、黏多糖类等共同构成,抵御外界有害、刺激物、日光进入,同时具有保湿及调节抗炎作用。

皮肤物理屏障受损将引起皮肤干燥敏感、皮肤老化、色素沉着异位性皮炎、湿疹、银屑病、鱼鳞病、日光性皮炎、刺激性皮炎、激素依赖性皮炎等以及皮脂溢出性疾病,如痤疮、酒渣鼻、脂溢性皮炎。

29. 糖尿病患者的皮肤屏障受损有何表现

糖尿病皮肤病变是糖尿病最常见的并发症之一,其特点为病变范围广,种类多,损害全身任何部位的皮肤,发生于糖尿病的各个时期。皮损通常表现为面部发红、皮肤疱疹、颈部毛囊炎、瘙痒难忍、感觉异常、出汗反常、足部坏疽、黄色瘤等。皮肤损害可加重糖尿病的病情,这种皮肤改变可因糖尿病的不良控制而加重,治疗应对症治疗皮肤病损。

具体表现如下:

(1) **皮肤感染:**皮肤感染在糖尿病患者中非常常见,甚至有不少患者是在看皮肤感染的时候被查出患有糖尿病的。发生皮肤感染的因素很复杂,有人认为患者的血糖升高,皮肤组织的糖原含量也增高,给细菌感染创造了良好的环境。

(2)**皮肤瘙痒**:皮肤瘙痒常常是糖尿病的起病症状之一,皮肤瘙痒最常发生的部位是患者的腰背部和下肢,可以是全身泛发性瘙痒,也可以是局限性瘙痒,后者多发生在外阴及腋下。

(3)**糖尿病性皮肤病**:糖尿病性皮肤病有六类症状:皮肤潮红,面部可出现特殊的玫瑰色潮红斑;异常色斑;橙皮症;糖尿病性大疱;糖尿病性类脂渐进性坏死。

(4)**糖尿病性皮肤血管病**:糖尿病皮肤微血管病变,主要侵犯小动脉、毛细血管和小静脉,可以见于全身任何部位,这种溃疡是浅表的、疼痛性的,并呈渐进性加重。也可累及其他部位的血管,如视网膜病、心肌梗死等,最后累及下肢大血管,动脉硬化闭塞症等。

(5)**糖尿病性硬化性水肿**:约5%的糖尿病患者发生本病,多见于成年人及肥胖患者;主要发生于颈、上背及肩部,皮肤呈淡红或苍白,表面有光泽,呈非凹陷性硬肿胀,组织增厚。

(6)**糖尿病性黄色瘤**:常急速成群发生,好发于患者的面部(特别是眼睑周围),也可见于患者的躯干、四肢、臀部等处。

30. 什么是敏感性皮肤,皮肤有何改变

一般认为敏感性皮肤是一种高度不耐受的皮肤状态,易受到各种因素的激惹而产生刺痛、烧灼、紧绷、瘙痒等主观症状的多因子综合征,皮肤外观正常或伴有轻度的脱屑、红斑和干燥。敏感性皮肤与"皮肤过敏"是两个不同的概念,皮肤过敏是一种变态反应,由变应原进入机体后,促使机体产生相应的抗体,引发抗原抗体反应,表现为红斑、丘疹、风团等临床客观体征,常伴瘙痒。而敏感性皮肤通常是对刺激的耐受性降低,出现一系列异常感觉反应,大多缺乏客观体征,其发生机制虽然不是很清楚,但普遍认为不伴有免疫或过敏机制。常见症状有自觉痒、刺痛感、针刺感、烧灼感、紧绷感。

31. 身上痒就是瘙痒症吗

身上痒的原因比较多,很多疾病都会造成皮肤瘙痒,因此并不一定身上痒就是皮肤瘙痒症。还需警惕以下可能:

(1) **单纯皮肤问题**。因为皮肤自身问题感到痒有两种情况:一种是没有原发性的皮肤损伤,多半是由于皮肤缺少水分而引起的,尤其是秋冬季节,由于气候干燥,很多人都会觉得皮肤干痒、脱皮;另一种是皮肤本身就"病"了,皮炎、湿疹、银屑病等皮肤疾病大多都伴随着瘙痒。

(2) **中老年人皮肤退化**。中老年人因为皮肤萎缩变薄,含水量降低,皮脂腺及汗腺分泌减少,使皮肤失去润滑保护作用而显得干燥。在寒冷的季节,干燥的气候又使皮肤粗糙,甚至表皮脱落,使皮内神经末梢更容易受刺激而发痒。中老年人身体痒多是这个原因。

(3) **过敏**。对饮食、花粉、尘螨等过敏,接触某些化学制剂,都有可能引起过敏,从而使皮肤感觉到痒。这类痒一般在停止接触过敏原后就会好转。

(4) **妇科炎症**。女性如果发现外阴部瘙痒,要特别检查是否有滴虫、白色念珠菌感染等妇科炎症。调查显示,73% 的女性在经期会觉得局部皮肤瘙痒,可能与卫生巾质量不佳或衣物过于紧身有关。

(5) **情绪紧张**。抑郁、紧张、烦躁等不良情绪都有可能造成局部或全身皮肤痒。B 族维生素缺乏也可引起皮肤瘙痒。

(6) **肝胆疾病**。有研究显示,大约有 40%~60% 的肝胆疾病患者,在肝部不适、肝功能异常以及黄疸出现的时候会出现皮肤瘙痒。

(7) **糖尿病**。糖尿病患者皮肤瘙痒的发生率高达 15%~35%,约有 10% 的早期患者会出现全身性或局部性的皮肤瘙痒,而且比较顽固,外阴或肛门部症状最严重。

(8) **甲状腺功能异常**。不管是甲状腺功能亢进或减退,都可能出现皮肤痒的情况,但甲亢所致的瘙痒多发展缓慢,皮肤多干燥,在冬季会加重。

(9)**恶性肿瘤**。某些肿瘤发生时会伴有皮肤痒,如淋巴系统、胃、肠、肝、卵巢和前列腺癌等。这种由肿瘤引起的痒大多较顽固,如果你的身体出现长时间无原因的瘙痒就需要引起重视了。

32. 全身性瘙痒的原因和表现是什么

瘙痒症是一种仅有皮肤瘙痒而无原发性皮肤损害的皮肤病症状。根据皮肤瘙痒的范围及部位,一般分为全身性和局限性两大类。全身性瘙痒症常为许多全身性疾病的伴发或首发症状,如尿毒症、胆汁性肝硬化、甲状腺功能亢进或减退、糖尿病、恶性肿瘤及神经精神性瘙痒等。

全身性瘙痒症的外因与环境因素(包括湿度、季节、工作环境中的生物或化学物质刺激)、外用药物、用碱性强的肥皂以及患者皮肤的皮脂腺与汗腺分泌功能减退致皮肤干燥等有关。多见于成人,瘙痒常从一处开始,逐渐扩展到全身。常为阵发性,尤以夜间为重,严重者呈持续性瘙痒伴阵发性加剧,饮酒、咖啡、茶、情绪变化、辛辣饮食刺激、机械性搔抓、温暖被褥、甚至某种暗示都能促使瘙痒的发作和加重。常继发抓痕、血痂、色素沉着,甚至出现湿疹样变、苔藓样变、脓皮病以及淋巴管炎和淋巴结炎。主要有以下类型:①老年性瘙痒症多发于老年人,通常躯干症状最为严重,多因皮脂腺功能减退、皮肤干燥等因素所致,女性患者可能是绝经后综合征的一种表现。②冬季瘙痒症多见于成年人,儿童也可发病。多发生于秋末和冬季气温急剧变化时,患者常在进入温暖的室内或睡前脱衣时,便开始瘙痒。③夏季瘙痒症常以湿热为诱因而引起瘙痒,夏日汗液增多可使瘙痒加重。

33. 局限性瘙痒的原因和表现是什么

局限性瘙痒症的病因有时与全身性瘙痒相同,如糖尿病。肛门瘙痒症多与蛲虫病、痔核、肛瘘等有关。女阴瘙痒症多与白带、阴道滴虫病、阴道真菌病、淋病及宫颈癌有关。阴囊瘙痒症常与局部皮温高、多汗、摩擦、真菌感染有关。瘙痒的发生主要是由化学介质如组胺、P 物质、激肽和蛋白酶等的释放所引起。

肛门瘙痒症多见于中年男性,患蛲虫病的儿童也可患病。瘙痒一般局限于肛门及其周围皮肤,有时可蔓延至会阴、女阴和阴囊。因经常搔抓只是肛门皮肤肥厚,亦可呈苔藓样变或湿疹样变等继发性损害。阴囊瘙痒症瘙痒主要局限于阴囊,有时也可累及阴茎、会阴和肛门。由于不断搔抓,引起苔藓样变、湿疹样变及继发感染等。女阴瘙痒症瘙痒常发生于大、小阴唇。因不断搔抓,阴唇部常有皮肤肥厚及浸渍,阴蒂及阴道黏膜可有红肿及糜烂。

34. 老年瘙痒症的皮肤屏障变化有什么表现

老年人因皮脂腺体功能减退,皮肤萎缩、干燥,加之过度热水烫洗,易泛发全身瘙痒,称为老年性瘙痒。常以躯干最痒,女性患者可能是绝经后综合征的一种表现,瘙痒常从一处开始,逐渐扩展到全身。常为阵发性,尤以夜间为重,严重者呈持续性瘙痒伴阵发性加剧,饮酒、咖啡、茶、情绪变化、辛辣饮食刺激、机械性搔抓、温暖被褥、甚至某种暗示都能促使瘙痒的发作和加重。常继发抓痕、血痂、色素沉着,甚至出现湿疹样变、苔藓样变、脓皮病以及淋巴管炎和淋巴结炎。

35. 如何区分皮肤瘙痒和皮炎湿疹

皮肤瘙痒是一种皮肤病症状,仅存在皮肤瘙痒却没有原发性皮肤病存在;皮炎并不是一种独立疾病,它是许多皮肤炎症性疾患的一个总称,但是不管是皮肤瘙痒还是皮炎,对患者都存在着一定的影响,所以要引起重视。那么如何区分皮肤瘙痒和皮炎湿疹呢? 皮肤瘙痒会不会是皮炎呢?

剧烈的皮肤瘙痒让人忍不住抓挠,进而在皮肤上形成了红痕甚至渗血、丘疹,这和皮炎湿疹的症状是很相似的,下面我们来简单介绍下二者的区别:

(1)**病因不同**。皮炎和湿疹常作为同义词用来指一种皮肤疾病,代表皮肤对于化学制剂、蛋白、细菌等物质的变应性反应。皮炎湿疹可能是由于接触机械性、项环擦伤、自体挫伤、搔抓引起外伤性皮炎、烫伤、冻伤、放射性损伤等。也可能是化学性,包括涂搽化学洗浴剂、刺激性药物、脓性分泌物长期刺激等;真菌性,包括小孢子菌、石膏样小孢子菌、须发癣菌;寄生虫性,如蠕形螨、疥螨、蝉、虱、蚤、血吸虫、钩虫等。另外食物过敏、药物过敏均可导致皮炎的发生。皮肤瘙痒可能是由于皮肤过于干燥或者由于紫外线的照射强度比较大,外出的时候,没有做好防晒准备引起的,也可能是由于接触到一些过敏性的物质,比如羊肉、牛肉、海鲜、花粉、化妆品等化学性或者物理性的刺激,导致皮肤瘙痒的病症出现。

(2)**临床特点不同**。皮肤瘙痒在开始发作的时候,只会出现瘙痒的症状,而不会出现原发性病损,瘙痒的发作也有一定的规律,一般来说,会随着患者的精神变化、气温变化、入睡前、饮食这些方面的变化而变化,它可以发病于全身,也可以发病于局部,多发于面部、小腿伸侧及肩背部。皮炎湿疹则是在发作开始的时候,会先出现局部的瘙痒,会随着患者的搔抓而呈现出苔藓化,也会出现淡红色至黄褐色或与皮色一致的圆形或多角形坚硬有光泽的扁平丘疹,而且很密集,表面附有少量的鳞屑,还会出现皮损,对患者的影响是很大的,一般来说,皮炎的好发部位主要有颈项部、腰、肘、眼睑、阴部、会阴、骶尾部以及腋窝、小腿屈侧等处。湿疹会导致皮肤出现片状、条状或不定形状红肿,有渗出时可有痂皮覆盖,当皮肤有损伤时可有糜烂或溃疡出现,局部有痛痒感。

36. 着色性干皮病是什么,发病与皮肤屏障改变有关吗

着色性干皮病,是一种罕见的常染色体隐性遗传性皮肤病。病因与近亲结婚后代、血中铜值升高、血中谷胱甘肽量减少有关。特点是暴露部位早年出现色素改变、毛细血管扩张、皮肤萎缩及疣状物,后者往往发展为癌瘤,因此发现后应及早治疗。临床上可见患者在幼年及出生后不久发病,开始常出现眼睛怕光和结膜炎,日照后皮肤发红,重则发生急性湿疹样皮炎,有色素沉着。皮损多半发生于头、面、颈、手臂、手背等露出部位,除色素沉着外,还有细薄鳞屑,逐渐皮肤萎缩、角化、疣状增生,可进展为鳞状细胞癌或基底细胞癌。夏季症状加重,在中青年发病可延至老年,易转成癌瘤,应及早治疗。此病表现为皮肤干燥,暴

露部位可见针头至 1mm 以上大小的淡暗棕色斑,日晒后可发生急性晒伤样或较持久的红斑,雀斑可相互融合成不规则的色素沉着斑。也可发生角化棘皮瘤,可自行消退,疣状角化可发生恶变。因此着色性干皮病患者应避免日晒,不宜室外工作,可用 2%~5% 二氧化钛霜外用,肿瘤应尽早切除。

患者对紫外线完全没有抵御力,多数在室外照射过阳光后才会发病,且发生部位在暴露于阳光下的区域,由于紫外线会引发严重水泡,皮肤癌和 DNA 损害,因此患者须努力避免暴露在紫外线下。按照程度分为以下几个阶段:①在微量的阳光暴晒下起水泡或斑点。②皮肤老化十分严重,通常其皮肤的老化程度远超过实际年龄。③在皮肤、嘴唇、眼睛、口及舌头这些区域,会伴随着癌症增加的趋势。④眼睛的损伤而变盲或因眼睛的损伤而无法张开,需以外科手术治疗。目前此症并无治愈疗法,造成的 DNA 损伤会渐渐累积且无法恢复,除了皮肤癌外,也较容易致生其他癌症,平均寿命仅有 20 岁左右。在户外时应限制避免暴露于紫外光线下,穿着保护性的服装,遮光板与太阳眼镜为必备物品。定期监测与治疗新赘生物是非常重要。

37. 面部发红过敏与皮肤屏障受损有关吗

很多人的皮肤特别敏感,尤其在季节交替时皮肤发红、瘙痒、刺痛接踵而至,有许多人由于搞不清究竟是皮肤敏感还是真的过敏,因此没有及时处理、对症下药,这些皮肤问题进而循环往复,难以恢复。在这之前我们要先明确一点:敏感肌≠过敏肌。敏感性肌肤容易过敏,而过敏的却不一定是敏感肌肤。如果总是莫名其妙地出现过敏症状,同时也找不到相应的过敏原,那多半是因为你的皮肤太敏感了!敏感是指皮肤脆弱,皮肤的抵抗力较差,是任何人都有可能发生的情况,敏感不是免疫问题,但是与我们平常肌肤护理不当,导致皮肤脆弱,甚至皮肤表面本来就存在细微伤口(皮肤的细微伤口通常在洗脸后敷上面膜或者涂上保养品时出现痒或者轻微刺痛的感觉,可是肉眼看

不到任何异常,如果你有类似反应,那就要建议加强深度补水先暂停使用功效性、刺激性强的产品了)有密切的关系。敏感是针对肤质而言,比如说外界环境稍有一点变化,皮肤就容易引起某种程度的不适反应。敏感肌肤的主要特征有:①容易受到外界环境刺激,对外界刺激比较敏感;②皮肤很容易泛红,温度变化、过冷或过热都会引起肌肤发红;③皮肤角质层薄,脸上的红血丝很明显;④饮食改变或压力变大时,肌肤容易出现发红、瘙痒、刺痛等现象;⑤肌肤很容易被太阳晒伤;⑥时有痒感及小红疹出现。敏感肌一般分为先天和后天:一种是先天敏感,没有特别的方法,只有注重日常的护肤了。另一种是后天敏感,究其根本是因为你的不正当护肤或者长期使用含激素的产品导致皮肤表皮变薄,皮脂分泌少,微血管红血丝明显,角质层保水、锁水的能力变低,肌肤表面的皮脂膜形成不完全或形成障碍,以至于变成了敏感肌。

38. 红血丝的形成与皮肤屏障受损有关吗

在日常生活中我们常常看到一部分人面部皮肤泛红,并且肉眼就能看见一条条扩张的毛细血管,部分呈红色或紫红色斑状、点状、线状或星状损害的形象,这就是毛细血管扩张症,俗称红血丝。这是面部毛细血管扩张或一部分毛细血管位置表浅引起的面部现象,多见于皮肤薄而敏感的人群,过冷、过热、情绪激动时脸色更红。许多爱美的女士常常为自己潮红的面庞十分困扰,可许多人也许不知道,红血丝不仅仅会影响你的美丽,而且会影响你的健康,严重影响皮肤汲取营养,导致皮肤养分供养不足,造成粗糙、干燥和过早衰老的症状。血管布满全身各脏器,分为动脉、静脉和毛细血管。微细的动脉、静脉和毛细血管分布在皮肤和黏膜,毛细血管扩张指皮肤或黏膜表面的这些血管呈丝状、星状或蛛网状改变。为鲜红色,玻璃片压迫后不退色,单发或多发,缓慢发展,或发生后无明显增大,可限于某部位,也可范围较广泛,既可以是局部的改变,也可以是某些疾病的特殊表现形式。大多不能自行消退,良性经过,影响美容。毛细血管扩张可以为原发性的,如血管痣,遗传性良性毛细血管扩张等;也可以继发于即硬皮病、酒渣鼻等疾病。

39. 如何预防红血丝

我们已经了解了产生红血丝的原因,那么如何有效预防红血丝的产生呢?

面部潮红脸的皮肤角质层已经很薄,切不可再使用含有任何刺激性成分的外用品,避免使用含有水杨酸、果酸等有剥落角质效果的产品,对于美白产品的使用也要谨慎。由于强烈的紫外线辐射会破坏皮肤角质层,使毛细血管扩张甚至破裂(这就是为什么很多红血丝女性都特别不经晒的原因),日常要坚持使用全防护、低刺激的防晒,让肌肤远离紫外线的伤害。

平时注意面部的物理性防护,如夏天出门打伞冬季戴口罩保暖等措施。尽量避免风吹日晒,减少恶劣环境对皮肤的物理刺激。

皮肤要保持清洁,经常用温水洗脸,容易泛红的皮肤平时要注意补水,不要使用含敏感成分和具有刺激性的护肤品;避免经常去角质,容易破坏保护皮肤的表层,使表皮变薄,红细胞容易渗出,形成面部红血丝。

多吃一些水果、蔬菜,避免食用辛辣刺激的食物,如鱼虾蟹海鲜及牛羊肉等食品也要尽量或避免食用。面部红血丝的人肌肤相对敏感,特别是潮红部位,有时候即使没有蚊虫的叮咬也会出现瘙痒的小疙瘩。对于这样的皮肤,应忌食辛辣、酒精等刺激性食物,因酒精和辛辣食物可以引发内热。毛细血管扩张,最先反应在面部的就是面部潮红现象。当然辛辣食物和酒精本身就是好肌肤的克星。

面部红血丝多发生在干性肌肤者身上,其干燥程度要比面部其他部位更为严重,减轻潮红的工作要从保湿开始,每天早晚的补水保湿工作要认真做到位。但是选择保湿产品本身也是需要一定技巧的,并非随意选择,特别是男士保湿产品很多都内含酒精成分,就像上面所说的,面部潮红者酒精禁用,因此选择产品的时候最好问清楚或者在手臂内侧试用,然后闻一下是否有酒精味道。红血丝严重的人则可以有针对性地选择抗红血丝产品进行治疗,并减少各种外因对皮肤的刺激。

40. 湿疹发生后皮肤屏障有何改变

湿疹表皮脂质合成减少,角质层含水量下降、屏障功能破坏是湿疹发病的重要致病因素。湿疹发病因细胞间水肿,使得细胞间隙增大,通透性增加,导致皮肤砖墙结构的不稳定,破坏了原有皮肤屏障结构,使得透皮水分蒸发增多,即经皮水分丢失量上升;变态反应机制引起皮肤炎症反应,炎性细胞的浸润,影响皮肤正常代谢,使得细胞间脂质及抗炎因子减少,天然保湿因子减少,加之皮肤屏障结构的破坏使经皮水分丢失量加剧,令皮肤变得干燥、脱屑,甚至皲裂,变的更为敏感。炎症和干燥使患者皮肤瘙痒,搔抓后外界刺激物通过受损的角质层进入皮肤,进一步加重皮肤屏障功能的破坏和炎症反应。皮肤屏障功能受损后,抵御外界刺激的能力下降,可能因刺激过敏和继发感染而使病情加重。

41. 银屑病的皮肤屏障有什么变化

银屑病是由于角质形成细胞异常增生、不正常角化、血管增生、炎症反应等一系列原因导致皮肤屏障结构异常的病变。银屑病患者皮肤干燥,水分丢失严重,可出现 pH 值、经皮肤水分丢失(TEWL)值升高,角质层含水量降低,且 TEWL 值越高,病情越严重。银屑病患者皮肤损伤后屏障功能破坏,造成大量抗原物质进入引起炎症反应。银屑病患者皮肤无法正常代谢,脂质、天然保湿因子及抗炎因子减少,皮肤变得干燥、脱屑。

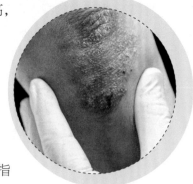

银屑病皮损处表皮神经酰胺比非皮损处降低;降低程度与银屑病面积和严重程度指

数呈正相关性。由于银屑病患者角质层脂类的量发生了变化,导致各种脂的比例失调,再加上脑苷脂酶的减少而妨碍表皮通透屏障功能成熟,导致表皮通透屏障功能降低。此外,银屑病表皮分化蛋白表达异常所致的角化膜分布和结构的变化也是表皮通透屏障功能降低的原因之一。皮肤屏障破坏后大量坏死的角质形成细胞释放出损伤相关分子,活化了免疫系统,诱发皮肤出现炎症反应,因此,当皮肤屏障功能破坏后,可使银屑病加重。

42. 特应性皮炎皮肤屏障有什么样的改变

特应性皮炎(AD)被认为是皮肤屏障功能广泛受损的疾病,对外界过敏原及微生物的屏障功能降低,对内的保护作用下降。AD 的严重程度与渗透屏障异常程度呈平行关系。即便 AD 患者临床表现为健康的皮肤,其屏障功能仍然持续显示异常状态。皮肤屏障功能障碍在 AD 的发病中起着重要作用。

AD 的发病原因与角质层结构异常有关。在角质细胞内加工过的丝聚合蛋白(FLG)诱导角蛋白的聚合,之后从颗粒层到角质层的 FLG 蛋白部分被水解,然后形成天然保湿因子如乳酸、吡咯烷酮羧酸钠、尿素等,有较强的吸水、锁水作用,作为渗透剂吸引水到角化细胞。因此 AD 的 FLG 缺乏最直接的结果是降低角质层的水合作用,角质形成细胞的储水能力大大降低,这可能是TEWL 增加的原因。

脂质层在皮肤屏障功能中占有重要地位,可防止水分的流失以及水溶性物质的渗透。其中神经酰胺的缺乏也是皮肤屏障功能受损的主要原因之一,在 AD 患者中,具有杀菌作用的神经酰胺醇、神经酰胺的代谢产物含量均有减少。患者皮脂膜受损,角质层神经酰胺含量降低,神经酰胺合成酶活性降低,使皮肤保湿保水能力降低,TEWL 增加引起皮肤干燥、脱屑。同时,皮脂腺数量减少,体积减小,且分泌能力减弱,角质层脂类含量减少。脂类含量减少又使皮肤表面酸性物质减少,使皮肤表面 pH 值升高,对表皮脂代谢相关酶类的活性产生抑制,减少脂质形成,进一步加重皮肤屏障功能异常。

在病程中反复搔抓可破坏皮肤屏障,外用激素制剂也可抑制表皮脂质合成使皮肤屏障功能降低。

43. 儿童特应性皮炎的皮肤屏障有什么改变

　　AD 多于儿童期发病,可能与儿童皮肤屏障发育不完善相关。儿童皮肤较成人相比,儿童角质层厚度较成人薄,一般在 15 层左右,而成人在 25 层左右,表皮层及真皮层发育均不完全,细胞间连接少、结构不成熟、功能不完善,虽然外观平滑、细嫩,其实更容易受损伤,造成皮肤屏障功能异常。AD 患儿较正常同龄儿童 TEWL 增高,提示当角质细胞结构蛋白发生变化时,儿童皮肤屏障功能更易出现异常。出生时由于受母体激素的影响,婴儿的皮脂腺大且活动旺盛,皮脂成分与成人的相近;新生儿期过后至 8 岁,儿童皮脂腺大小和活动能力都迅速减弱,皮脂含量一直维持在低水平状态,皮脂中蜡酯和角鲨烯减少,而胆固醇和胆固醇酯则较多;当儿童逐步进入青春期时,其皮脂腺逐渐发育成熟,皮脂含量才逐渐接近成人。

　　儿童表皮角质层薄、皮脂含量低,现在大部分家长又非常注重孩子皮肤的清洁却忽视了润肤剂的使用,使儿童皮肤长期处于过度清洁、皮脂大量丢失状态,在某种程度上促使了 AD 的发生。因此,生活习惯及环境因素在 AD 的发病中的作用不容忽视。

44. 寻常型鱼鳞病皮肤屏障有什么样的改变

　　丝聚合蛋白(FLG)的减少或缺乏与寻常型鱼鳞病的发生密切相关。寻常型鱼鳞病患者表皮中的 FLG 及丝聚合蛋白原明显减少或缺乏,电镜下可见透明角质颗粒数量减少或缺乏并伴有透明角质颗粒的结构异常。FLG 的减少甚至缺乏与寻常型鱼鳞病的严重程度呈正相关,即重症寻常型鱼鳞病患者丝聚合蛋白完全缺乏,轻症寻常型鱼鳞病患者减少。丝聚合蛋白基因频繁的突变,导致 FLG 表达的减少。FLG 分子质量和(或)数量的下降,使得表皮终末角化过程出现障碍,板层状角化过度,伴颗粒层减少或缺如,皮脂腺和汗腺缩小并减少,表皮的保湿和屏障功能受损,皮肤表现为干燥、脱屑,抵挡外界过敏原和化学物质等入侵的能力下降,易于发生鱼鳞病。

45. 日光性皮炎的皮肤屏障有什么改变

日光性皮炎屏障功能受损主要原因是紫外线诱导的异常免疫反应,UVB降低或减少角质层中多种代谢酶活性及数量,可影响脂质代谢,使神经酰胺合成障碍,致角质层结构不完整,皮肤屏障功能受损。

日光性皮炎的发生与紫外线影响表皮脂质代谢有关,研究发现 UVB 照射后 48 小时,表皮脂质合成速度降低,脂质合成酶 mRNA 的表达也明显降低。UVB 照射后第 4 天,角质层共价键结合神经酰胺的含量降低 45%。UVB 照射还可影响角质形成细胞的增生和分化,从而影响皮肤屏障的完整性。研究报道,UVB 照射后 36 小时,表皮 DNA 的合成速度成倍增加,48 小时达到高峰,提示 UVB 所致的表皮增生也是其诱发表皮通透屏障功能降低的原因之一。同时,UVB 照射引起 T 细胞介导的免疫反应也可影响表皮屏障功能。

46. 色素沉着性皮肤病的皮肤屏障有何改变

色素沉着性皮肤病的角质层含水量,皮肤油脂含量均较健康对照组低,TEWL 值升高,因为角质层含水量少,角质形成细胞功能和结构障碍,不能将黑素及时均匀的运送到表皮,导致色素沉着性疾病的发生;角质层油脂含量少,使皮脂膜变薄,皮脂中的角鲨烯、维生素 E、辅酶 Q10 等防晒成分减少,使皮肤防晒能力降低,日光刺激酪氨酸酶以及黑素相关的蛋白激酶活性增加,并且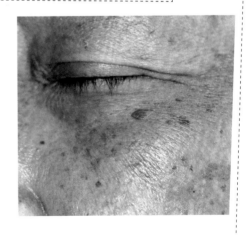因皮脂膜变薄,角质层内的结构脂质、黏多糖和天然保湿因子也随之减少,皮肤锁水能力下降,皮肤屏障功能受损,加重黄褐斑形成,因此,我们在治疗黄褐斑时保湿防晒是基础治疗之一。

47. 黄褐斑的皮肤屏障有何改变

黄褐斑是一种常见的发生在颜面部的色素增加性疾病。近年来已有越来越多的研究结果表明,黄褐斑的发生与皮肤屏障功能受损密切相关。黄褐斑患者皮损处 TEWL 值显著高于正常皮肤,皮损处角质层变薄,屏障修复速率明显延缓,过氧化物酶体增殖物激活受体表达降低,均提示皮损处皮肤屏障被破坏以及皮肤屏障功能修复速率减慢。黄褐斑患者皮损处角质层含水量减少,经皮水流失增加,提示黄褐斑患者面部干燥。黄褐斑患者皮损处角质形成细胞增生过度、分化受抑制,老化加速;丝聚合蛋白、兜甲蛋白、内披蛋白表达降低,进一步揭示黄褐斑皮损处皮肤屏障受损。黄褐斑患者皮损处基底膜损伤,这种损伤会促进黑素沉着并使黑素细胞向真皮迁移。进入真皮层的黑素细胞变得非常活跃,黑素合成旺盛。从光学角度分析,由于不同波段的光线射入眼中,给人不同的主观感觉。当光线经含水量充足、完整的角质层反射至人眼时,主观感觉肌肤色泽亮丽,反之,当光线经皮肤屏障受损、TEWL 增多的皮肤反射时则感觉肤色暗沉。此外,皮肤微循环对肌肤色泽、皮温、细胞代谢、水分和营养物质转运都非常重要。当皮肤微循环出现障碍,引起肤色暗沉和色斑的问题。局部血管内血液瘀滞,还原血红蛋白沉积可能是血管因素参与黄褐斑发病的机制。

48. 痤疮反复发作与皮肤屏障受损有关吗

长痘是有原因的,痘痘反反复复也一样。那么,究竟反复长痘是怎么回事呢? 主要有以下几点原因:①皮脂腺过于发达。皮肤比较油,皮脂腺过于发达,皮脂分泌过旺,这样极易导致毛孔堵塞、排油不畅等皮肤问题。而毛孔堵塞,皮肤依旧继续分泌,那么皮脂就会在毛孔中累积起来,突起、成为痘痘。这就是为何油性皮肤的人常容易长痘的原因之一。②消化系统的问题。如果一个人长期出现便秘、慢性腹泻、胃酸过多、溃疡等情况,会导致体内毒素堆积,废物无法正常排出,常表现为嘴周长痘或是脸颊长痘。③压力、情绪过大。工作、压力大或过度波动的情绪、大喜大悲都是导致内分泌失调的一大原因,而内分泌失调如果没有从根本上调理,一旦遇到其他诱发因素,痘痘就会消了又长。④长痘后对痘痘置之不理很多人认为痘痘可以自行消除,尤其是青春期的朋友,以为痘痘长在青春期是再正常不过的表现,因此放任不管,等其自行愈合。其实不然,痘痘是一种慢性炎症性皮肤疾病,若任其发展,很容易导致感染发炎,最终留下痘印痘疤,极度影响美观。⑤季节变换。季节变换时,引起的湿度及温度变化,导致新陈代谢出现异常,不及时调节,一样会引发痘痘。⑥皮肤清洁不当。出汗后或是化妆后,皮肤没有得到及时且彻底的清洁,以至角质堆积过厚,就会造成毛孔阻塞,形成痘痘。⑦去角质不能过度,也不能过懒。皮肤也会进行正常的代谢,因此,一段时间下来,角质代谢物会逐渐堆积,像一堵墙一样容易引发毛孔堵塞。然而,去角质却不能过度。过度去角质会使皮肤变薄,甚至干燥脱皮变敏感。敏感的肌肤抵抗力是非常弱的,此时一旦皮肤受细菌感染或使用产品不当,则极易引发痘痘。⑧不良个人生活、卫生习惯。总是熬夜,出汗后不及时更换衣物,头发常盖住额头,常吃刺激性的食物,常抽烟、喝酒等个人小习惯都会引起痘痘的发生。而这些个人习惯也是最不惹人注意的,当人们不断忽视它时,痘痘便不断有可乘之机。生活中一不注意,痘痘便总是来关顾我们,因此,对付痘痘必须时刻做好预防准备,而不能等长痘后再采取措施。只有多了解皮肤的基本常识,了解痘痘的基本原理,我们才能用正确的方法在合适的时间内把痘痘拒之门外。

49. 痤疮会引起什么样的皮肤屏障改变

　　痤疮患者皮肤油脂含量显著增高,TEWL值升高,痤疮的角质层含水量减少,皮肤屏障功能受损。痤疮患者及易患痤疮的人群皮损部位皮脂量分泌增多,皮脂成分改变,痤疮患者皮脂量较正常人增加,增加的皮脂稀释了亚油酸,导致亚油酸相对缺乏,推动了粉刺的形成。角质层里游离鞘氨醇和神经酰胺含量下降导致角质细胞间双层脂质膜的缺陷,角质形成细胞间脂质双层结构破坏,提示角质层渗透屏障损伤,皮肤屏障功能受损。此外,亚油酸含量下降还可使中性粒细胞吞噬能力下降,增加皮肤的炎症反应。中度痤疮患者比轻度痤疮患者TEWL值升高明显,皮肤含水量减少,这些提示皮肤渗透屏障功能的损伤与痤疮严重程度呈正相关。

　　毛囊中增殖的痤疮丙酸杆菌会分泌脂酶、趋化因子、金属蛋白酶、卟啉等,继而启动几种炎症级联反应,产生自由基损伤毛囊上皮角质细胞,导致毛囊上皮屏障功能下降。

皮肤屏障功能受损可能导致:①使经表皮失水量增加,表皮角化过度,有利于粉刺的形成;②使皮肤抵御微生物的能力减弱,加重痤疮的炎症;③皮肤敏感性增加,患者对外用药物不耐受,延误治疗。

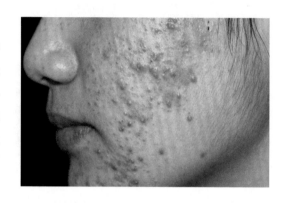

50. 痤疮治疗也会损伤皮肤屏障吗

不恰当的治疗会加重皮肤屏障的损伤。痤疮治疗时患者外用维甲酸类药物进行治疗较常见,也有使用点阵激光联合水杨酸等进行治疗痤疮或痤疮瘢痕者,患者还会自行购买祛痘、去角质等清洁产品。维甲酸可减少皮脂量的分泌,降低痤疮丙酸杆菌增殖使皮损消退且减少粉刺的形成。但抑制皮脂腺功能的同时,皮脂腺分泌减少,表皮更替加快,角质层变薄,屏障损伤明显,皮肤的TEWL增加,含水量下降。使用点阵激光1周内TEWL明显升高,长期使用含有角质剥脱成分的药物会使角质层完整性受损;含酒精成分的一些护肤品也会损伤皮肤屏障。某些产品中含有高浓度酒精成分,具有高挥发性,会带走皮肤表面的水分,同时酒精具有脂溶性,会削弱皮肤屏障功能并且增加皮肤的通透性。因此,痤疮的治疗还需在医生的指导下正规使用、及时调整药物。

51. 痘坑是怎么形成的

凹陷性瘢痕是最常见的痤疮后遗症,俗称"痘坑"。痤疮瘢痕的形成与下列因素有关:①皮损的性质,炎症反应重的深在性损害尤其容易诱发瘢痕,包括炎性结节、囊肿等。这些病变可以导致毛囊结构破坏,皮脂和细菌进入真皮组织,诱发局部免疫损伤和纤维增生,最终导致瘢痕形成。局部脓性或空腔性损害愈合过程中,脓液和坏死组织排出后的缺损无法被正常组织修复,可以形成凹陷性瘢痕。②皮损的部位。通常皮肤张力大,活动频繁的部位更易形成瘢痕,如肩背部、下颌缘等部位,且往往以增生性瘢痕为主;而前额、颊部则多以较小的凹陷性瘢痕为主。③遗传体质因素。较深肤色皮肤更易于形成痤疮后瘢痕,也更容易产生炎症后色素沉着。瘢痕疙瘩的形成则往往和特殊体质有关。④治疗情况。不恰当的治疗方法也与瘢痕形成密切相关,如不正确的排脓方法,可以导致脓液进入周围组织加重炎症和纤维增生。而如果采用的痤疮治疗手段不正确,延长病程,也会增加遗留瘢痕的可能性。

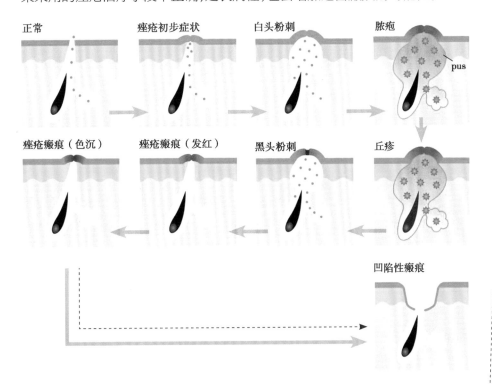

52. 玫瑰痤疮的皮肤屏障有何改变

皮肤屏障的破坏是玫瑰痤疮皮损加重的原因之一,角质层屏障功能紊乱导致一些刺激因子容易进入表皮和真皮,加重毛细血管扩张及炎症。皮肤屏障功能的受损也与玫瑰痤疮的发生有关,以炎症为主的因素导致的皮肤屏障受损,炎症导致血管活性物质的产生和血管内皮结构的变化,反映至表皮从而引起玫瑰痤疮的发生。

皮肤屏障功能受损在玫瑰痤疮患者的面部皮肤干燥、敏感等临床表现中起了不可忽视的作用。不同亚型的玫瑰痤疮其皮肤屏障功能的变化也不尽相同。其中最常见的玫瑰痤疮亚型为红斑毛细血管扩张型和丘疹脓疱型。红斑毛细血管扩张型玫瑰痤疮临床表现以面颊部一过性潮红或持久性红斑伴面部皮肤敏感症状为主；而丘疹脓疱型玫瑰痤疮多以面部丘疹脓疱为主。上述两型玫瑰痤疮皮肤屏障功能的检测提示皮损处角质层含水量明显下降，经表皮水分丢失（TEWL）值增加，皮肤表面 pH 上升，而皮脂含量变化不明显，但其皮脂构成比发生变化，丘疹脓疱型玫瑰痤疮患者面部皮脂中肉豆蔻酸浓度明显升高，但是长链饱和脂肪酸则浓度下降。上述异常在玫瑰痤疮患者的非皮损处也非常明显，而在皮损处则更为突出，提示玫瑰痤疮患者在临床上典型皮损出现之前便可能存在皮肤屏障功能的异常，这些异常可能随着病情的发展而加剧。

53. 激素依赖性皮炎的皮肤屏障有何变化

激素依赖性皮炎的发生主要与皮肤屏障受损、炎症反应增强、神经血管高反应性及微生物感染有关。激素依赖性皮炎患者表皮各种蛋白表达降低，颗粒层内板层小体数量减少，从而导致皮肤屏障结构及功能受到破坏。糖皮质激素诱导 Toll 样受体 2（TLR2）的表达，TLR2 引起炎症因子 TNF-α、IL-1α 等释放，而痤疮丙酸杆菌可增强 TLR2 的表达，这可能是引发激素诱导的痤疮样皮炎的原因之一。激素依赖性皮炎患者皮损处出现针刺样疼痛与其疼痛神经纤维激活相关，而患者面部轴突反射所致血管舒张可导致面部潮红。在糖皮质激素皮损处可检测到痤疮丙酸杆菌、马拉色菌、梭杆菌属、革兰阴性杆菌、葡萄球菌、链球菌等多种细菌。因此，激素依赖性皮炎的治疗应以恢复皮肤屏障、抗感染治疗、降低血管高反应性及抗微生物为主。针对不同的发生机制，应采取相应的防治对策。

54. 白癜风的皮肤屏障有何变化

白癜风是一种后天性黑色素细胞特发性损伤和功能异常导致色素脱失的全

身性皮肤病,其发病机制目前尚不完全清楚,由皮肤的黑素细胞功能消失引起,由此可知,白癜风患者皮肤的色素屏障是受损的。白癜风患者皮肤角质层变薄,其黑素细胞缺失,对紫外线防御能力变弱,皮肤癌的发病率较正常人要高。

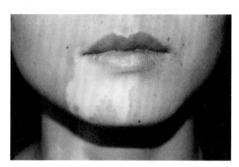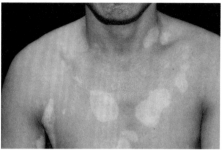

55. 面部红斑角化病的皮肤屏障有何变化

红斑角化病主要指的是可变性红斑角化病。其发病主要与遗传相关,其他病因尚不明确,可表现为局部皮肤角质增生、皮肤干燥,有鳞屑、皲裂。其主要皮肤屏障损伤为皮脂膜变薄、角质层受损,从而会造成皮肤的水分丢失,外界刺激物轻易地穿透角质层,使皮肤容易出现干裂、过敏、发红、炎症、接触护肤品刺痛等问题。

56. 白色糠疹的皮肤屏障受损有什么表现

目前大多认为白色糠疹是系非特异性皮炎。儿童时皮脂腺尚未发育完善,皮肤屏障缺乏皮脂,过度清洗尤其是用碱性强的肥皂清洗,是造成白色糠疹发病的原因之一。此外,阳光暴晒、皮肤干燥可能促进本病发生。临床表现为浅表性干燥鳞屑性浅色斑。炎症轻微或缺如,主要侵犯儿童。白色糠疹多见于儿童,青壮年亦可发病,无性别差异,多在春季起病,夏秋后消退。皮疹好于颜面,亦可累及上臂、颈肩部等躯干四肢处。表现为圆形或卵圆形浅色斑,直径约1厘米至数厘米不等,初为淡红,后呈淡白,边界清楚,上覆少量灰白色细小鳞屑。一般无自觉症状,部分患者可有轻度瘙痒,发生干裂可有疼痛感。经数月或更长一些时间皮损可自行消退。病程长短不一,夏季加重,但均可自然消退。

57. 汗管瘤的皮肤屏障有何变化

汗管瘤皮损好发于眼睑(尤其是下眼睑)及额部皮肤。皮损为粟粒大小、多发性、淡褐色丘疹,稍高出皮肤表面。少数患者为发疹性汗管瘤,除面部汗管瘤外,还可见于胸、腹、四肢及女阴部广泛对称性皮损。最特征性表现是一端呈导管状,另一端为实体条索,形如逗号或蝌蚪状。

汗管瘤多见于女性,于青春期、妊娠及月经期病情加重,故与内分泌有一定关系。汗管瘤的形成也可能和遗传因素有直接关系,如果父母是患者,那么自己的孩子出现这种疾病的几率也比较大,还有可能是因为皮肤老化引起,皮肤代谢功能出现问题,那么就会导致很多油脂以及垃圾储存在皮肤屏障下面,很难排出去,长时间下去就会形成汗管瘤,人们眼周围出现汗管瘤正是因为这个原因。汗管瘤当中往往包含水解酶,在真皮组织上面可以发现表皮细胞索,大多都呈现扁平状。这些导管的外壁细胞向外凸出弯曲,看起来和蝌蚪一个样子,在切片检查当中可以发现表皮内导管的扩张囊相连,但不与下方的大汗腺分泌段相连。

58. 脂溢性角化的皮肤屏障有何变化

脂溢性角化大多发生于 40 岁以后,好发于头皮、面部、躯干、上肢、手背等部位,但不累及掌、跖。开始为淡褐色斑疹或扁平丘疹,表面光滑或略呈乳头瘤状,随年龄而增大,数目增多,大小不等,境界清楚,表面呈乳头瘤样,有油腻性痂,痂容易刮除。有些损害色素沉着可非常显著,呈深棕色或黑色,陈旧性损害的颜色变异很大,可呈正常皮色、淡褐色、暗褐色或黑色。本病可以单发,但通常多发,多无自觉症状,偶有痒感。皮损发展缓慢,极少恶变。基本特点为皮肤屏障中表皮角化过度、棘层肥厚和乳头瘤样增生肿瘤下界基底在同一平面上、表皮突兀向下生长倾向,两侧边界清楚增生的表皮中可见鳞状细胞与基底样细胞。在表皮真皮交界处及表皮上部尚可见黑素细胞。

第四章

屏障修复与精准护肤

4.1 皮肤屏障修复

1. 如何修复受损的皮肤屏障

生活中常遇到皮肤干燥、脱屑或瘙痒,貌似"皮肤过敏"的表现,并容易反复发作,原因却是"皮肤屏障受损"。不论是因为原发疾病,引起皮肤屏障功能下降,还是不当护肤和用药,造成的继发皮肤屏障功能下降,在积极避免屏障过度破坏的基础上,治疗上不妨先考虑"异病同治",具体如下:

(1) 使用修复皮肤屏障的保湿护肤品:①吸湿剂原料包括甘油、尿素等,能够从环境中吸收水分,补充从角质层散发丢失的水分;②封闭剂原料如凡士林、羊毛脂等,能在皮肤表面形成疏水性的薄层油膜,有加固皮肤屏障的作用;③添加与表皮、真皮成分相同或相似的"仿生"原料,具有修复皮肤屏障的

作用,如将三种生理性脂质(神经酰胺、胆固醇和游离脂肪酸)以适当的摩尔比混合。

(2)**抗感染治疗**:皮肤的炎症有可能影响屏障的修复,如果不及时缓解纠正,炎症有可能进一步加重屏障功能损伤。针对疾病本身的外用和系统治疗,如口服抗过敏、抗炎、免疫调节药物,外用钙调磷酸酶抑制剂及糖皮质激素等,都是通过抗炎进而促进皮肤屏障修复的重要措施。

(3)**恢复正常的表皮角化过程**:如何针对不同的病因,诱导角质形成细胞进入正常的分化过程,虽然有一定的研究,但仍是一个不被重视和尚未攻克的领域,只有在这一方向有所突破,才能寻求理想的皮肤屏障修复策略。

(4)**其他**:皮肤适宜的 pH 偏酸性,碱性刺激如洗涤剂等容易破坏皮肤屏障,在家庭主妇、建筑工人中尤其要注意避免。各种光疗,如红光、黄光、低能量 OPT 光子、1 064nm 激光或射频,据报道都有一定作用,但在实际工作中,要注意积累经验、讲究循证依据和考虑治疗手段的性价比。

2. 皮肤病患者选择与使用皮肤屏障修复产品的原则是什么

可根据疾病分期进行选择:①进行期:不宜使用;②稳定期:轻度仅使用皮肤屏障修护剂或与药物联合使用;中重度联合药物使用;③消退期:坚持使用皮肤屏障修护剂,预防复发。

3. 皮肤屏障的修复周期是多久

皮肤屏障受损已经成为生活的一种常态,越来越多的小伙伴肌肤出现皮肤屏障受损的情况。可能很多小伙伴对皮肤屏障没有概念,简单来讲洗澡时搓下的泥就属于皮肤屏障的一部分,如果长期使用浴盐或者其他刺激性的产品,就很容易导致皮肤屏障受损的情况。大家都知道肌肤的角质层有自我恢复的能力,那么皮肤屏障自我修复周期是多久呢?皮肤屏障受损一般指的是角质层受损,角质层受损一般表现为变薄,锁水和保护肌肤的能力变差,长时间就会让肌肤的耐受能力大大地降低,从而就会形成我们说的皮肤屏障受损的情况。另一大表现就是皮肤毛细血管变得明显,肌肤上经常出现大片的红肿或者长痘等情况。正常情况下肌肤的代谢周期为 1 个月左右,也就是指角质层每个月代谢一次。对于轻微的皮肤屏障受损情况,角质层就需要更长的时间来修复,但一般 45 天左右就会有效的修复角质层。如果是中度的皮肤屏障受损的话,坚持正确的护肤护理方式,需要 3~6 个月的时间来修复皮肤屏障。重度的皮肤屏障受损或者肌肤上有红血丝的情况,除了肌肤的自我修复之外还需要产品修复,如果仅靠皮肤自愈的话需要看肌肤受损程度来定。上面皮肤屏障受损的自愈周期属于一般情况,也就是指自愈的时候不会进行二次损伤,并且不使用错误的护肤方式伤害肌肤,保证皮肤在自愈的时候处于舒适的状态。

4. 影响皮肤屏障自愈的因素有哪些

影响皮肤屏障自愈的因素如下:

(1) 不同原因导致的皮肤屏障受损;导致皮肤屏障受损的原因特别的多,一般皮肤屏障受损是由于外部因素导致的。如果是长期使用浴盐或者刺激性质的护肤品,导致肌肤出现了屏障受损的情况,那么只需要停止使用这些产品,选用温和的护肤方式皮肤就会快速自愈。

(2) 不同的皮肤肤质;对于天生角质层就比较薄的小伙伴来说,他的角质层自愈能力本身就比较差,即便是肌肤自愈也不会增厚肌肤的角质层。对于本来肌肤正常受到轻微损伤的小伙伴,肌肤就很容易恢复到原本的状态。干性肌肤的自愈能力就比较差,油性和混合性肌肤的自愈能力相对要好一些。皮肤屏障受损的自我修复周期需要视情况而定,并且皮肤自愈时需要注意的地方有很多,因此不同的人皮肤自愈时间也不同。我们建议,外用脂类可以加速皮肤屏障功能的恢复,对早产儿外用脂类可减少皮肤细菌感染。保持皮肤健康的最好方法就是要保护好皮肤屏障功能,平时涂抹一些具有屏障修护作用和可以有效提升皮肤免疫力的护肤品,让肌肤变得坚韧。健康的皮肤屏障能够抵御外界有害物、刺激物和日光的侵袭,同时具有保湿及调节作用。拥有健康的皮肤屏障就等于拥有了美丽自然的皮肤。然而,由于环境、饮食和错误的皮肤护理等原因,皮肤屏障受损,使得皮肤自身防御能力不足,皮肤极易敏感受损。建议使用零酒精、无香料、无色素、无致敏防腐剂的身体护理产品。

5. 修复皮肤屏障为什么要注意防晒

防晒是指为达到防止肌肤被晒黑、晒伤等目的而采取一些方法来阻隔或吸收紫外线。当皮肤接受紫外线过度照射后,会损伤表皮细胞;活化酪氨酸酶,加速色素合成,破坏皮肤的保湿功能,使皮肤变得干燥,让真皮层中的弹力纤维受损,使细纹产生,在强烈照射下,还会造成肌肤发炎、灼伤。在一次性较长时间紫外线照射皮肤后,经数小时至 10 余小时皮肤出现弥散性红斑(晒斑),颜色鲜红,皮肤水肿,严重的都会起水疱。在日晒后第二天皮肤红斑反应达到高峰,经一周左右红斑消退,有落屑和色素沉着,自觉皮肤灼热疼痛,严重者可伴有全身反应,如发热、头痛、乏力、恶心和全身不适,甚至出现心悸、谵妄与休克。

防晒主要阻隔或吸收紫外线,紫外线类型有 UVA(长波紫外线)、UVB(中波紫外线)和 UVC(短波紫外线),不同的紫外线对于皮肤的伤害有所差异。紫外线对人体皮肤的伤害程度:UVA(320~400nm)有很强的穿透力,可以直达肌肤的真皮层,破坏弹性纤维和胶原蛋白纤维,将皮肤晒黑;UVA 作用缓慢持久,一般不会引起皮肤急性炎症,但对皮肤的作用具有不可逆转的累积效应。UVB(290~320nm)有中等穿透力,对皮肤作用迅速,可穿透表皮到达真皮表面,引起皮肤的光敏反应,可使皮肤出现红斑、炎症等光损伤,是皮肤晒伤的根源。UVC(200~290nm)穿透能力最弱,只到皮肤的角质层,且绝大部分被大气阻留,一般不会对人体皮肤产生危害。

6. 敏感肌肤皮肤屏障如何修复

敏感肌肤包括环境刺激性敏感肌、接触性敏感肌、特应性敏感肌。不同类型的敏感肌肤其护理方式也有所不同。

环境刺激性敏感肌是指皮肤对冷热或气温的极端变化而发生刺激或敏感反应。比如：①一到换季时节，皮肤就会出现干燥、脱屑的情况；②在空调间待久了脸部会发红，还伴随着瘙痒、紧绷感；③有时候面部不能适应迅速变化的温度；对这种肤质来说，保湿和防晒绝对是全年无休止的必修功课。保湿需要能同时补充肌肤原本就有的天然保湿因子和脂质，保持肌肤的水油平衡，才能让肌肤面对环境与温度改变的刺激时有足够的抵抗力。

接触性敏感肌是指皮肤使用化妆品后立即或经过一段潜伏期后出现不适或过敏反应。比如：①化完妆会觉得脸上痒痒的，对着镜子照一下发现会有轻微的红斑，严重的时候还会变成水疱；②在与猫、狗等小动物接触时面部常出现不良反应；③穿上毛料衣服时常会觉得脸部与颈部很痒。对这种肤质来说，使用温和的护肤品，杜绝过度保养是此类敏感肌最应该注意的。从现在开始，停用所有去角质或果酸类产品，而只使用单纯的保湿补水类的产品。

特应性敏感肌：皮肤先天性脆弱敏感，容易受外界刺激而发生过敏。比如：①皮肤很薄，还经常干燥脱屑，毛细血管扩张明显；②当天气稍微干燥一些时，皮肤会出现红斑、肿胀、瘙痒；③曾经患有湿疹或是皮肤炎的病症。对这种肤质来说，选用无香料、无酒精、无防腐剂、无色素、无药物的化妆品，成分越简单越好，并不要频繁更换。在使用新化妆品之前，一定要先在前臂内侧少量试涂3天，如无不适反应方可使用。

7. 皮肤保湿与皮肤屏障有什么关系

皮肤的保湿是一个基础而又系统的工程，做好皮肤的保湿对于正常人而言可延缓皮肤衰老，减少和预防皮肤疾病的发生，对于有疾患的皮肤来说可降低疾病的严重程度，减轻药物不良反应、缩短治疗时间、提高治疗效果、改善皮肤外观、避免复发、提高生命质量、加速疾病的恢复。

皮肤保湿能力降低会导致皮肤屏障功能下降,皮肤屏障功能下降又会进一步导致皮肤保湿能力降低,以此造成一个恶性循环。因此对于正常的皮肤屏障功能来说保湿既可以维持皮肤生理功能,延缓皮肤衰老,又是预防及治疗皮肤病的重要环节。保湿既是基础,又是重中之重。

我们提出三重保湿理念,即保湿剂应模拟人体皮肤中由脂质、水、天然保湿因子(NMF)组成的天然保湿系统。首先要保持皮肤水分,如在保湿剂中要含一定的水分及保湿因子(NMF、透明质酸等);其次要保持皮肤脂质,如在保湿剂中添加一些脂质成分,如神经酰胺、亚油酸等。不同的疾病脂质的成分减少不同,如特应性皮炎和敏感性皮肤以神经酰胺下降为主,银屑病和尿布皮炎以游离脂肪酸减少为主,老化或光老化以胆固醇减少为主,提示不同的疾病在进行屏障功能修复时应添加不同的结构脂质成分;最后保持皮肤结构完整,修复受损皮肤,如在保湿剂中添加含有一定抗炎、抗敏的活性成分,调节角质形成细胞的正常代谢。此外,医学护肤品可作为皮肤病的辅助治疗。

8. 激光术后怎么选择护肤品

激光在医学美容界的用途越来越广泛,为一些影响损容性皮肤病的治疗提供了新途径。在当今崇尚美丽、张扬美丽的时代,激光美容术已成为面部年轻化治疗及皮肤护理的重要手段。激光美容术后,初期局部皮肤可能出现

不同程度的红斑、肿胀、出血、渗出等,以后可能出现结痂、色素沉着或色素减退等现象。针对激光术后皮肤的特点,合理选择使用护肤品尤为重要。

对于激光治疗后有创面者,首先要尽早应用一些促进创面愈合的功效护肤品,如含有表皮生长因子、胶原蛋白等成分的无菌性护肤品,以尽快恢复皮肤的屏障功能。对于无创性治疗,皮肤有可能出现轻微刺痛、红斑、肿胀等不耐受反应,经皮失水率增加、含水量下降引起皮肤干燥,所以应选择温和、安全的皮肤清洁产品以及具有保湿美白功效的产品,避免使用角质剥脱作用的清洁剂,以减少对皮肤的刺激。一般在清洁皮肤之后,可外用舒缓喷雾液及具有修护功效的保湿霜,以改善皮肤干燥的症状,促进皮肤角质层的水合作用,保持皮肤完整性,减轻激光术后感染、疼痛,促进创面愈合。激光术后,要暂停使用含有果酸、水杨酸、高浓度左旋维生素 C 及维生素 A 等成分的产品,因为在接受阳光照射后,会加重原有的皮肤损伤。另外,具有促进皮肤新陈代谢及促进血液循环等功效的护肤品也应暂停使用,以免使皮肤红斑、肿胀更为严重,建议用冷水洗脸。对于磨削术后的皮肤,可暂不洗脸,使用活泉水等喷雾剂或用无菌棉棒蘸少许生理盐水清洁皮肤即可。

9. 激光术后如何有效防晒

激光术后,皮肤屏障功能的破坏和新生皮肤对于光的敏感性都使得防晒显得尤为重要,根据皮肤术后特点,要选用安全性高且防晒效果佳的防晒产品。

(1)激光术后初期防晒护理:①色素性和血管性皮肤病术后初期:该阶段皮肤处于高敏状态,炎症明显,无法耐受防晒用品,需保持皮损干燥,外涂

红霉素眼膏3~7天预防感染。同时,要求患者注意保护治疗部位的皮肤,避免日晒。②光老化术后炎症期防晒护理:光子嫩肤术后,皮肤对阳光更加敏感,局部皮肤受到紫外线照射后,皮肤基底层黑素细胞可产生大量的黑素,造成术后皮肤色素沉着。炎症后新生皮肤对紫外线很敏感,更容易发生光老化,因此激光术后应注意保护局部皮肤,避免日晒。同时,可选用温和、安全的医学防晒剂,以增强防晒效果。

　　(2) 激光术后皮肤损伤恢复期的防晒护理: 仅用物理方法防晒难以完全阻止紫外线对术后新生皮肤的辐射,尤其对于敏感性皮肤。术后恢复期除继续物理防晒外,可适当选用安全有效的防晒剂。物理防晒剂通过散射或反射紫外线而防晒,皮肤刺激性小,安全性高。化学防晒剂通过吸收紫外线防晒,其质地薄透、无色,不会干扰化妆效果或原来的肤色,但常有刺激性。对化学防晒剂不耐受者可选用物理防晒剂,以减少过敏反应和光毒反应。

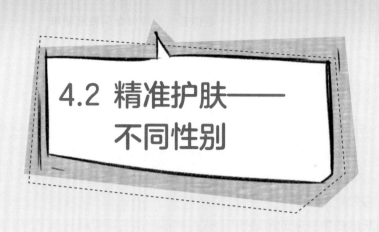

4.2 精准护肤——
不同性别

10. 男性与女性护肤的区别是什么

　　女性使用护肤品是为了漂亮，而男性则更侧重于健康和活力。如果形容一个男子的皮肤柔滑细嫩，难免让人觉得失了男子汉风格，但要用在女性身上，则充溢着赞扬之意，一贬一褒阐明男女对护肤调养的定位有着实质性的差别。

　　（1）肤质的差别：因为男女性激素的差别，男性皮脂腺和汗腺排泄都比女性要旺盛，加上男性皮肤的 pH 偏酸性，皮肤较易油腻。所以，保持皮肤洁净是男士护肤的第一要义。但是，保持皮肤洁净并不意味着要频繁洗脸，相反，洗脸次数越多，皮肤水分越容易流失，肌肤会以排泄更多的油脂来作为补偿，效果反而是"越洗越油"，水油失衡的结果便是毛孔堵塞，粉刺暗疮横生。针对男性肌肤多油、多汗和易生痤疮的特点，男性洁肤的重点应放在洁肤和修复肌肤上，以区别于女性寻求美白滋养的洁肤特点。如果男性常用女性的护肤品，反而可能会因养分过多而加重皮肤的油腻，更易生痘。

　　（2）剃须护理：髯毛作为男性的象征也是男性护肤的重点，并且是任何女性护肤品都无法代替的男子独享的护肤措施。男士剃须护肤可分为须前护理和须后护理。剃须前使用的修面露可以让剃须刀片更贴近皮肤，使皮肤滑爽，减少对皮肤的刺激。然而无论是用刀片剃须还是用电动剃须刀剃须，剃须的过程都会对皮肤产生刺激，剃须后皮肤上都会留下一些肉眼看不到的小伤口，因此，要对皮肤进行剃须后护理。须后水可以起到舒缓皮肤、收敛毛孔、杀菌消炎及皮肤保湿的作用。

　　（3）简单快捷：男性护肤最怕麻烦，大多男性都厌烦面部被护肤品"糊"

着的感觉,这与女性喜好油性较强、富含养分的护肤品是有差别的。因此,男性护肤品要求的是涂抹在脸上有清爽感,这是判定男士护肤品利害的主要尺度。清新型的洁面产品、须后水、紧肤水以及不油腻、保湿和润泽的润肤霜等都是男性护肤品的首选。对于男性护肤,力图简单快捷,选用由 2~3 款产品组成的系列产品,每天仅需 5~8 分钟就能搞定。至于唇膏、眼霜和面膜等需特殊护理的,可以到美容院去请专业美容师仔细打理,也可以隔一段时间自己打理,不必每天做。

11. 激光术后怎么选择护肤品,男性护肤是否重要

男性皮肤的健康与否,不仅关系到在别人眼中的印象,也直接影响着自己情绪的好坏。基于多种原因,各种皮肤问题始终困扰着男士。一般来讲,男子进入青春期后,荷尔蒙刺激皮脂分泌,皮肤油脂分泌过多,容易造成毛孔阻塞;过多吸烟、饮酒会促使皮肤变粗糙,出现粉刺、暗疮和酒渣鼻等现象;加之男性通常工作压力大、精神紧张、睡眠不足和皮肤缺乏营养等诸多因素加上年龄的增长,皮肤容易变得松弛、多皱、晦暗无光。25 岁以后人体皮肤开始走下坡路,人过中年更会明显衰老,皱纹增多,弹性减弱。如今,女性因为很早就细心呵护肌肤,一般到 40 多岁也没有明显皱纹,而男士由于不懂保养,不少人看上去都比实际年龄要大。

男士需要护肤的理由有二:第一,男士面临的生活压力比较大,体内分泌的毒素得不到缓解。在医学上分析,男士的寿命、抵抗力都不如女人;第二,很多男士喜欢吃肉,频繁应酬,过多喝酒、吃油腻食物,这样就会给皮肤增加负担。其实男士的皮肤皮脂分泌比女性要多,痘痘和毛孔粗大问题也更加突出,男士更需要护肤。男士在交际场合如果不注意个人形象的修饰,即使是衣着光鲜,而呈现在别人面前的是张痘痘脸或油脸,那形象一定会大打折扣。

12. 男性应如何进行日常皮肤清洁

皮肤保养清洁是关键。很多男士都觉得护理皮肤是女人的事情,而且太

麻烦了。其实只要在生活中多加注意，养成良好的生活习惯，就可以让皮肤得到充分的保护。对于男士来说，如果决定从现在开始加强对皮肤的保养，那么，至少需要拥有洗面奶、护肤水、剃须膏以及膏霜类护肤品。这些护肤用品除了能清洁面部，还能给皮肤提供合适的养分，对男士的日常护肤来说，既花费不多，又比较方便。男性需要经常刮胡须，会使脸部皮肤组织不断地剥落和更新，加快皮肤的新陈代谢，导致皮肤发生松弛。因此，在刮胡子之前，一定要将面部皮肤清洁干净，按照毛囊生长的逆方向，由下而上剃。刮胡子后一定要涂须后水或须后乳，调理、镇静紧张的肌肤，使其恢复生机、充满活力。男性大多认为用洗面奶洗不干净，还是用香皂，可是用香皂时间久了，皮肤越来越干，也越来越敏感，所以更应该用一些温和的洗面奶，然后用平衡肌肤的营养水和柔肤水。

　　洁面乳的使用要因人而异，中性皮肤要用活性嫩肤洁面乳，可考虑使用温和型洁面产品，啫喱质地的即可。注意洁面时间和方法，一般用棉片蘸取洁面产品，打出泡沫，以打圈方式将脸部全部覆盖到，让泡沫渗入接触毛孔将脏东西清理出来。油性皮肤要用净化平衡洁面乳，油性且敏感性皮肤要使用泡沫丰富的洁面产品，质地要温和，丰富的泡沫才能将分泌的油脂清理干净。晚上洗完脸以后，用柔肤水就可以。一般油性皮肤要用平衡净化霜，中性和干性皮肤要用保湿霜。在洗脸时不妨用热毛巾敷脸1分钟左右，让毛孔张开，再用洗面奶，先从"T"字部位等油脂分泌较多的地方开始清洗。额头的清洁手法是从下往上打圈，然后再上下交错，鼻翼两侧也是从鼻翼最底部往鼻尖方揉搓打圈；两颊的手法是大面积从下往上打圈，因为从下往上才能逆着毛孔启齿方向清洁毛孔。定期去角质清除黑头很有必要，当黑头已经形成，一般的清洁手法无法彻底地清除，这时就要使用专门针对黑头的产品清除重点区域的黑头，可以用有去角质功效的洗面乳或磨砂膏，或者把洁面品和去角质磨砂膏混在一起。

13. 为什么怀孕时皮肤状态会变差

对女性来说,雌激素对皮肤确实有好处,但前提是雌激素的水平不能太高。雌激素对维持皮肤及皮下组织的正常结构和功能有重要的作用,随着年龄的增大、雌激素水平的下降使皮肤胶原的含量下降。皮肤成分的变化导致了和皮肤老化相关的功能上的变化,如:胶原的变化导致皮肤强度和弹力下降,亲水性的葡胺多糖(glycoaminoglycans)浓度下降导致皮肤水容量减少,这些变化都可以导致皮肤松弛、失去弹性、暗淡无光等。而雌激素能够改善皮肤功能的一个最有力证据是:局部应用雌激素能改善这些不良状况。雌激素水平过高就不好了。可能很多朋友都知道,孕妇们在怀孕时皮肤上会出现色斑,且皮肤会看起来黑一些,而这些现象在孕妇们生完小孩后一段时间有很大几率会消失——很大程度上是雌激素捣得鬼。女性在妊娠期间垂体分泌促黑素细胞激素(MSH)增加,同时雌激素和孕激素大量增多,这些激素的变化促进了皮肤黑素细胞的功能,使黑色素增加,孕妇肤色加深。面颊部可能会出现蝶状褐色斑,称为妊娠黄褐斑(chloasma gravidarum)。对皮肤功能的深入研究显示,雌激素能促进体外培养的人类上皮黑素细胞的增生活性和酪氨酸酶活性,而酪氨酸酶是生成黑素过程中的一种重要的酶,酪氨酸酶活性的增加会导致生成更多的黑色素。美国食品与药物管理局(FDA)的用药指导中就明确指出,对于绝经期妇女的雌激素替代疗法的一个常见的副作用就是会出现色斑。这些证据都显示,雌激素虽然有可能让女性的皮肤变得更加柔嫩,但如果其水平过高,也会导致皮肤的色素沉积,出现色斑。而孕妇的雌激素水准,恰好处在"过高"这个档次。

14. 生理期的女性应如何护肤

女性月经期间,体内分泌的雌激素下降,雄激素相对升高,以及由此产生的情绪变化,都会影响皮肤的状态。众所周知,女性生理周期是 28 天,可以细分为 7 天一个小周期,因此每个月有 4 个小周期,有针对性地进行皮肤保养,可以收到意想不到的好效果。

(1) **生理周期前**:面色黯淡无光,感觉脸上疙疙瘩瘩的,而且容易过敏。生理期前,体内的激素变化体现在皮肤上,建议在完成平时的洁肤过程之后,再按程序做一次清洁,控制油脂的分泌,保证毛孔清透,让皮肤自由地呼吸,预防痘痘的生成。

(2) **经期中**:角质层变厚,很容易产生粉刺、湿疹等,皮肤变得敏感,有些人还会面部发红。这个时期里,使用去角质的洁面乳会有不错的效果。经期中的皮肤脆弱,很容易受伤,所以注重防晒,避免色斑的形成。蔬菜水果是天然的美容品,可以多吃。适当控制饮水量,因为有些人会在经期出现水肿。

(3) **身体修复期**:这个时期,心境平和,情绪中的"快乐因子"比较多。皮肤柔嫩,光滑有光泽,没有粉刺和毛孔粗大的困扰。由于血液循环良好,皮肤的状态也节节攀升。适当降低清洁力度,用平常的洁面乳洗脸,加上日常的护肤品,就可以帮助皮肤保持良好的状态。

(4) **修复后期**:这个时期内,皮肤油脂分泌旺盛,开始变得敏感,不注意卫生容易产生粉刺,使用具有消炎功能的纯露,能够起到杀菌消毒的作用,并且补充水分,使皮肤处于水油平衡的状态。

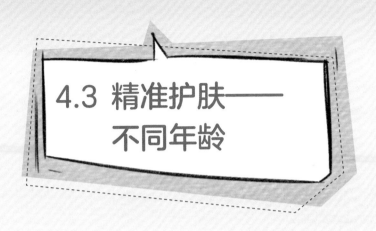

4.3 精准护肤——不同年龄

15. 儿童可以混用大人的护肤品吗

　　一般情况下,儿童的护肤品和大人的护肤品是不同的。儿童不是缩小版的成人,皮肤结构不完整,角质层未发育成熟,皮脂膜不完善,因此吸收速度快,皮肤抵抗力差,容易发生过敏反应。优良的儿童护肤品必须符合儿童生理特点,不能等同于成人护肤品。通常来说,儿童护肤品要根据儿童皮肤的特点,添加肌肤屏障所必需的神经酰胺、胆甾醇和必需脂肪酸,以补充皮脂膜

所必需的脂质;配方温和,尽量不使用防腐剂、合成香精和化学色素;不宜使用有美白、祛斑、除臭、健美等功效的护肤品;不鼓励选用基因技术、纳米材料等新技术生产的原料。

16. 孕妇护肤的特点及注意事项有哪些

准妈妈们在怀孕期间由于受激素影响,皮肤状况会出现很多问题,比如妊娠纹、色素沉着等。妊娠纹产生的真正原因是皮肤的弹力纤维与胶原纤维因外力牵拉而受到不同程度的损伤或断裂,所以防止妊娠纹最重要的是增加肌肤的弹性,如利用橄榄油或润肤油进行按摩;受激素水平的影响,孕妇们还很容易在乳头、腋下及腹部上出现色素沉淀现象,这时可以适量补充维生素C进行预防,并尽可能从日常饮食中补充;日常护肤应选择长期使用的温和护肤品,不要轻易更换。为了避免造成更大的伤害,准妈妈们一旦在皮肤护理上出问题,应及时前往医院就诊。当然,皮肤的护理还得靠准妈妈们的积极配合,比如均衡饮食、少吃辛辣刺激食物、多吃青菜水果等。准妈妈们皮肤的敏感性强,因此,夏季出门时,一定要做好防晒准备,在防晒护肤品的选择上应当谨慎,要尽量避免选择添加铅、汞等重金属的防晒美白产品,虽然它们的吸收量非常微小,但是长期使用,身体是很难代谢出去的。有专家建议,夏季出门时,应尽量利用遮阳伞、墨镜、长袖薄衫外套等不刺激的方式进行防晒。饮食上,可以多食维生素C含量高的蔬菜瓜果,尽量少食用感光食物,如苋菜、菠菜、莴笋等。

17. 老年人应怎样护理皮肤

老年人应随时注意皮肤状态,尽量避免使用碱性的洗护用品,合理使用护肤品。同时,穿宽松的衣服,避免局部刺激,包括搔抓、洗烫及不恰当治疗,少抽烟喝酒,忌食刺激性食物,吃清淡的食物,保持良好的心态和规律的作息可减少诱发瘙痒的概率,预防和缓解老人皮肤瘙痒的问题。

老年性瘙痒症属于无原发性皮肤病,临床症状较轻,很少会引起患者的重视,大部分患者不会通过就医的方式来解决瘙痒问题。另一方面,外用糖皮质激素等药物可能会产生副作用,所以,通过利用日常使用的护肤品来修复和增强皮肤屏障功能缓解瘙痒问题是较安全、便捷的途径。

外用药物治疗应该以保湿、滋润、止痒为主,选择刺激性小的外用制剂。可用低 pH 值的清洁剂和润滑剂、止痒剂(如炉甘石洗剂,辣椒碱,含薄荷、樟脑的乙醇制剂等)及表面麻醉剂(如利多卡因乳膏等),也可外用免疫抑制剂(如吡美莫司、他克莫司)或短期外用糖皮质激素以缓解症状。外用药物提高皮肤水分含量,修复皮肤屏障功能、延缓衰老、抑制瘙痒介质都可以缓解瘙痒。

系统药物治疗可用抗组胺药、钙剂、维生素 C、镇静安眠药、三环类抗抑郁药(如多塞平或阿米替林)或试用普鲁卡因静脉封闭。老年性瘙痒症可用性激素治疗。抗癫痫和抗焦虑药物(如加巴喷丁和普瑞巴林)对部分患者有效。

皮肤干燥者可配合熏蒸,此外,淀粉浴、矿泉浴均有一定疗效。

18. 针对不同的年龄段人群,应选择什么样的护肤品

从出生到老年,人体皮肤发生着巨大的变化,由于皮肤的厚薄、角质层的功能、皮脂腺及汗腺的分泌情况都会随着年龄的变化而不同,从而表现出不同的皮肤生理特性。因此,在选择化妆品时,应考虑到不同年龄段皮肤的生理特点,从而达到健美皮肤、预防皮肤疾病发生的目的。

(1) **婴幼儿期化妆品的选择:**要选择专门针对其皮肤特点设计的护肤品,不能选成人用化妆品;为婴幼儿挑选的化妆品应不包含香料、乙醇等刺激性成分;而且应具有保护皮肤水分平衡的功效,即要注意婴幼儿皮肤的保湿作用;不宜经常更换护肤品,以免皮肤过敏,产生不适症状;同时,注意护肤品的用量。

（2）**青春期化妆品的选择：**主要是加强皮肤清洁、控油、保湿和防晒。

（3）**中年时期化妆品的选择：**此年龄段皮肤护理除了选择保湿及防晒产品外，还可选用一些富含营养成分的护肤品及抗老化产品。

（4）**老年时期化妆品的选择：**不要过度使用清洁用产品，以免脆弱的皮肤屏障受到破坏。选择含油脂较多的霜剂或乳剂保湿、滋润皮肤，同时选择防晒剂，避免色斑产生。最后还需要补充一些抗氧化产品，如维生素 E、维生素 C 等，以及外用富含营养成分的化妆品。

4.4 精准护肤——不同季节

19. 春季皮肤特点及护肤技巧

　　春季气温转暖且潮湿,易滋生细菌,春天的柳絮、花粉都有可能是致敏原,导致人体过敏。春季的皮肤特点主要有:①春季气候忽冷忽热,温差较大,皮脂腺和汗腺难以自我调节平衡,此时的皮肤较为敏感;②天气转暖,皮脂分泌过盛,加之细菌滋生,此时的皮肤易发生毛囊炎及痤疮等。

　　因此,春季化妆品的选择须注意:①不宜频繁更换护肤品牌,以免导致皮肤过敏;②选用性质温和的洁肤乳清洁皮肤;③选用具有抑菌、清洁、柔软皮肤功效的化妆水或较清爽湿润的保湿剂;④参加户外活动时,选择中等强度的防晒品护肤。

20. 夏季皮肤特点及护肤技巧

夏季是一年中气温最高的季节,阳光充足、紫外线强烈。夏季的皮肤特点为:新陈代谢加快,皮脂、汗液较多,细菌容易繁殖,痤疮等炎症性皮肤病不断出现,也容易产生日光性皮肤病。

因此,夏季化妆品的选择应注意:①油性皮肤更要注意选用洁肤控油护肤品;②干性皮肤宜选用清爽滋润型保湿剂;③室内外活动都应注意使用防晒剂,室外活动选用高强度防晒剂;④对受日晒较长的皮肤注意晒后修复,使用具有舒缓、美白、保湿和抗氧化功效的乳液,加强夜间皮肤的保养及修复。

21. 秋季皮肤特点及护肤技巧

秋季一般会延续夏季的高温,但早晚温差加大,空气较夏季变得干燥,云层少,紫外线照射仍然很强烈。随着气温逐渐降低,空气越来越干燥,皮肤的新陈代谢也减弱,皮脂分泌降低,皮肤变得较敏感,需加强皮肤养护。遭受夏日灼伤而缺乏养护的皮肤,在秋季会变得更加干燥、粗糙、易产生皱纹及色素沉着。

因此,秋季化妆品在选择上应尽量选用温和、含有天然成分的洁肤品;同时秋季是皮肤美白

的重要时机,应选用清洁剂去角质及滋养面膜,保湿、美白功效产品,以恢复皮肤生机。

22. 冬季皮肤特点及护肤技巧

冬季随着气温的逐渐下降,天气变得寒冷、多风、干燥,皮肤的新陈代谢大大减弱,皮脂腺和汗腺分泌减少,皮肤易干燥、皲裂。天气寒冷,毛孔收缩,易引起污垢阻塞。微循环迟缓,易生冻疮。所以冬季化妆品的选择上应注意:①选用较温和的洁面乳清洁皮肤,洗脸水温不要过高,以防油脂丢失;②宜选用含有较高油脂、质地较为丰润的营养霜,以加强皮肤屏障;③室外作业者对较长时间暴露在紫外线下的皮肤部位也应注意防晒。同时使用促进微循环的护肤品,避免冻疮发生。

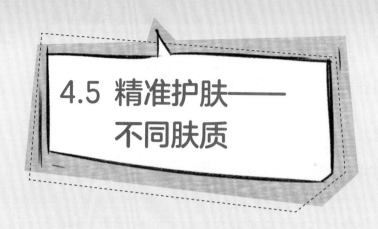

4.5 精准护肤——不同肤质

23. 皮肤肤质如何分类

根据皮肤角质层含水量和皮脂分泌量、皮肤对外界刺激的反应性及皮肤的细腻程度等,将皮肤分为五种类型:中性皮肤、干性皮肤、油性皮肤、混合性皮肤和敏感性皮肤。

随着皮肤美容的发展,为全面反映皮肤健康和美学状况,提出了多参数皮肤分型方案。对个体的面部皮肤,首先以皮肤的油-水平衡作为主要参数,判别其为中性、油性、干性或混合性皮肤;其次以皮肤色素、皮肤皱纹、皮肤敏感 3 个参数,按照无、轻、中、重 4 个等级判别;同时按皮肤光反应容易出现红斑、黑化,还是两者都等同出现进行判别。通过这样多参数的分类,能更了解皮肤的健康和美容状况,提出更为个性化的全面护肤方案。此方案在临床使用中还有待不断丰富和完善。

24. 什么是干性皮肤

干性皮肤的角质层含水量 <10%,皮脂分泌少,pH>6.5,面部皮肤皮纹细小及干燥脱屑,肤质细腻但肤色晦暗,洗脸后紧绷感明显,严重干燥时有破碎瓷器样裂纹,对环境不良刺激耐受性差,容易皮肤老化出现皱纹、色斑等。典型的干性皮肤缺乏皮脂,难以保持水分,故缺水又缺油。许多遗传性或先天性皮肤病患者的皮肤类型都为干性皮肤,老年人的皮肤也都为此类型。年轻人干性皮肤主要是缺水,皮脂含量可以正常、过多或略低。无论任何原因导致皮肤出现干性皮肤的表现，其功能损害和干燥感觉都可以通过恰当的功效性护肤品得以改善。

　　在干性皮肤中，角质化细胞套膜蛋白的脆性增加，导致角质细胞排列不稳固，皮肤屏障功能下降，经皮丢失的水分增多。TEWL 值升高，pH 值升高，对应的角质层丝氨酸蛋白酶活性升高和角质层完整性下降。干性皮肤真皮中黏多糖减少，含水量下降，血管伸缩性及通透性减弱。

25. 什么是油性皮肤

　　油性皮肤最常见于青春期及一些体内伴雄性激素水平高或具有雄性激素高敏感受体的人群。油性皮肤皮脂分泌旺盛，与其含水量（<20%）不平衡，pH<4.5，皮肤看上去油光发亮、毛孔粗大、皮肤色暗且无透明感，但皮肤弹性好。这类型皮肤对日晒和环境不良刺激耐受性较好，皱纹产生较晚且为粗大皱纹。油性皮肤容易遭受微生物侵扰（如痤疮丙酸杆菌、葡萄球菌及糠秕孢子菌）发生痤疮、毛囊炎及脂溢性皮炎等皮肤病。油性皮肤应注意清洁、控油及适当使用收敛毛孔的爽肤水。但过度使用控油类产品或长期使用含有皮肤刺激的药物，如过氧化苯甲酰或维甲酸，可导致皮肤屏障功能的损害，经皮失水增加，皮肤缺水变得干燥，降低对日光和外界刺激的耐受性。油性皮肤者的颊部皮肤也存在屏障受损，与干性皮肤的表现有相似之处，但也有自身的特点，如角质层含水量下降不明显，角质层黏合力非常好及角质层完整性下降，且在越接近角质层下层时表现越明显，甚至比干性皮肤的角质层完整性更差。

26. 理想的皮肤状态是什么样

中性皮肤属理想的皮肤状态。中性皮肤的角质层含水量在 20% 左右,皮脂分泌适中,pH 值为 4.5~6.6,皮肤紧致、光滑细腻且富有弹性,毛孔细小且不油腻,对环境不良刺激耐受性较好。中性皮肤受季节影响不大,冬季稍干,夏季偏油。这类型皮肤多见于青春期前的人群,随着年龄的增长、所患皮肤疾病及环境因素的影响,中性皮肤可能会转变为干性、油性皮肤,甚至处于敏感性状态。

27. 为什么你的皮肤外油内干

我们需要认识到,外油内干并不是一种肤质。肤质可分为干性、中性、混合性、敏感性肌肤,而外油内干相当于"痘痘肌",只是一种肌肤问题。当你感觉到你的肌肤出现外油内干的情况,肌肤问题已经很明显了。很多人发现在洗脸之后如果不擦护肤品就会觉得脸上紧绷干燥会起皮,几个小时以后脸上又会出很多油的情况;在平时护肤化妆的时候,保湿也不行控油也不行,明明敷了很多面膜,底子还是会觉得干,油脂却浮在表面,感觉好像是没有吸收,

用控油的洗面奶或者妆前乳又会觉得干成沙漠肌;上妆的时候鼻子或者下巴等部位卡粉起皮不容易上妆,出油后这些部位浮粉斑驳脱妆严重;上午做完护肤化完妆之后,下午就觉得脸干到炸裂。这些就是"外油内干"的表现。皮肤油得都能当镜子用了,可仍会有刺痒干燥脱屑等感觉或表现。

"外油内干"与"混合型肌肤"不同,后者是一种肤质,在脸部的不同区域具有不同的肤质特征,最常见的就是 T 区(额头、眉毛以及鼻子周围)呈现油性肤质的特征,而 U 型区(脸颊、下巴)则为中性或者干性的肤质特征。外油内干的外油原因在于皮脂腺分泌活跃,每天

兢兢业业的分泌油脂。既然油，为什么会干呢？因为皮肤屏障受损。由角质层和皮脂膜构成的皮肤屏障具有防护膜的功能，有助于保护皮下组织免受细菌的感染，还能够吸收水分，减少水分的流失和蒸发，从而使肌肤保持健康和湿润。当你的皮肤屏障受损，再多的油也留不住水分。因为留不住水分，反过来又会促使皮脂腺分泌增多。如此陷入恶性循环，最终外表油腻，内里却干燥难耐，成为外油内干的皮肤。

28. 针对不同肤质，如何选择可能含有酒精的护肤品

　　含有酒精的化妆品有利也有弊，并不是对每种肤质的人都适用的，所以各种肤质的朋友在选用的时候要慎重对待。酒精浓度较高的产品对于油性皮肤或伴有粉刺痤疮的皮肤十分有益，而干性皮肤、特别是敏感性肌肤不宜使用，由于酒精会带走皮肤水分，所以容易使肌肤变干，另外毛孔会粗大。干性肌肤用了以后肌肤问题更加严重，而敏感性肌肤可能会对酒精产生过敏反应。因为酒精含量的问题，可以杀菌，但是对皮肤的刺激也大。所以，含酒精化妆水并不是不好，但绝不能长时间持续大面积使用。油性混合性皮肤每周一次至两次，敏感性和干性皮肤尽量不要用含酒精的化妆水。酒精具有超强的渗透力，能渗透到细胞体内，是其蛋白质凝固变性从而使细胞脱水，皮肤就会渐渐失去弹性。酒精具有高挥发性，在带走皮肤热量的同时也带走了皮肤的水分，使皮肤的天然保湿能力及免疫力降低，造成皮肤干燥、粗糙、皮脂分泌旺盛、毛孔粗大。皮肤将会更快衰老。含有酒精的化妆品涂在皮肤上之后会有光敏反应发生，导致皮肤色素加重，产生难以逆转的斑点。由于细胞的适应性，在长期使用含有酒精的化妆品后，皮肤细胞就会对酒精产生依赖，而对不含酒精成分的化妆品产生排斥，这也就是为什么刚换了一个牌子的化妆品使用可能会发生过敏反应。酒精会麻痹细胞，使细胞难以区分营养物质的优劣，从而会吸收一些对皮肤有害的物质，例如铅、汞等有害物质，让皮肤不再健康。当然并且不是所有的护肤品都含有酒精的，很多护肤品里并不添加酒精，但是某些植物提取物要用酒精进行萃取，所以不可避免地会带进去部分酒精，这并没有什么大问题，只要不是对酒精过敏，使用没有问题。

4.6 精准护肤——不同部位

29. 针对面部不同部位的皮肤该如何精准护肤

由于面部不同部位的肌肤其实都有自己独特的特点,因此需要选择不同的保养方式。

(1) **面部**:皮脂腺丰富的部位(如前额、鼻部)皮脂含量明显高于皮脂腺分布少的部位(如前臂屈侧等),因此,不同部位的皮肤需要区别对待,尤其对于混合性皮肤而言,油脂分泌旺盛的部位需要使用油脂含量少或能够控油的化妆品。由于光老化的影响,光暴露部位(如面颊部、颈部)的皮肤更应注意防晒、保湿及抗皱。

(2) **额头**:额头部位的皮肤容易被各种面部表情所牵扯,受到过度挤压或拉伸,可使其产生皱纹,也可导致其干燥、硬化,进而失去弹性。同时额头部位也是皮脂较多的区域,因此,宜选用油脂少的保湿润肤霜进行护肤保养。

(3) **鼻翼**:鼻翼两侧的皮肤角质层较厚,毛孔相对粗大,皮脂分泌旺盛,是最容易出现粉刺的地方。除了要日常仔细清洁鼻翼两侧皮肤外,还需选用控油化妆品。特别提醒不要使用鼻贴,因为较大力量的牵拉会使鼻翼两侧更容易出现细纹。

(4) **嘴部**:嘴唇的皮肤很薄,且没有黑素细胞的保护,容易受到紫外线的伤害而产生日光老化,所以无论什么季节都应该选用具有防晒作用的保湿滋润唇膏。

(5) **眼部**:眼部皮肤是人体皮肤最薄的部位,其皮下疏松结缔组织中分布着极为丰富的毛细血管和神经末梢,这些毛细血管的管壁很薄,且有一定的渗透性。而且眼部皮肤缺少皮脂腺与汗腺,缺乏天然的自我滋润能力,再加上眼睛每天至少要眨动 2.4 万 ~2.8 万次,就使得眼眶周围的皮肤很容易产生水肿、皱纹、黑眼圈、眼袋等现象。目前市面上销售的眼部化妆品包括眼霜、眼胶、眼部精华液等多种。眼霜的滋润性、营养性较强,适合于眼部有皱纹者;眼胶是一种植物性啫喱状物质,成分温和易吸收且不油腻,适合于具有黑眼圈和眼袋者。应根据眼眶皮肤特点选购含不同成分的精华液。

30. 针对身体面部外其他不同部位的皮肤该如何精准护肤

我们身体面部外其他部位的皮肤生理特点也是各不相同的。

(1)**颈部:**颈部正面肤质娇嫩,随岁月增长会最先松弛、衰老,宜选用一些有紧致皮肤功效和滋润作用的护肤品。颈部皮肤也是阳光照射部位,应注意使用防晒化妆品。

(2)**胸部:**胸部大部分组织是脂肪,包裹在脂肪上的皮肤因为缺少肌腱和肌肉的支撑,容易松弛。宜选用一些有紧致皮肤功效和保湿作用的护肤品以及丰乳类产品。

(3)**手部:**手经常暴露在外,易被风吹、日晒、污物及化学物质损伤,而且常接触洗涤用品,对手部皮肤的损害较大,易发生粗糙干裂,加速手部皮肤的老化。日常生活中应选用油性护肤霜滋润手部皮肤;尤其对经常洗手和接触碱性洗涤剂行业的从业人员和家庭主妇。夏季还要注意使用防晒品。

(4)**膝部:**膝盖是全身利用率最高的大关节,此部位的皮肤每时每刻都受到骨与韧带的牵拉,很容易产生细纹,再加上经常与衣物摩擦而使角质层增厚,皮肤易变得粗糙。可选择能去角质的霜剂,并涂抹高效保湿护肤霜。

(5)**腿部:**腿部皮肤下有强大的肌肉做支撑,比其他部位的皮肤紧绷、致密,但由于缺乏皮脂腺,因此,容易干燥并形成皮屑。应定期选用清洁剂彻底清洁、去角质,沐浴后使用滋润护肤品。

(6) 足部：足部的角质层是身体最粗厚的部位，足部的汗腺丰富而皮脂腺不发达，掌跖部位没有皮脂腺分布。足部支撑整个身体，走路过多或站立过久易使足部感觉疲劳，甚至肿胀或疼痛。足部化妆品的选择：①选择洁肤产品，清洁并去除角质；②冬天注意选择保湿剂滋润脚背和脚缘，以免裂隙发生；③穿鞋前可使用保持足部干爽的喷雾剂，以减少出汗及足部产生异味，可以选择舒缓足浴露、除臭防菌浴盐、除臭防菌喷雾、清凉薄荷爽脚粉、止汗除臭足部喷雾等；④夏季在室外常穿凉鞋或拖鞋也会使足部皮肤受到一定的紫外线伤害，涂抹一些防晒护肤品可对足部皮肤起到保护作用。

4.7 精准护肤与护肤品

31. 护肤品有哪些种类

按照产品功效,护肤品可分为清洁剂、保湿剂、角质剥剂、美白剂、防晒剂、芳香安神剂、安抚舒缓剂、止汗剂、除臭剂、生发育发剂、染发剂、脱毛剂、美乳剂、遮瑕剂等。

32. 护肤品的活性成分取决于什么

护肤品的活性成分是否发挥作用,主要取决于加入产品中后,其活性是否能保持完整、是否能以活性形式经皮输送、是否有足够的量能到达靶部位发挥作用,以及能否适当地从载体中释放出来。

33. 护肤品中的有害物质有哪些

护肤品中的有害物质有:

(1) 砷及其化合物为化妆品组分中禁用物质。砷及其化合物被认为是致癌物质,长期使用含砷高的化妆品可引起皮炎、色素沉积等皮肤病,最终导致皮肤癌。砷及其化合物中毒主要临床表现为末梢神经炎症状,如四肢疼痛、行走困难、肌肉萎缩等。

(2)汞及其化合物为化妆品组分中禁用的化学物质。作为杂质存在,其限量为小于1mg/kg。但是,鉴于硫柳汞具有良好抑菌作用,允许用于眼部化妆品和眼部卸妆品,其最大允许使用浓度为0.007%(以汞计)。汞离子能干扰人皮肤内酪氨酸变成黑色素的过程,一般被添加于增白、美白、去斑化妆品中。汞及其化合物主要对肾脏损害最大,其次是肝脏和脾脏,具有明显的性腺毒、胚胎毒和细胞遗传学作用。慢性汞及其化合物中毒的主要临床表现为:易疲劳、乏力、嗜睡、淡漠、情绪不稳、头痛、头晕、震颤,同时还会伴有血红蛋白含量及红细胞、白细胞数降低等,此外还有末梢感觉减退、视野向心性缩小、听力障碍及共济性运动失调等。

(3)铅及其化合物为化妆品组分中禁用物质,作为杂质成分,在化妆品中含量不得超过40mg/kg。含乙酸铅的染发剂在染发制品中含量必须小于0.6%。在化妆品中,铅能增加皮肤的洁白,所以铅一般被添加于增白、美白化妆品中。铅对所有的生物都具有毒性。主要影响造血系统、神经系统、肾脏、胃肠道、生殖功能、心血管、免疫与内分泌系统,特别是影响胎儿的健康。

(4)镉及其化合物在化妆品中含量不得超过40mg/kg。金属镉的毒性很小,但是镉化物属剧毒,尤其是镉的氧化物。镉及其化合物主要是对心脏、肝脏、肾脏、骨骼肌及骨的损害。抑制酶的活性。主要临床表现为高血压、心脏扩张、早产儿死亡,诱发肺癌。

(5)甲醇为化妆品组分中限用物质,最大允许浓度为2 000mg/kg。甲醇作为溶剂添加在香水及喷发胶系列产品中。主要经过呼吸道和消化道吸收,皮肤可部分吸收。甲醇有明显的蓄积作用。在体内甲醇抑制某些氧化醇系统,抑制糖的有氧分解,造成乳酸和其他有机酸积累,引起中毒。甲醇主要作用于中枢神经系统,具有明显的麻醉作用,可引起脑水肿,对视神经及视网膜有特殊选择作用,引起视神经萎缩,导致双目失明。

34. 护肤品的哪些成分会引起过敏

护肤品中的香料、防腐剂、稳定剂、脂质、酒精和色素等物质是引起化妆品过敏的常见原因。

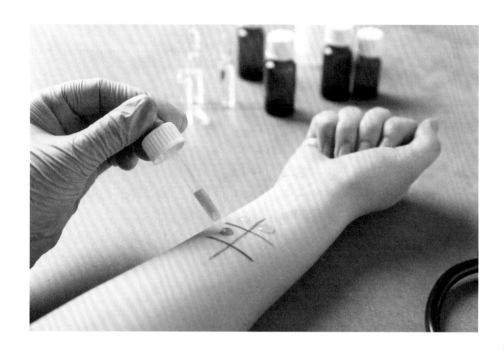

35. 护肤品可以混用吗

不同的护肤品可以混用,但需注意以下几个原则:

（1）**功效相近的不要一起用**：人们习惯性地认为功效相近的产品可以放到一起使用,会有加倍的效果,这种想法是错误的。由于产品成分或功效的类似,在搭配组合后,产品的效能有时反而会被相互削弱、抵消。道理其实很简单,无论各品牌怎样推介他们的产品,具有相近功效的产品其所含成分或工作原理都非常类似。再加上肌肤本身的吸收能力是有一定限度的,营养过多肌肤也吸收不了,甚至可能出现排斥反应。

（2）**混用时要注意顺序**：保养品的使用顺序除清洁外,基本上是按照化妆水、精华液、凝胶、乳液、乳霜、油类产品这样的先后顺序使用的。这样做的原因是偏向油霜类的产品,分子较大、滋润度较高,涂用后会在肌肤表面形成一层膜。如果先涂用此类产品,分子较小的水状、精华液类的产品就很难再被肌肤吸收,更谈不上发挥作用了。

（3）**敏感肌肤**：如果是敏感肌肤,那么在日常护理的产品中尽量选择不同品牌的但都含有镇定、安抚功效的护肤品,诸如酪酯树、胡萝卜素等成分的产品。一旦出现干燥、脱屑、发红等不适状况时及时停用,尽可能地降低对肌肤的伤害。敏感肌肤混搭原则:角质过薄和角质受损是造成皮肤敏感的主要原因,混搭的首要原则就是不要伤害角质、减少刺激。

(4) **不了解的产品成分不要混用**:在使用者对某种品牌的面霜、化妆水、营养液、乳液等产品的成分不了解时,决不能随意混合使用,以避免不同品牌的产品发生不良反应,伤害肌肤。为了保障使用者在混用产品时的安全性及更好地发挥混用产品的功效,建议在混用前咨询专业人员。只有根据个人不同的皮肤状况选择不同的护肤品,做恰当的搭配,才能使产品混用达到最好的效果。

(5) **护肤品的混搭禁忌**:有些抗皱护肤品,为防止肌肤老化会加入激素类药品,对于肌肤成熟的人比较适合;而对于激素分泌正常的年轻人来说,不但没有积极作用,反而会刺激皮肤,甚至导致某些皮肤病变。

36. 什么是天然有机护肤品

天然有机护肤产品除了所含的植物成分,必须要由获得有机认证的有机植物提取物所组成外,产品中不能添加人工香料、色素及石油化学产品等对皮肤不利的成分,其中所添加的防腐剂及表面活性剂都需受到严格限制,而且制造过程中不能使用动物实验及利用放射线杀菌,其配方和工艺非常复杂。除此之外还要提供给消费者全成分标识及正确信息、所含成分的生物可分解与否、包装的环保回收问题,还有厂商的社会公益及责任都被规定在规范的范围内。

37. 什么是医学护肤品,可以替代药品吗

将能够应用于临床并发挥积极作用的化妆品统称为"医学护肤品",它是一类介于化妆品和药品之间的产品,能达到恢复皮肤屏障功能,辅助治疗一些皮肤病的护肤品,其本质是化妆品而不是药物,但具有一定的功效及良好的安全性。医学护肤用品与传统化妆品不同,其内容主要是采用天然原料制

作,并与皮肤屏障结构成分吻合,不含任何色素、香料、防腐剂等易引起皮肤敏感的添加剂,安全性好。它不是一种药品,但对一些皮肤病能起到辅助治疗

作用,其主要目的是增加皮肤的水合作用,也就是增加皮肤角质层的含水量,提高皮肤屏障功能,减轻皮肤瘙痒,减轻炎症反应,调节皮肤色素,避光防晒,减少药物用量。

38. 医学护肤品有什么功能和特点

　　医学护肤品,又称功效化妆品或药妆,即药用化妆品。于 20 世纪 70 年代首次提出,但到目前为止国际上尚无统一定义。在欧美国家,其是指作为化妆品销售的具有药物或类似药物特性的活性产品;在日韩,则将具有美白、除皱、防晒等功能性化妆品定义为医学护肤品。我国则多指特殊用途化妆品,如脱毛、除臭、防晒、祛斑等产品。2015 年广东专家共识认为,医学护肤品是一类介于普通护肤品与药品之间,能达到恢复皮肤屏障功能、辅助治疗一些皮肤病的特殊产品。医学护肤品的功效性及安全性均经过实验及临床验证,配方设计科学,原料经过严格筛选,不含损伤皮肤或引起皮肤过敏的成分,但其本质是化妆品而不是药物,对皮肤病只起辅助治疗作用,不能替代药物治疗;然而,它具有普通化妆品的特性,能让使用者感到愉悦和美的享受。

　　医学护肤品兼具传统化妆品与药物的特点,与传统化妆品相比,其具有以下特点:①药物疗效:产品具有药物疗效,能在正常皮肤或接近正常皮肤上使用,对皮肤病具有一定的治疗作用,并可减少皮肤科外用药物引起的不良反应、加速皮损愈合、减轻患者的不适感。②针对性:医学护肤品的活性成分的研究开发和生产过程接近新药标准,所含的主要活性成分作用明确。③安全性:医学护肤品的配方精简,不含普通化妆品所含有的容易损害皮肤或导致皮肤过敏的物质,如色素、香料、防腐剂等,更具安全性。④专业性:医学护肤品只在药房

出售,且部分产品有皮肤科医生处方。由专业人员针对皮肤状况推荐使用相应的合适产品,因而更具专业性。综上,医学护肤品毕竟不是药物,其含有针对性的明确的活性成分,且其中的活性成分大都安全性高,无毒副作用,不只局限使用于皮疹上,也可广泛应用于其他部位皮肤,且没有明确的疗程。

39. 化妆品中哪些成分可以修复皮肤屏障

(1)透明质酸(hyaluronic acid,HA)又名玻尿酸、玻璃酸,广泛存在于人和动物的皮肤、血清、组织细胞间液中,在人的皮肤真皮层和关节滑液中含量最多。透明质酸具有特殊的保水作用,可以改善皮肤营养代谢,使皮肤柔嫩、光滑、去皱、增加弹性、防止衰老,在保湿的同时又是良好的透皮吸收促进剂。

(2)胶原蛋白:胶原蛋白是生物体内一种纤维蛋白,主要存在于皮肤、骨、软骨及肌腱等组织中,占人体或其他动物体总蛋白含量的25%~33%。

(3)细胞因子:20世纪80年代以来,由于基因工程技术的发展,使人们能从体外获取大量生长因子并用于体表创面修复研究,如成纤维细胞生长因子(FGF)、表皮细胞生长因子(EGF)以及各类具有促进创面愈合的其他生长因子。

(4)壳聚糖又称脱乙酰甲壳素,是一种具有良好的生物相容性和可降解性的高分子生物材料,其来源极为丰富,它存在于虾、蟹等甲壳类动物的外壳,甲虫、蝗虫、蟑螂等昆虫的外皮,以及乌贼骨、蘑菇等菌类细胞壁中的有机物质中。

40. 如何正确选择卸妆产品

卸妆类清洁产品主要用于彩妆类化妆品的清洗,包括各种卸妆油、卸妆液、卸妆乳和卸妆霜。现在市面上卸妆产品按质地多分为乳、液、油3种。其区别主要在于,油性卸妆产品溶油性更强,适合卸除浓妆,也适合油性皮肤。卸妆乳和卸妆液水油平衡适中,其油性成分可以洗去污垢,而水性成分又可留住皮肤的滋润,适合日常生活妆用。不同的肤质在选择卸妆及清洁产品时应考虑功效、安全性等。如偏油的皮肤清洁格外重要,宜选能彻底清洁、又具控油效果的卸妆及清洁产品;而如果皮肤偏干,则应选用有润泽效果的卸妆及清洁产品。

41. 如何正确使用卸妆油

卸妆油使用方法：在涂抹卸妆油前，双手及面部需保持干燥。将约1元硬币大小的卸妆油涂抹在面部，用指腹以画圆的动作由下而上的方向轻轻按摩全脸皮肤，溶解彩妆及污垢，时间以1分钟为限。用手蘸取少量的水，同样重复在脸上画圆动作，将卸妆油乳化变白，接着再轻轻按摩约20秒，使用大量的清水（以微温的水为佳）冲洗干净。睫毛膏部分，则可将卸妆油倒在化妆棉上，于眼部轻轻按摩再冲洗。最后再以洁面乳清洗脸部即可。

使用时注意以下事项：①避免卸妆时直接用干的面纸将卸妆油擦拭掉，不加水乳化；②避免先用潮湿的双手直接蘸取卸妆油，还没使用卸妆油就先行乳化；③眼睛部分的皮肤组织较为脆弱，因此不宜使用一般的清洁用品，应该选择眼部专用卸妆品、并配合温柔的卸妆技巧，才能预防皱纹的产生；④唇部卸妆时特别是不脱落的口红，更要仔细卸妆，若不使用唇部专用的卸妆品，会导致唇部干燥；⑤彩妆越浓越厚重，越需要油脂比例高的卸妆品来卸除。卸妆工作最好在1~3分钟内结束，然后立刻用大量水冲洗干净，卸妆品在脸上不宜久留。如果卸完妆后，不马上洗脸，会增加刺激性成分对皮肤的伤害；⑥卸妆油适合于中至干性皮肤和用蜜粉、粉底液、持久型粉底液、持久型粉底霜的妆面。

42. 如何正确使用卸妆乳

卸妆乳（膏／霜）使用方法：先保持手、脸干燥，否则潮湿的环境会减弱卸妆乳的清洁效力；其次用双手预热卸妆乳，如卸妆乳的温度比皮肤低，会令毛孔收缩而达不到好的清洁效果；接着再用手指指腹轻轻揉开由内而外轻轻按摩，能够帮卸妆乳更好地溶解毛孔内的彩妆；再用化妆棉轻轻擦拭掉面部妆容，最后用大量的水冲洗干净。

卸妆乳在使用时应注意：①液状卸妆品适合油性皮肤和淡妆妆面；②凝胶状卸妆品适合中至油性皮肤和只用蜜粉、粉底液的妆面；③乳液状卸妆品适合中性皮肤和只用蜜粉、粉底液的妆面；④霜状卸妆品适合中至干性皮肤和用蜜粉、粉底液、持久型粉底液、持久型粉底霜的妆面；⑤卸妆乳（霜）不能当按摩霜使用。

43. 如何正确使用卸妆水

卸妆水使用方法：首先取化妆棉一片，用卸妆水完全浸湿，然后在脸上轻轻按摩，从上至下按摩，力量不要太大，否则容易把溶解的残妆按到毛孔里堵塞毛孔，按摩 2 分钟左右，时间不要太长，此时应该可以看到彩妆浮在皮肤表面了，再用温水洗掉，最后用洁面产品再洗一遍。

使用卸妆水时应注意：①避开眼、唇四周，若不慎流入眼睛，立即以大量清水冲洗干净；②若使用时有红、肿、刺激感或其他不适症状，即停止使用；③避免使用于伤口、红肿及湿疹等皮肤异常部位。

44. 透明质酸有哪些作用

透明质酸（HA）有以下作用：

（1）保湿护肤功能：透明质酸具有特殊的保水作用，是目前发现的自然界中保湿性最好的物质，被称为理想的天然保湿因子。

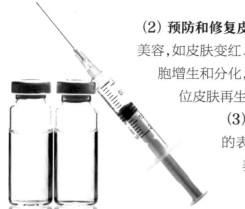

（2）**预防和修复皮肤损伤：**皮肤受到自然侵害和微创美容，如皮肤变红、变薄、脱皮等，HA 通过促进表皮细胞增生和分化，以及清除氧自由基，可促进受损部位皮肤再生。

（3）**营养皮肤：**HA 可部分渗透到皮肤的表皮层，保持皮肤内的水分，促进营养物质的供给和无用代谢物的排泄，从而防止皮肤老化，起到美容和美颜的作用。

（4）**润滑性和成膜性：**HA 是一种高分子聚合物，具有很强的润滑性和成膜性。

（5）**抗菌消炎功能：**吸水保湿功能使其水溶液在皮肤表面形成天然的水化膜屏障，能有效地阻止细菌侵入，间接产生抗菌消炎作用。

（6）**促进血管生成：**血管生成是正常组织生长和创伤修复中不可缺少的过程。

45. 胶原蛋白有哪些作用

胶原蛋白有以下作用：

（1）**止血性能：**可与血小板通过黏合、聚集形成血栓，起到止血作用，从而加速皮肤损伤的修复进程。

（2）**低抗原性：**虽然胶原蛋白是大分子物质，但结构重复性大，可溶性胶原蛋白的免疫性很低，不溶性胶原的免疫性更低，一般机体不对其产生慢性排斥反应。

（3）**生物相容性：**胶原蛋白是细胞外基质的骨架，其特有的三螺旋结构，使其不论作为形成新组织的骨架被吸收，还是被宿主同化，都表现出良好的生物相容性。

（4）**生物可降解性：**胶原蛋白只有在胶原酶的作用下才被水解，进一步被其他酶降解为寡肽或氨基酸，最后被机体利用或排出。

（5）**细胞相互作用性能：**胶原蛋白作为细胞生长的依附和支架物，能诱导上皮细胞等增生、分化和移行。

46. 细胞因子的作用是什么

细胞因子可以促进新生肉芽组织生长以及再上皮化过程,加快创面的愈合。作用机制包括:①细胞生长因子作为化学趋化剂趋化炎性细胞和组织修复细胞,为创面杀菌及后期修复创造条件;②直接作用于组织修复细胞上的生长因子受体,通过其促分裂效应加速细胞周期转变来加速创面修复;③通过竞争性作用,可以上调组织修复细胞上生长因子受体的活性,从而加快信号的传递。

47. 壳聚糖的作用是什么

壳聚糖的作用如下:

(1) **生物相容性和成膜性:**可产生一层具有优良延展性的脂膜层,用于化妆品,可以充分保持化妆品中的有效成分如保湿剂和营养剂等。

(2) **抑菌功能及美白效果:**壳聚糖及其衍生物具有抑制细菌、真菌生长的活性,是抗菌谱较广的天然抗菌物质,同时可以消除由于微生物累积而引起的黑色素、色斑等。

(3) **保湿及润滑皮肤:**壳聚糖的大分子结构上有许多结合水分子的氨基,具有优良的吸湿性和保湿性,对皮肤有滋润作用,使皮肤有弹性、光滑、延缓皮肤老化。

(4) **止血和促进伤口愈合:**能同时阻止血纤维蛋白素的形成,抑制结缔组织细胞增生和胶蛋白的合成,同时能促进表皮细胞的生长和伤口组织的再生,提高伤口愈合速度,使皮肤伤口愈合产生较小的伤疤或无瘢痕。同时甲壳素纤维具有聚集血小板作用,能明显缩短止血时间,具有良好的止血效果。

48. 化妆品可以帮助减少皱纹吗

药妆品最多的宣称功效就是减少皱纹。药妆品通过增加皮肤水合程度减少皱纹,尤其是皮肤脱水引起的面部皱纹。皱纹减少是一种美学指标的宣称,而皱纹并无医学上的定义。众多减少皱纹的产品含有抗氧化剂,但是抗氧化剂并没有被证实减少皱纹。有一些药妆品含有植物性雌激素以模拟雌激素的功效,例如大豆。大豆有类雌激素作用,可改善皮肤厚度。

老化皮肤上会出现两类皱纹:静态纹和动态纹。保湿剂往往只对静态纹有效,可淡化由于脱水引起的面部细纹。面部细纹会随着角质细胞堆积,所以有些抗皱药妆会含有维生素剥脱剂。减少皱纹的最佳方法就是恢复皮肤中丢失的胶原蛋白和弹性蛋白,也可通过恢复深层骨骼和皮肤脂肪的容量,为皮肤提供足够支撑。

49. 什么是化妆品不良反应

由化妆品引起的全身和皮肤以及附属器的不良反应,比如瘙痒、刺痛、红斑、丘疹、脱屑、色素沉着等,以及系统的损害,称为"化妆品不良反应"。应该加强对化妆品不良反应的认识,尽早诊断与治疗,并参考患者已发生过的不良反应推荐合适的化妆品。随着各类化妆品的广泛使用,各类产品在带给人们美丽的同时,不良反应也随之增多。如果在其正常的条件下,用正确方法使用化妆品而引起了皮肤不良反应,可能是产品的质量问题,也可能是个体局部皮肤屏障功能被破坏或自身过敏体质引起的。有时产品说明书不准确导致使用方法不恰当,或个体未按说明书正确使用,也会造成不良反应。此外,化妆品中非法添加违禁成分还可能导致重金属中毒,出现系统损害。

50. 化妆品不良反应有哪些分类

化妆品不良反应分类如下：

（1）化妆品接触性皮炎：这是最常见的化妆品不良反应，包括：①刺激性接触性皮炎，是外界物质通过非免疫性机制造成的皮肤局限性表浅性炎症反应，可能与化妆品对皮肤的刺激强度和皮肤的屏障功能是否完整有关；②变应性接触性皮炎，是接触变应原后，通过免疫机制引起的皮肤炎症反应。能够引起化妆品变应性接触性皮炎的原料很多。如：香料、防腐剂、乳化剂、抗氧化剂、防晒剂、植物提取物、人造指甲及指甲油等。最常见的是香料和防腐剂。

（2）化妆品荨麻疹：指在使用某些化妆品后数分钟内出现的皮肤反应，包括局部瘙痒或刺痛、烧灼感、皮肤发红或出现风团。一般在 24 小时内消退。接触性荨麻疹综合征指除局部反应外，还可出现憋气、咳嗽、哮喘、血压下降等全身表现。乙醇、橡胶乳、染发剂、对苯二胺、漂白剂等均可引起此类反应。

（3）化妆品不耐受：是指部分人群面部皮肤对多种化妆品不能耐受，严重时甚至不能耐受一切护肤品。这种不耐受多以主观不耐受为主，自觉应用化妆品后出现或加重皮肤烧灼、瘙痒、刺痛或紧绷感等感觉。无皮疹或仅有轻微的红斑、干燥、脱屑或散在小皮疹。由于惧怕使用化妆品，使得皮肤屏障进一步损伤，受损的皮肤对产品更加不能耐受，恶性循环，皮肤症状也就更加明显，甚至出现面部严重炎症。引起化妆品不耐受的原因可能是自身的皮肤屏障功能较脆弱，也可能是使用劣质产品所致。

51. 出现了化妆品不良反应该如何处理

对于化妆品接触性皮炎，处理上应：①首先及时清除皮肤上存留的化妆品，停用引起病变或可疑的化妆品；②原因除去后，再给以适当处理，即能迅速痊愈，应根据皮损炎症情况，选择适当的剂型和药物；③当皮炎至亚急性阶段时，可应用糖皮质激素乳膏，内服药以止痒、脱敏为主，可内服抗组胺药物，如西替利嗪、氯雷他定等，还可服维生素 C；④对重症、泛发的患者可短期应用糖皮质激素口服或静脉注射，有并发感染者则加用抗菌药。

而对于化妆品荨麻疹与化妆品不耐受这两种情况的处理方法则如下：①急性期冷湿敷 3% 硼酸、生理盐水、矿泉水。选用医用护肤品尽量选择舒敏保湿系列、舒缓镇静系列的产品，主要起防敏、保湿、改善微循环的作用；②避免使用含高剂量表面活性剂或酒精的产品，因为会刺激皮肤并伤害皮肤的天然保护层；③使用成分精简的化妆品来减少皮肤发生刺激反应的危险，选用护肤品应当是不含防腐剂和香精，因为它们是引起皮肤刺激的主要成分；④注意避免诱发因素，避免过热、过凉水清洁皮肤及深层清洁护理、去角质等；⑤病情严重时，可配合药物治疗，口服抗组胺类药物，如西替利嗪、氯雷他定等药物，口服抗光敏药物，如羟氯喹；外用碱性成纤维细胞生长因子或0.03% 他克莫司乳膏等。

52. 化妆品有哪些有害的成分

任何东西都有双重性，化妆品带给我们美丽的同时，也暗藏"杀机"。我国有关化妆品安全的恶性事件时有发生，主要是源自化妆品原料的安全风险。化妆品安全风险是相对的，绝对安全的化妆品是没有的，关键是科学认识和使用。

另外，对一些成分的危害认识要与时俱进。以前没有危害的，现在有可能发现新的危害，以前有危害的，现在则可能发现危害没有那么严重。所以要按照科学发展的步骤对化妆品原料及风险进行动态认识。

有些化妆品公司为了迎合消费者对功效的追求，人为在产品中添加禁 / 限用原料，尤其是药物，如化妆品中添加地塞米松、氯霉素等禁用原料；祛斑美白化妆品中的汞制剂；抗衰老化妆品添加激素；染发剂中加醋酸铅等。或者为降低成本，使用质量不合格的原料，这些物质以极微量的方式存在于化妆品中是不会造成危害的，《化妆品卫生规范》中也明确规定了这些物质的限定含量，但这些原料一旦添加过量，超标的铅、砷、汞、糖皮质激素、性激素、抗生素、甲硝唑等有害物质会严重危害人体健康。另外一些化妆品中的天然原料多是采用物理或化学方法从植物（包括中草药）中提取而来，期间会出现残留溶剂引发产品安全性的问题。同时，并不是纯中药、纯天然的化妆品都是安全的，在某些植物中存在有毒物质，如半夏、乌头有剧毒；白芷中含欧前胡内酯,具有光毒性;麻黄根中含麻黄碱;槟榔中含槟榔碱;香加皮中含强心苷,都是造成天然化妆品存在潜在安全性隐患的成分。

53. 如何选择安全的化妆品

化妆品风险是相对的,绝对安全的化妆品是没有的,关键是科学使用。如维生素 C 可促进伤口愈合,对过敏性皮肤病有一定作用,具有促进生长发育、抗衰老、美白、抗氧化等功效,过量摄入维生素 C 则可使尿液呈酸性,从而导致草酸盐结石,还可对抗肝素和双香豆素的抗凝血作用,导致血栓形成,使原有心脑血管病者更易发生脑梗死(中风)等。再如人体对硒(Se)的每日安全摄入量为 50~200μg,低于 50μg 会导致心肌炎、克山病等疾病,并诱发免疫功能低下和老年性白内障的发生,而摄入量在 200~1 000μg 之间则会导致中毒,急性中毒症状表现为厌食、运动障碍、气短、呼吸衰竭,慢性中毒症状表现为视力衰退、肝坏死和肾充血等症状,每日摄入量超过 1mg 则可导致死亡。消费者不应盲目地去依赖和使用化妆品,因为化妆品毕竟只对皮肤有美化和调养的功能,不是药品,不能解决根本问题。所以要正确对待化妆品,既不要认为化妆品越贵就越好,同时也不要认为化妆品越简单越好,关键要最适合自己。了解自己,正确选择,切勿急于求成。在购买化妆品前要对自己肤质类型有一定的了解,在购买化妆品时认真阅读它的成分及其含量,判断是否达标。在使用化妆品时要有一的安全意识,当你在使用化妆品出现问题时,一定要慎重对待。假如是由于产品性能与自己肤质不符,应及时更换产品。若是由于化妆品本身的质量问题而出现不良反应,那就一定不能忽视。

54. 化妆品与敏感性皮肤的关系

化妆品可诱发敏感性皮肤形成:随着化妆品的广泛应用也出现了各种不同的问题,如化妆品质量低下、有毒物质含量超标、糖皮质激素类禁用药物的添加、消费者未能根据自己皮肤选择化妆品及出现不适后未到正规医院就诊等情况,使得化妆品皮炎的出现在人群中层出不穷。广义的化妆品皮炎是指因使用化妆品而导致的皮肤生理状态的异常改变,主要表现为化妆品光感性皮炎、化妆品刺激性皮炎、化妆品变应性接触性皮炎、化妆品激素依赖性皮炎、化妆品色素异常皮炎以及化妆品引起的毛发损害等。而狭义的化妆品皮炎仅指化妆品变应性接触性皮炎和化妆品刺激性皮炎。

敏感性皮肤由于是多种因素引起,且临床表现各不相同,大多以主观感觉异常为主,以瘙痒感、灼热感、刺痛感和干燥感常见,虽然不同个体表现不同、强度不同,但是大多数均可在使用化妆品后出现相应的皮肤不适或皮肤不耐受。一般情况下敏感性皮肤被认为是对接触的化妆品耐受性降低的皮肤类型,此类人群无论在使用任何化妆品时均会或多或少地产生皮肤烧灼、瘙痒、刺痛或发紧感,即对化妆品不耐受。目前导致化妆品不耐受的原因有很多,主要是由于外源性和内源性因素综合作用的结果。外源性因素可包括主观性或客观性的刺激,包括潜在的变态反应性接触性皮炎以及刺激性皮炎综合征等;内源性因素有面部脂溢性皮炎、酒渣鼻、特应性皮炎、银屑病、痤疮、神经感觉过强及皮肤病恐惧症等。

55. 化妆品使用有哪些误区

(1) 化妆时只要出现敏感现象,就换成整套敏感肌肤的专用保养品,其实这样很不安全,皮肤过敏时致敏性较高,如果在此时更换一系列的化妆品,容易对皮肤产生二次伤害。

(2) 不及时卸妆,晚上带着底妆睡觉,底妆就会堵塞住你的毛孔,甚至还会让你的毛孔扩大,从而让所有的脏污都"落入"你的毛孔中,引发痤疮等一系列肌肤问题,所以睡前卸妆清洁十分重要,否则毛孔"生气"的结果,就是几年后你发现自己毛孔越来越大。

(3) 把洗面乳直接抹在脸上搓洗。没搓起泡沫的洗面乳会紧紧地贴在皮肤表面,伤害皮脂膜,正确的方法是先加清水搓揉发泡,因为发泡后的洗洁剂才能发挥清洁效果,而且泡沫状比未发泡的乳状温和。洗脸时要先洗 T 字部位,两颊轻轻带过就用温水洗掉。

(4) 不清洗粉扑,不干净的化妆品工具,会让肌肤很敏感,所以对化妆用具一定要进行清洗因为补妆时脸上的油脂会被粉扑吸走,吸满油脂的粉扑与空气接触,正是细菌的最好繁殖地。用脏脏的粉扑不但不雅观,而且容易让肤质变得脆弱或长出痘痘。一星期要清洗一次粉扑,用专用的清洗剂或温和香皂都可以,洗后用面巾纸按压吸水,再阴干。

(5)试图用粉去遮饰红红干干的皮肤,红皮肤可能是因为皮肤炎症,而正在发炎的敏感肌肤要首先停止化妆。对于已经发炎的敏感肌肤,就算上粉也无法服帖,还会因不透气而导致敏感加剧,因此最好不要上妆,让皮肤好好休息几天;如果非化妆不可,只要防晒加上蜜粉就可以了。

56. 药妆有哪些功效

药妆的功效可以概括为以下几种:①清洁:一般无皂基,不呈碱性,温和无刺激,也含表面活性剂以及抗敏成分;②保湿:较普通保湿剂添加皮肤屏障修复成分达到恢复皮肤屏障的作用;③抗炎抗敏:可缓解皮肤刺激反应,抑制细菌活性;④控油祛痘:含有清洁皮肤表面过多皮脂的表面活性剂,达到抑制皮脂分泌的效果,具有良好的角质溶解作用;⑤美白淡斑:含有抑制或干扰黑色素合成、转运的活性成分;⑥抗皱:含有细胞生长调节剂或抗氧化成分,减少皱纹产生,减速皮肤老化。抗氧化成分被视为皮肤老化的主要治疗成分;⑦防晒:防晒成分较一般防晒剂不含色素、香料、致敏防腐剂,使用安全性更高;⑧功能活化:含高浓度的维生素C、果酸、抗氧化剂、杀菌消炎等成分;⑨辅助医疗:可以抗皮脂、抑制痤疮、杀菌、抗细菌等以及磨皮、镭射手术或换肤后使用的修护、防晒、美白或遮瑕保养品;⑩修护保养:适合耐受性差的肤质或肌肤出现问题的患者使用的温和修复保养品。

57. 药妆与药品的区别在哪

一般认为药妆是介于化妆品与药品之间的化妆品。药妆和药品的不同点主要体现在：①药品的有效成分浓度最高，而药妆有效成分浓度仅次于药品；②药妆适用于敏感、受损、轻微皮肤炎，一般人皆可使用；药品是适用严重皮肤病患者；③药妆是介于药品和化妆品之间，具修复、辅助药品的效果，刺激性小于药品，会稍微改变皮肤表面状况；药品是以治疗为目的，会直接改变患者皮肤状态；④药品一般具有副作用，易产生过敏反应；药妆刺激性小安全性高，产生过敏反应几率比较低。

58. 什么情况下需要使用医学护肤品

医学护肤品的独特性能决定其不仅可用于正常健康皮肤，也可用于问题皮肤。因此医学护肤品在皮肤科的应用大致分为美容化妆及皮肤病的治疗。美容化妆是根据医学与美学的基本原理，以化妆品及艺术描绘手法来掩饰、装扮自己，达到心情愉快、增加美感、增强自信心和尊重他人的目的，具体表现在以下几点：

（1）**美化人体：**美容化妆最大的效能是美化人体，增加魅力，改变容颜，保持皮肤和毛发的健美。例如，使用洁肤霜、紧肤水、粉底霜、定妆粉可使脸面皮肤洁净光亮，毛孔收缩及调整面部皮肤的颜色，增进皮肤的光泽。擦胭脂、涂口红、画眼线、描眉等，可增加面部肤色红润，嘴唇更艳丽，眼睛更有神，从而增强整个面容的立体感。

（2）**防病健身：**化妆不仅可美容，还可防病健身。如强烈的阳光会损伤皮肤，涂用防晒霜可减少紫外线对皮肤的损伤，有效地防止面部色素斑的出现。

（3）**弥补缺陷：**眉毛短缺、色淡、过浓，眼睛太小、斜眼、突眼，鼻子短粗、平塌，嘴唇过厚、过薄、过宽、过小等，均可通过化妆手段来弥补或矫正，形成和谐统一。除此之外，医学护肤品已被广泛用作皮肤病的辅助治疗，并被证实可降低皮肤敏感性，提高治疗效果，改善外观，减轻治疗副作用，缩短治疗时间和降低复发率。例如敏感性皮肤、痤疮、日光性皮肤病、色素沉着、皮炎、湿疹及银屑病等皮肤疾病。

59. 医学护肤品如何应用于敏感性皮肤

敏感性皮肤包括生理性和病理性皮肤敏感。前者对外界理化刺激（包括冷、热以及普通化妆品等耐受性差，皮肤容易出现干燥、脱屑、瘙痒、紧绷感等症状；后者继发于某些皮肤病，如激素依赖性皮炎、化妆品皮炎、换肤综合征等。敏感性皮肤是皮肤的一种亚健康状态，角质层细胞间质的神经酰胺减少导致皮肤屏障功能受损是敏感性皮肤的发生基础，治疗应首先恢复正常的皮肤屏障。合理应用医学护肤品有利于减轻炎症反应，重建皮肤屏障功能，减少皮肤对外界的过敏反应，使皮肤恢复到正常状态。

60. 医学护肤品如何应用于痤疮

痤疮是一种常见的多发于青春期的慢性毛囊及皮脂腺炎症。有粉刺、丘疹、脓疱、结节、囊肿、瘢痕等多种损害。应选用具有控油清痘功效的医学护肤品，其可清洁皮肤，祛除黑头粉刺和多余油脂，减轻炎症反应，溶解角质栓，降低治疗药物的不良刺激反应。此外，油性皮肤存在水 - 油平衡失调，继发皮脂溢出性皮肤病时还有皮肤屏障受损和经表皮水分丢失增加，所以同样需要补水和保湿，保持皮肤水 - 油平衡才能更好地达到控油目的。

61. 医学护肤品如何应用于皮炎湿疹及银屑病

皮炎、湿疹及银屑病此类患者皮肤多缺水干燥,屏障功能破坏,对外界刺激极其敏感。表皮的屏障功能受损与皮肤损害可互为因果,皮肤损害的病理变化可使皮肤屏障功能受损,经表皮水分丢失增加。医学护肤品可安全有效地用于此类皮肤,补充皮肤水分和皮脂含量,修复皮脂膜,恢复皮肤屏障功能,有效纠正皮肤干燥状况,其中的抗敏活性成分,可舒缓皮肤敏感,起辅助治疗作用。还可辅助抗炎、减少过敏和复发。若与外用制剂合用则可提高药效、缩短疗程、降低不良反应。

62. 医学护肤品如何应用于毛细血管扩张

毛细血管扩张可由多种因素造成,如长期受紫外线、寒冷、高温、过度清洁等刺激,也可由长期使用糖皮质类固醇激素造成。主要表现为表皮变薄、毛细血管扩张、屏障功能破坏。选用合适的医学护肤品则可减少刺激,改善毛细血管功能,补充皮肤水分和皮脂含量,修复皮脂膜,恢复皮肤屏障功能。

63. 医学护肤品如何应用于日光性皮炎

日光性皮肤病种类繁多,如日光性皮炎、多形性日光疹、慢性光化性皮炎等,其发病与紫外线中的 UVA、UVB 有关。部分患者甚至发生皮肤肿瘤。在药物治疗日光性皮肤病同时,应使用医用防晒剂以增强治疗效果并减少疾病的复发,提高治疗效果。

64. 医学护肤品如何应用于皮肤色素沉着及老化

皮肤色素沉着是由于角质层含水量减少及皮肤屏障受损,导致角质形成细胞结构不稳定和功能障碍,黑素在表皮内的输送不均匀,加上表皮中具有防晒作用的角鲨烯等物质减少,皮肤抵抗紫外线的能力减弱,导致黑素代谢紊乱。通过清洁、补水、保湿、防晒可改善干性皮肤导致的色素沉着,在此基础上,可配合使用美白祛斑的医学护肤品。皮肤老化时真皮内弹力纤维断裂,胶原纤维减少、排列紊乱,皮肤弹性降低,导致皮肤老化,产生皱纹。可在清洁、补水、保湿、防晒的基础上,使用含有抗皱剂的医学护肤品。

65. 药妆分为哪几种

药妆分为以下几种:

(1)**保湿剂:**保湿剂可保持水分,延缓、阻止水分挥发。可用于日常皮肤护理和伴有干燥症状的皮肤病的辅助治疗。

(2)**美白剂:**目前国际上美白剂种类繁多,但其效果并不理想,开发安全有效的美白剂仍是国内外研究热点。可用于具有美白需求的正常人与色素沉着性皮肤病患者,如黑变病、黄褐斑、雀斑等。

(3)**防晒剂:**主要分为物理性的紫外线屏蔽剂和化学性的紫外线吸收剂。可用于正常人(预防光老化等)、光感性或光敏性皮肤病患者(如多形性日光疹、红斑狼疮、着色性干皮病等)或因疾病需要正在服用具有光敏性药物的患者。

(4)**生发育发剂:**中药首乌、黑芝麻、熟地黄、透骨草、生姜、人参、川乌等可促进毛发生长、预防毛发非正常脱落。与口服药物配合,可用于脱发性疾病的辅助性治疗。

(5)**染发剂:**根据染发色泽维持的时间长短,可分为暂时性、半持久性和持久性三类染发剂。暂时性和半持久性染发剂多为临时装饰用,使用较少。持久性染发剂使用最普遍。主要用于实现美容效果。

(6)**遮瑕剂:**遮瑕剂主要用于遮盖瑕疵、改善外观。

66. 药妆中保湿剂的活性成分有哪些

药妆的活性成分有多种,包括维生素、脂类、保湿剂、植物成分、金属类、角质剥脱剂、肽类、抗氧化剂、生长因子和防晒剂等。其中保湿剂的主要成分可分为从空气中吸收水分的吸湿性原料和阻止水分蒸发的封闭性原料。前者包括甘油、蜂蜜、乳酸、尿素、山梨糖醇、明胶、胶原蛋白等。后者则包括凡士林、硅油、植物油、矿物油、脂肪酸和蜡等。

67. 药妆中美白剂的活性成分有哪些

药妆中美白剂常用的原料按作用机制可分为酪氨酸酶活性抑制剂、影响黑素代谢剂、黑素细胞毒性剂、化学剥脱剂、还原剂、防晒剂等。其中常用的酪氨酸酶活性抑制剂有氢醌（国际上规定禁止加入化妆品）、曲酸及其衍生物、熊果苷等。影响黑素代谢的原料有维甲酸、亚油酸等。黑素细胞毒性原料则有四异棕榈酸酯、甘草提取物等。化学剥脱剂主要有果酸、亚油酸。还原剂则包括维生素 C、维生素 E 等。

68. 药妆中防晒剂的活性成分有哪些

药妆中常用的紫外线屏蔽剂为二氧化钛。紫外线吸收剂种类繁多，如对氨基苯甲酸及其酯类、邻氨基苯甲酸酯类、对甲氧基肉桂酸酯类、二苯酮及其衍生物、甲烷衍生物等。此外，绿茶、沙棘、黄芩、芦荟等提取物也有防晒作用，能够减少紫外线对皮肤的不良作用，缓减光线性皮肤病症状，预防皮肤肿瘤，预防光老化。

69. 染发剂的成分有哪些

染发剂可分为天然染料、金属染料和有机合成染料。天然染料有指甲花、春黄菊、苏木精等。金属染料通常与人体内的某些特异性酶结合形成复合物，直接影响酶的活性，导致人体产生多种疾病。已被多数国家禁止使用。有机合成染料则可分为氧化染料、还原染料。氧化染料有显色剂（对苯二胺及衍生物）、成色剂（连苯三酚）、氧化剂（过硫酸钾等），易过敏。还原染料包括含染料隐色体和碱性还原剂。

70. 遮瑕剂的活性成分有哪些

根据遮瑕剂基本配方的不同可分为油性配方、水性配方、无水配方与无油配方。①油性配方主要成分为矿物油、羊毛脂/醇、椰子油、芝麻油、红花油、合成酯类等，适于干性皮肤；②水性配方包含少量的油，其中的色素用相对大量的水乳化，常用的乳化剂有皂类、硬脂酸甘油酯、丙二醇单硬脂酸酯等，适于微干至中性皮肤；③无油配方不含动物、植物、矿物油，但含有其他油性物质，如二甲基硅油、环甲硅油等，适于油性皮肤；④无水配方为植物油、矿物油、羊毛脂醇、合成酯类构成的油相与蜡类混合而成，可混入高浓度的颜料，维持时间长，多用于舞台化妆。

71. 药妆是"药"还是"妆"

中国并无"药妆"的批准文号，即使在国外，也没有药妆的专门批准文号，只是分管的部门有所区别；国产品牌是"卫妆准"字，如果是国外品牌则需要"卫妆进"字号；既然属于"妆"字号，当然就是妆而非药了。

72. 中药与药妆的关系是什么

与西方仅有百余年的化学化妆品的历史相比，早在几千年前，中国人就开始崇尚中药美容，已经有了原始的"药妆"概念。殷商时期，我国劳动人民就开始使用锡粉做妆，并用燕地红花花叶捣汁凝成胭脂。春秋战国时

期,美容品的使用更为普遍。成书于秦汉之际的《神农本草经》是我国第一部药学巨著,书中详细记载了数十味具有令面色润泽,抗衰老延年润肤作用的中药,如白芷能"长肌肤,润泽颜色",白僵蚕能"灭黑斑,令人面色好"等。唐代药王孙思邈所著的《千金方》中,有关的美容方即达 150 首之多,其中以悦泽、白嫩皮肤及祛皱为主要目的就达 43 首。药妆处方中植物的品种已超过 60 种。在西方药妆常用的植物中,不少也是中药,如芦荟、姜黄、海枣、甘菊、石榴和茶等。我国拥有世界上独一无二的中草药资源,许多种中草药均具有抗皮肤衰老和美白等功效,包括金樱子、葛根和甘草等。目前,国际上化妆品业界常用的药妆原料均从中国药用植物中提取,美国、日本和法国等化妆品生产大国均看好用于药妆生产的中草药提取物的市场前景。

73. 药妆与化妆品有什么区别

化妆品从用途上来分类有:彩妆化妆品、洗护化妆品、功能化妆品;从销售渠道分类有：专业线化妆品、日化线化妆品、药线（药妆）化妆品；药妆与普通化妆品的区别主要是销售渠道的不同，在用途上药妆属于功能性化妆品类；不论从用途还是从市场可以看出，药妆是属于化妆品的一个分类。

74. 药妆有哪些常见的使用误区

药妆常见的使用误区有：

（1）**"低敏感性的草本精华不会造成过敏反应"**：化妆品如果要宣称低敏感性，一般必须先经过反复的贴肤试验，才能确定是否会有过敏的可能。不过实际上，许多化妆品公司并不会这样做。因此，宣称低敏感性的草本药妆一样有可能造成皮肤过敏。

（2）**"草本精华药妆没有防腐剂"**：所有的药妆都会含有防腐剂，除非是像凡士林一样油的乳霜，才有可能没有防腐剂。因此，宣称不含防腐剂的药妆其实是没有意义的。

（3）**"草本药妆可以改善肌肤紧实度"**：紧实度一般是指肌肉收缩所造成皮肤的张力。皮肤药妆一般并无法真正深入肌肉层使肌肉收缩，大部分的药妆或是面膜顶多是改善皮肤平滑度、色泽及质感。所以不是所有人都可以使用药妆的，俗话说得好："是药三分毒"，所以没有特殊情况不要随意使用药妆，要充分了解药妆的使用误区。

75. 药妆如何治疗皮肤色素异常

药妆只能处理表皮色素沉着，非处方美白剂的金标准仍是 2% 氢醌。色素异常的相关药妆可通过干扰黑素合成、抑制黑素转运以及加速含黑素的角质细胞脱落来美白皮肤。很多药妆含多种美白成分来增强效果。药妆的用途之一在于当处方脱色素药物治疗停止后，用以维持其美白效果。美白药妆可与处方药安全公用。防晒产品 SPF 值至少 30 以上才能有效减少紫外线所致的色素沉着。

76. 防晒霜有哪些类型及成分

大多数消费者在防晒霜的选购过程中会自然而然地关注其功效指数——SPA 和 PA,而忽视防晒剂的成分选择,殊不知不同的防晒剂成分也有其针对的适用人群。根据防晒霜中的防晒剂成分不同,防晒霜分为物理防晒霜和化学防晒霜。物理防晒霜中的防晒剂有二氧化钛、氧化锌等,作用原理为反射紫外线,优点是稳定、安全性高,缺点是质地厚重、油腻,发白不自然,有阻塞毛孔的可能;化学防晒霜中的防晒剂有水杨酸盐类、桂皮酸盐类、邻氨基苯甲酸盐类、苯酮类等,作用原理为吸收紫外线后再通过热能释放出来,优点是质地轻薄,易于涂抹,缺点是成分多,有一定刺激性,有致敏的可能。

77. 不同肤质的人群如何选用防晒霜

油性肌肤的人群宜选用质地轻薄的化学防晒霜,而干性、敏感性肌肤的人群宜选用安全性高的物理防晒霜。然而制造商为了迎合更多人的需求,也生产出一批物理与化学防晒相结合的防晒产品,以同时兼顾防晒的轻薄度和安全性。但无论是物理防晒霜还是化学防晒霜,均需要卸妆,做好皮肤清洁保湿工作。只有正确选择适合自己肤质的防晒霜才能在不伤害肌肤的前提下更好地保护肌肤,对抗紫外线。

78. 如何正确选择防晒霜

防晒霜的选择及使用有一些独特之处。具体建议如下:

(1) **正确理解防晒化妆品的功效标识**。SPF 值反映产品对 UVB 晒伤的防护效果,PA 等级反映对 UVA 晒黑的防护效果。SPF 值和 PA 等级越高,防护效果越强。在购买产品时,应根据使用防晒品的场合,选择不同防护强度的防晒品。

(2) **明确防晒化妆品的使用场合**。一般防晒品可以保护皮肤免于日光晒伤,在需要紫外线防护的情形下使用。在户外活动时,无论是有太阳照射的晴天还是没有阳光的阴天,都应该使用,尽管阴天时太阳被云层遮盖,但仍有部分紫外线散射到大地。游泳、河边、海岸、雪地环境,大地反射紫外线强,更应该使用。室内或车内尽管有窗玻璃的阻挡,但仍有一部分紫外线透过,都应该使用防晒品。孕妇和儿童要注意选择安全系数高,配方成分不要太复杂的防晒霜。需要提醒的是,切忌把防晒品当作日常护肤品不分场合使用,尤其晚上不应使用含有防晒成分的日霜。紫外线吸收剂作为化学物质也有引起皮肤刺激或过敏的可能,因此对防晒剂过敏的个体建议不用防晒化妆品而采取其他防晒措施。

(3) **选择防晒品的防护强度**。应根据所处的环境和日光辐射的强度选择产品防护强度。如不同季节,日光中紫外线强度有很大差异,夏天室外活动选用产品的防护强度应高于秋冬季。冬天室外或夏天室内工作为主的人选择中等防护效果的产品即可,如 SPF 为 8~15,PA+;夏天室外可选用 SPF>20、PA++ 的产品,长时间停留在阳光下如郊游、海岸或雪山环境应使用高防护效果产品,选择 SPF>30、PA+++ 的防晒剂;对日光敏感的人或患有光敏感性皮肤病的患者则推荐使用高防护效果产品。但是,产品防护效果越强,其中防晒剂的种类或用量也会相应增加,只有这样才能达到高强度吸收或阻挡紫外线辐射的作用。配方原料的种类越多或用量越高,对皮肤危害的风险也增加。因此,不能一味追求高强度防晒效果,应该根据暴露阳光的情况,选择恰当的 SPF 值或 PA 防护等级。

(4) **防晒品的抗水性**。夏天户外活动常常出汗,进行水下工作或在游泳时,皮肤长时间受水浸泡,涂抹于皮肤表面的产品极易被稀释或冲洗掉。皮肤自身屏蔽紫外线的功能下降,角质层过度水合的状态,比干燥皮肤 UVA 紫外线透射率增加。为了保证在出汗或游泳时维持防晒品的功效,配方中通常会加入成膜剂、硅油等增添产品的抗水性。因此,在水下活动或易于出汗的环境中,应选择标识有抗水抗汗的防晒品。

79. 如何正确使用防晒霜

防晒不仅仅是让我们肌肤变白的基础,也是预防各种肌肤问题的有效手段之一,那么防晒霜如何正确使用呢?

(1)**足量多次使用防晒化妆品:**产品标注的 SPF 值及 PA 等级是在标准实验室环境中测定的,产品用量为 $2mg/cm^2$,而消费者在实际使用化妆品时一般用量为 $0.5\sim1mg/cm^2$。研究发现,防晒品的 SPF 值在用量不足的情况下直线下降。换言之,如果消费者使用防晒品的剂量不足 $2mg/cm^2$ 时,就得不到产品标注的防护效果。因此,正确使用防晒化妆品的方法是足量、多次使用,每隔 2 小时可以重复使用一次。

(2)**防晒品涂抹方法:**与大多数产品涂抹时建议按摩以促进活性成分被皮肤吸收不同,防晒品应避免化学性防晒剂被皮肤吸收。一旦皮肤吸收了化学性防晒剂,不仅可能增加过敏反应,还可能产生其他副作用。因此,添加了化学性防晒剂的产品同时会增加防渗透原料,以阻止化学性防晒剂被吸收。涂抹时应轻拍,不要来回揉搓,更不要用力按摩,以防产品中的粉末成分被深压入皮肤沟纹或毛孔中,造成清洗困难,堵塞毛孔。涂抹部位不仅仅限于面部,凡是可能受到阳光照射的部位都应涂抹,尽可能保护皮肤免受晒伤。

(3)**产品停留时间:**由于防晒品涂布后在皮肤上与自身的皮脂膜有一个适应的过程,且产品中的水分蒸发后防晒剂能更紧密地附着于皮肤,建议出门前 15 分钟左右涂抹。防晒品不是皮肤营养品,在脱离紫外线辐射环境后,应立刻清洗,含有二氧化钛等粉末的产品更应彻底清洁干净。由于化妆品难以完全阻挡紫外线,清洗掉防晒剂后,可以涂上保湿霜或其他晒后修复产品,进一步保护皮肤。

(4)**不要过于依赖防晒化妆品:**作为一层皮肤上涂抹的制剂,其防晒效果受多种因素影响,如用量、汗液稀释、衣物刮蹭以及日晒后防晒品本身的变化。所以要采用多种防晒措施,如衣帽、眼镜、遮阳设备等。不要以为自己使用了高效防晒化妆品就可随意延长日光暴露时间。

80. 皮肤清洁剂应具备哪些性能特点

水仅能去除皮肤表面一部分水溶性污垢,对油脂成分则毫无作用。清洁类产品因含有表面活性剂,能将各种污渍清除掉。清洁皮肤、黏膜与洗涤衣物不同,既要有效除去污垢,又要不损伤维持皮肤光泽、润滑的皮脂膜,因此清洁类化妆品脱脂力不能太大。清洁类化妆品除具备普通化妆品的特点外,还要具备以下性能:

(1) 外观悦目,无不良气味,结构细致,稳定性好,使用方便。

(2) 使用时能软化皮肤、容易涂布均匀,无拖滞感。

(3) 能迅速除去皮肤、黏膜表面和毛孔污垢。

(4) 用后皮肤和黏膜不感觉紧绷、干燥或油腻,并最好能在皮肤上留有很薄的保护膜。

(5) 对皮肤黏膜无损害,能保持皮肤光泽润滑。

81. 面膜使用中有哪些误区

面膜类化妆品不仅是美容院或医疗美容机构用于面部皮肤美容护理术中的主要材料,也是日常居家皮肤护理使用的化妆品。市面上销售的美容面膜的种类很多,根据不同的功效大致有补水保湿、美白抗皱、淡化色斑等几大类。可是总有些人因为对敷面膜存在误区,导致面膜的功效没有得到最大化的体现。下面我们就一起来看看敷面膜常见的十大误区:

(1) 边泡澡边做面膜。一边泡澡一边敷面膜实在是一个很省时的聪明做法,但要视你所选择的面膜而定。推荐使用湿敷型的面膜,撕拉式与果冻式面膜都不推荐使用。因为水汽将导致面膜不容易与肌肤密合,如果是需要干透的面膜,水蒸气就会影响到面膜的效果。除面膜之外,现在美容界流行的面部按摩霜也非常适合泡澡时使用,通过泡澡时的蒸汽,可以帮助软化角质。

(2) "我爱面膜,天天都要敷"。每天使用清洁面膜会引起肌肤敏感,甚至红肿,令尚未成熟的角质失去抵御外来侵害的能力,滋润面膜每天使用则容易引起暗疮:补水面膜,则可以在干燥的季节里每天使用。

（3）做面膜前一定要去角质。在做面膜前保持肌肤的清洁是很有必要的。但是未必每次都要去角质。皮肤的角质层是皮肤天然的屏障，具有防止肌肤水分流失、中和酸碱度等作用，角质层的代谢周期为 28 天，即每 28 天角质层代谢一些枯死的细胞，因此去角质最多 1 个月做 1 次，过于频繁地去角质，会损伤角质层。此外，敏感型的肌肤更不能频繁去角质。

（4）"不需要特别使用眼膜"。眼部肌肤的厚度只有正常肌肤的 1/4，所以它需要更加特别呵护。很多面膜，特别是清洁滋润类的，里面的成分对眼部薄弱的肌肤会造成刺激，应避开眼周使用。因此若想加强护理眼部的肌肤，眼膜的使用还是有必要的。特别是在眼周肌肤大量缺水、缺乏营养的情况下进行密集式保养，效果比较理想。其实眼膜应该坚持使用，每周至少两次，并与眼霜配合，才能达到最佳的护眼效果。

（5）经常使用撕拉式面膜。撕拉式面膜是利用面膜和皮肤的充分接触和黏合，在面膜被撕拉而离开皮肤时，将皮肤上的黑头、老化角质和油脂通通"剥"下。它的清洁能力最强，但对皮肤的伤害也最大，使用不当可能造成皮肤松弛、毛孔粗大和皮肤过敏。对于撕拉式面膜向来争议比较多，因为撕拉这一动作本身就会造成对肌肤的损伤，所以不太建议用此类面膜。当然，撕拉式面膜的长处是清洁力比较强，如果你的确钟情于这种面膜的话，那切记涂抹面膜时要避开眼周及眉毛，并且使用频率不能太高，通常一周一次足矣。

（6）用面具式面膜敷颈部。不可忽略的颈部肌肤最容易泄露年龄，可是在出席重要场合时，我们往往要穿一袭裸颈的礼服。所以在盛装前数日，就必须开始做底妆前的颈部护理。但要选择正确的护理产品，面膜虽然好，但并不是最适合颈部护理的。可以提前 1 周做一个保湿颈膜，让颈部肌肤喝足水分；在正式上妆前 15 分钟左右，再敷一遍颈膜，可以快速淡化色素沉淀，均匀颈部肤色:接着将保湿型隔离霜涂于颈部,这样就可以上妆了。

（7）经常使用 DIY 面膜。很多"美眉"看到电视及杂志宣传 DIY 面膜,觉得创意不错,但是实质上,这类面膜对我们皮肤帮助实在很有限,可能是在刚做完时感觉一些效果,但第二天肤质又回复到原来的样子。原因就是这些自制面膜成分虽然很天然,但是并没有经过一些科学技术的处理,一般来说分子太大,不能被肌肤吸收,所以虽然有趣、省钱,但是没有效果,在使用前,聪明的你要好好考虑一下哟！

（8）面膜需要敷厚厚的一层吗？厚厚的面膜敷在脸部时,肌肤温度上升,促进血液循环,会使渗入的养分在细胞间更好地扩散开来。肌肤表面那些无法蒸发的水分则会留存在表皮层,让皮肤光滑紧绷温热效果还会使角质软化。但是需要注意的是,要根据不同功效、不同部位选择面膜的厚度。

（9）油性肌肤用清洁面膜即可,油性肤质的女性敷面膜是相当重要的,可以选择三种面膜:控油面膜、深层清洁面膜、保湿面膜。因为在干燥季节,皮肤一样会缺水出现又油又干的情形。使用程序可以在一星期中选一天做控油和保湿面膜,隔一星期做深层清洁和保湿面膜。

（10）绝对不能浪费面膜里的精华液;能有节约的意识是非常好的,但是要用对地方哦！敷面膜的时间"超支",会导致肌肤失水、失养分。所以除了遵照使用说明外,你可以根据不同的面膜做一个大概的使用时间估算:水分含量适中的,大约 15 分钟后就卸掉,以免面膜干后反从肌肤中吸收水分:水分含量高的,可以多用一会儿。但最多 30 分钟后就要卸掉。如果你实在舍不得里面的精华液的话,把它用来擦身体的其他部位也不错。

82. "鸦片式"护肤品如何判断

顾名思义,"鸦片式"护肤便是给皮肤吸食鸦片,使皮肤产生依赖性,一旦停止"吸食",便会毒瘾难耐。那么皮肤护理中的这朵罂粟花是什么呢？皮肤又是如何染上这朵罂粟花的呢？

皮肤依赖的这朵罂粟花其实就是激素。近几年大家对激素应该并不陌生,激素一词常和"毁脸"同时出现,长时间涂抹含有激素的护肤品,无疑就是在给皮肤吸食鸦片,长期之下便会形成"激素脸"。化妆品中最常被检出的激素就是糖皮质激素,它通过抗炎可以祛痘、通过免疫抑制抗过敏、通过调节代谢进行嫩肤及美白,且见效神速,正常护肤品完全没有办法匹敌。而且虽然糖皮质激素属于化妆品禁用成分,却不是化妆品上市前的必检项目。所以在巨大的利益诱惑以及法规缺失的情况下,越来越多黑心厂家,在产品中加入糖皮质激素,用"三天祛痘、七天美白"的噱头促进消费。那我们该如何判断自己是否在吸食"鸦片"呢?激素应用于化妆品中,效果立竿见影,对于美白、祛痘淡斑、去红血丝的产品中,如果效果特别明显,就要小心产品中是否含有激素了。如立刻停用带有激素的产品,就会出现脸红、发热、刺痒等症状,这叫断激素过敏症。很多消费者会又换回原带有激素的产品,症状会立刻减轻,如此反反复复,便会形成激素脸,同时说明你的皮肤已经在吸食"鸦片",且已上瘾!

83. 如何正确选择护肤品

作为消费者,其实我们有时候应该扪心自问一下:为什么我们会掉进护肤品的陷阱里面去?其实很大程度上在于自己过于急于求成、盲目跟风。所以在购买护肤品时,应做到理性消费,安全性永远都要排在功效性之前。在此建议大家在购买时做到以下几点:①购买前查备案。正规的国产和进口化妆品,都可以在药监局官方网站查到备案,当然有备案不表示绝对安全,因为备案时的检验项目非常基本,只可以说明不是三无产品,若是在备案查询中没有查到要购买的产品,是一定不可购买的!②避免速效神效。如果你想购买的产品声称可以速效美白,或者快速抗敏祛痘,那么这个产品是十分危险的。③速效面膜是重灾区。这是因为面膜每周用 1~2 次,问题爆发有隐蔽性,购买时应多加留心。激素虽然可怕,但我们也无须过度恐慌。只要我们在购买护肤品的时候,保持理性的消费观念,定不会染上"毒瘾"。

4.8 精准护肤与皮肤病

84. 红血丝有哪些治疗手段

治疗红血丝最重要的是改善面部毛细血管的弹性,恢复血管的正常收缩与舒张功能,降低血管通透性,当前红血丝治疗方法主要分为活细胞疗法、物理治疗、化学治疗、中医疗法。

(1) 活细胞疗法:活细胞疗法是近几年新出现的治疗方法,效果令人满意,不易反弹,给红血丝患者修复带来新的希望。活细胞疗法涉及的科学很多,产品生产技术难度很大,价格昂贵,是当前世界上最先进的治疗科学手段。简单来讲红血丝活细胞疗法,就是用将通过具有很强相关生物活性的蛋白给出生物信号修复皮肤表皮层的细胞,给表皮层的细胞提供营养,重建致密角质层防御体系,从而达到治疗或者改善红血丝的效果。当前科学已经发现并运用活细胞因子生产的护肤品没有任何刺激性,不会伤害皮肤,可长期放心使用。

(2) 物理治疗:红血丝物理治疗方法是采用特定的波长对皮肤照射,红血丝部分对特定波长的吸收,从而达到祛除的效果。主要采用的方法有倍频 Nd:YAG 激光;varity pulse width VPW532;半连续激光;脉冲染料激光;闪光灯泵浦染料激光;长脉冲染料激光 pulse dye laser PDL585;铜蒸汽激光(copper steam photodynamic therapy PDT)半连续激光等物理方法。

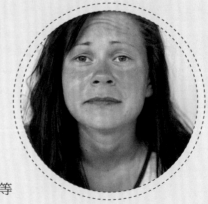

（3）**化学方法**：化学方法采用了化学品，主要是降低血管通透性。红血丝的肌肤通常也比较敏感，也可以选择一些具有抗敏感功效的产品。特别建议红血丝患者，除了日常的护肤品使用外，敏感肌肤平时应该注意不要饮食辛辣刺激的食物，不要饮酒，保持充足的睡眠和良好的心态去调理改善。坚持有效的调理改善才能够全面修复好。

（4）**中医疗法**：单纯性的使用化妆品去掉红血丝只能起到治标不治本的功效。而中医祛红血丝，是针对红血丝形成的机制采用穿透皮肤被组织中色素团及其被血管优先吸取，内调外护，标本兼治地达到治肤、护肤、美肤的三重功效。在不摧毁正常皮肤的条件下，使血管凝固，色素团和色素细胞摧毁、分解，达到治疗毛细血管扩张，面部潮红和酒渣鼻的效果。

85. 如何正确选择护肤品，如何修复湿疹患者的皮肤屏障

湿疹治疗中，重建皮肤屏障是非常重要的。

（1）通过补充一定量的脂质，以恢复湿疹患者皮肤屏障。最好选用生理性脂质，如神经酰胺、胆固醇等。非生理性脂质（如凡士林等）外用后仅沉积在皮肤表面，而外用生理性脂类可直接作用于颗粒层，部分脂类被包埋在板层体内，分泌到角质层形成复层板层结构。同时要注意补充的脂质成分和比例，因为角质层角质形成细胞间脂类混合物质的改变也是影响皮肤屏障功能的一个主要因素。

同时注意保湿补水，配合保湿剂或医用护肤品促进皮肤屏障功能的恢复。保湿剂用以模拟人体皮肤中由油、水、天然保湿因子（NMF）组成的天然保湿系统，作用在于延缓水分丢失、增加真皮 - 表皮水分渗透，为皮肤暂时提供保护、减少损伤、促进修复过程。保湿剂可以明显提高皮肤的含水量，增加皮肤弹性。

（2）皮脂膜中的亚油酸、亚麻酸具有一定的抗炎、抗刺激作用，湿疹患者皮肤屏障功能破坏，可增加一些活性物质在恢复皮肤屏障的同时抵抗皮肤的炎症反应。

（3）在恢复患者皮肤屏障功能时，需要注意调整皮肤局部的 pH，禁用含

碱性皂基的清洁剂洁肤。因此在只用药物治疗湿疹的同时,配合使用专为湿疹设计的柔润系列,对缓解湿疹症状、防止复发有重要意义。

86. 如何修复银屑病受损的皮肤屏障

由于本病顽固难治且易复发,导致患者采用使用药物或其他方式过度治疗,反而使得皮肤屏障遭到破坏,不宜恢复甚至恶化。治疗上应兼顾皮肤以自我修复的空间和时间,将会成为银屑病治疗的新方向。

润肤剂可以模拟人体皮肤表面由油、水、天然保湿因子组成的天然保湿系统,其在皮肤表面形成致密的薄膜,阻止皮肤深层水分蒸发、角质层自身水

化。可以软化角质,增加皮肤含水量,减少鳞屑产生,减轻瘙痒症状。此外,润肤剂可以通过增加药物渗透性,提高局部激素的疗效,甚至可以在银屑病皮损中发挥类固醇样效应。银屑病的治疗方案中,润肤剂的使用与局部外用药物治疗密不可分。对于妊娠期、哺乳期银屑病患者,润肤剂已作为一线治疗方案。单纯改善表皮通透屏障功能可使银屑病得以缓解,常规疗法联合改善表皮通透屏障功能的手段有助于提高治疗银屑病的疗效;维持表皮通透使皮肤屏障功能处于最佳状态是防止银屑病发生的重要手段。

87. 如何修复激素依赖性皮炎的皮肤屏障

(1) 首先让患者停用一切可疑外用激素样制剂(包括药物及化妆品),树立治疗的信心,坚持 3 个月 ~1 年的足够疗程治疗。

(2) 修复皮肤屏障:由于激素依赖性皮炎存在皮肤屏障受损及炎症反应,

而医学护肤品多含有具有修复皮肤屏障、抗炎、抗过敏成分,因此,可外用医学护肤品修复激素依赖性皮炎受损的皮肤屏障。相关医用护肤品治疗激素依赖性皮炎患者,患者红斑、丘疹、灼热感、刺痛感可明显减轻,表皮含水量及皮脂含量增加,TEWL降低,说明医用护肤品可有效修复激素依赖性皮炎受损的皮肤屏障。

(3)抗炎治疗可使用他克莫司等具有良好抗炎作用的药物,同时联合医学护肤品治疗。同时还可采用强脉冲光联合药物、医学护肤品治疗激素依赖性皮炎。

(4)降低神经、血管高反应性:可通过静滴葡萄糖酸钙、维生素C降低血管通透性,减轻面部红斑。通过湿敷、冷喷、K8射频及黄光照射等美容治疗,可有效减轻皮肤炎症反应、毛细血管扩张等症状。此外,光子配合射频可治疗非炎症性的毛细血管扩张。

(5)抗微生物治疗:伴有痤疮样皮炎的患者可予米诺环素、四环素、多西环素等药物治疗,此外,还应根据微生物检测结果使用相应的抗生素。

(6)改善毳毛增生:待激素依赖性皮炎皮肤屏障修复后,毳毛增生、皮肤老化的患者还可予以激光脱毛、强脉冲光治疗皮肤老化等症状。

总之,综合治疗激素依赖性皮炎,应首先加强患者健康教育,心理干预;外用医学护肤品修复其受损的皮肤屏障;再系统或局部使用药物抑制炎症反应,稳定神经、血管高反应性及抗微生物;同时,还可采用强脉冲光治疗,从而提高激素依赖性皮炎临床治疗的效率,降低复发率。

88. 如何修复特应性皮炎的皮肤屏障

对于具有特应性皮炎易感倾向的人群,虽然不能改变自身的皮肤结构异常,但是在日常生活中,我们在保证皮肤清洁舒适的同时,合理使用润肤剂,对改善皮肤屏障功能异常,减轻外界环境中的变应原及刺激物对皮肤的损伤起到一定作用,有助于减少特应性皮炎的发生及缓解其临床症状;提倡母乳喂养；衣物以棉质为宜，宽松、凉爽；发病期间应避免食用辛辣食物及饮酒，避免过度洗烫。

外用药物应根据疾病严重程度及年龄选择。外用糖皮质激素为特应性皮炎治疗一线药物。轻度皮损建议选择弱效糖皮质激素；中度皮损建议选择中效糖皮质激素；重度肥厚性皮损建议选择强效糖皮质激素；儿童患者、面部及皮肤皱褶部位皮损一般选用弱效或中效糖皮质激素。此外，钙调神经磷酸酶抑制剂，如他克莫司软膏，也有较好疗效。湿包裹对严重、顽固、肥厚性皮损有一定治疗效果。当瘙痒严重且影响睡眠时，可考虑给予抗组胺药。有继发细菌感染者加用抗生素；继发单纯疱疹病毒感染时，选择抗病毒治疗。外用药物和物理治疗无法控制的患者，可选用糖皮质激素、环孢素、硫唑嘌呤、甲氨蝶呤等免疫抑制剂。

89. 如何修复鱼鳞病皮肤屏障

迄今为止，鱼鳞病尚无满意的治疗方法。目前传统治疗方法以外用药为主，主要方法是每天使用润肤剂，我国常见的外用药物剂型主要包括10%~20%的尿素霜，α-羟基酸或40%~60%丙二醇溶液等。α-羟基酸是一组有机酸，包括乙醇酸、乳酸、苹果酸等。其机制在于使细胞的水合作用加强，促使角化的细胞分离、皮肤的软化等。

也可尝试使用医学护肤品增加皮肤的水合作用，也就是增加皮肤角质层的含水量，提高皮肤屏障功能，减轻皮肤瘙痒，减轻炎症反应。

鱼鳞病患者应注意衣着保暖，避免风寒刺激皮肤，洗澡不宜过勤。在日常生活中，还应注意肥皂不宜使用过多，盥洗后要涂用护肤油脂,可保护皮肤柔润,使鳞屑减少,并保持适当的水分和足够的营养成分。如果用上述方法后还瘙痒,可以在发病期间口服抗组胺类药物止痒。此外,局部可以使用甘油等润滑皮肤,严重的有湿疹样改变的还要外用激素类药物。

有些患者因饮食不当而诱发或加重。因此患者应对自己日常饮食与病情发展的关系进行观察,发现可疑食物应当停用。一般需要注意的食物有辛辣刺激性食物,如酒、蒜、葱、韭菜、辣椒等;动物蛋白类,如鱼虾、羊肉、鸡肉、牛肉等;其他如香菜、香椿、芹菜、蘑菇等。鱼鳞病患者宜多吃富含维生素 A 的食物,如胡萝卜、鱼肝油、绿叶素及猪肝等。

90. 如何修复玫瑰痤疮的皮肤屏障

玫瑰痤疮在面部易出现皮肤敏感症状,使用对皮肤屏障具有修复作用的医学护肤品能有效地缓解玫瑰痤疮患者的干燥、刺痛、灼热等皮肤敏感症状,并且能减轻阵发性潮红症状,是治疗玫瑰痤疮的基础。外用医学护肤品能逐渐改善 TEWL、角质层含水量、皮肤油脂等皮肤屏障生理指标,并明显改善干燥、瘙痒等临床症状。氨甲环酸作为一种蛋白酶抑制剂,可通过抑制角质层丝氨酸蛋白酶活性及抗菌肽 LL-37 表达改善玫瑰痤疮的皮肤屏障功能。射频修复能增强皮肤保湿能力,从而起到修复皮肤屏障的作用。射频修复能在短期内增

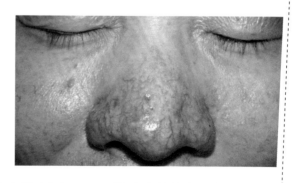

加玫瑰痤疮患者皮损处角质层含水量,减少 TEWL,快速改善玫瑰痤疮患者干燥、瘙痒以及阵发性潮红等临床症状。

91. 如何修复痤疮的皮肤屏障

修复痤疮的皮肤屏障主要原则为去脂、溶解角质、杀菌、抗炎及调节激素

水平。

（1）**一般治疗**。选择清水或合适的洁面产品，去除皮肤表面多余油脂、皮屑和细菌混合物，但不能过分清洗，注意控油保湿，外用温和滋润乳。忌用手挤压、搔抓皮损。适当限制可能诱发或加重痤疮的高升糖指数食物及牛奶的摄入，保持大便通畅，避免熬夜。

（2）**外用药物**。轻者仅以外用药物治疗。常用药物有维甲酸类、过氧化苯甲酰、抗生素，如 2% 夫西地酸乳膏及红霉素软膏，林可霉素及其衍生物克林霉素、氯霉素或氯洁霉素等。还有壬二酸、二硫化硒、5%~10% 硫黄洗剂和5%~10% 的水杨酸乳膏或凝胶。

（3）**系统药物**。病情较重的患者必要时可在医生的指导下选择口服抗生素、异维甲酸、抗雄激素药物或糖皮质激素。

（4）**光疗**。使用 LED 蓝光或红光治疗轻、中度皮损；光动力疗法（PDT）外用 5- 氨基酮戊酸（ALA）富集于毛囊皮脂腺单位，加照红光适用于重度痤疮；强脉冲光和脉冲染料激光用于消退痤疮红色印痕；非剥脱和剥脱性点阵激光治疗痤疮瘢痕。

（5）**辅助治疗**。可用粉刺挤压器将粉刺内容物挤出；果酸、水杨酸等化学剥脱治疗。

92. 痤疮患者应怎样护理皮肤

青春期人群多为油性皮肤，同时是痤疮的高发人群，这与皮肤油脂分泌旺盛、皮脂排出不畅关系密切，合理使用控油、抗痤疮类化妆品，对减少皮肤油脂、降低痤疮易感性具有重要作用。

（1）清洁油性皮肤应选用不含或含少量脂质或其他脂肪成分的表面活性剂。清洁次数可根据油脂分泌情况而定，一般每日 1~2 次即可，若洁面后感皮肤干燥，也可两日或数日一次。含油较多者可选用洗面奶或者泡沫洁面乳，中等偏油者可选用洁面啫哩。清洁手法宜轻柔，切忌揉搓，否则易破坏皮肤屏障，清洁以去除多余皮脂为目的，过度清洁反而可能导致皮脂过度分泌。

（2）保湿大部分油性皮肤同时存在皮肤干燥的问题，尤其在使用控油产品或者磨砂膏后;使用维甲酸类药物治疗痤疮的同时,皮肤干燥现象也会出现。因此,合理选用保湿剂将提高痤疮治疗的依从性,降低不适感。单纯油性皮肤可选用轻、中度保湿的水剂或乳液,每日 2~3 次,冬季或应用控油产品后可选用霜剂,每日至少 1 次;油性皮肤伴敏感或干燥的皮肤宜选用高度保湿霜剂,但不宜选择含油脂丰富的产品。混合性皮肤,T 区较油的部分,可选用水剂和乳剂,切忌使用油脂丰富的保湿霜,易产生油腻厚重感。

（3）收敛。油性皮肤由于皮脂分泌旺盛,毛孔粗大,影响美观,应用收敛剂可以缩小毛孔,使皮肤紧致,同时可减少皮脂排泄,均衡皮肤表面脂质,调节 pH 值。洁面后,可适当选用具有收敛作用的爽肤水或收缩水。毛孔特别粗大者,可选用收缩水,每日 3 次;毛孔粗大且皮肤干燥者,可选用保湿爽肤水或柔肤水,每日 2~3 次为宜。

（4）防晒。由于紫外线可能诱发痤疮,使皮脂分泌增多,因此,油性皮肤应用防晒剂十分必要。防晒剂分为物理防晒剂和化学防晒剂。市面上很少有单纯的物理或化学成分的产品,多为两者的混合。油性皮肤不宜选择以物理防晒剂为主的防晒霜,因其比较厚重,多通过物理反射、折射紫外线发挥作用,需要涂搽较大量达到一定的厚度才能起效,不易清洗,长期使用会堵塞毛孔,形成角栓,易引起痤疮。应选择以化学防晒剂为主、比较轻薄的防晒乳液。用后切记严格卸妆,以免残留物堵塞毛孔,导致痤疮发生。

（5）彩妆的使用在油性皮肤者也比较广泛,但由此引发的皮肤问题也时有发生。油性皮肤可以使用彩妆,但是要经过严格筛选,合理使用。油性皮肤应选用质量可靠、质地轻薄的彩妆品,比如粉底液、粉底、遮瑕霜等。应选择颗粒较小、通透性好、研磨充分的产品。同时,要严格彻底卸妆,以避免化妆品痤疮的发生。

93. 为什么你总是频发闭口呢

在解释这个问题前,先说说闭口是什么? 闭口,就是闭合性粉刺,也称之为白头粉刺,闭合性粉刺在临床上是比较难治愈的。闭合性粉刺为身体的内分泌失调所引发的一系列症状,直接原因是角质层过厚。闭合性粉刺属不安定型粉刺（闭合型），容易演变成面疱。因为毛孔是闭合的，里面的油脂没有被氧化，你可以看到一个白色或者红色的顶，白色的就是白头粉刺，如果是红色的说明发炎了，要尽早治疗，否则会留下永久性斑痕。

那么，为何会形成闭口呢？主要有以下原因：①化妆品使用不当会导致脸上长粉刺，某些特定美容化妆成分，会造成毛孔阻塞而产生粉刺，这些产品包括化妆品、粉底、晚霜及润肤霜等，称为引发粉刺化妆品，所以要选择非引发粉刺的美容化妆品。②很多粉刺的原因是由于遗传引起的，任何种族男女都会长粉刺，但还是有些差异，如白种人比黑人及亚洲人更容易长粉刺。虽然每个人都会长粉刺，但有些粉刺情况会与其他家族成员相似。③皮脂分泌旺盛也是引起粉刺的原因之一，皮脂腺受到雄性激素的刺激，会产生更多皮脂，油腻的皮脂，混合正常脱落的老化角质，囤积在毛囊中，皮脂腺分泌越旺盛，毛囊越容易阻塞形成粉刺。所以，如果你频发闭口，就一定要注意以上提到的可导致闭口形成的原因，尽量避免它们。

94. 为什么你的痘印难去除

痘印分为红色斑和黑色斑。红色斑是因为原本长痘痘处，细胞发炎引起血管扩张。但是痘痘消下去后血管并不会马上缩下去，就形成了一个个平平红红的暂时性红斑。它会在皮肤温度上升或运动时更红，这种红斑并不算是瘢痕，会在4~6个月内渐渐退去。此时如能使用一些中药护肤产品效果最好。黑色斑则是起于痘痘发炎后的色素沉淀，使长过红痘痘的地方留下黑黑脏脏的颜色，使皮肤暗沉。这一类的色斑和色素沉淀时间一久就会自然消失，所以一般都是暂时性的假性瘢痕，并不是真正的瘢痕。当然，红斑及黑色素沉淀的消失需要一定的时间，否则该收缩的血管没收缩，红还是不会退；该被细胞运走的色素没运走，黑色素也没办法消失。

一般来说这种假性瘢痕平均约半年左右会自动消失，但是因个人体质的不同，有些人会比平均值长，比方说一年甚至两年。着急的话可以借助外擦退黑色素药膏、维甲酸、杜鹃花酸、果酸或是左旋维他命C，但这些都对皮肤有强烈刺激，不小心容易导致后遗症和依赖。而真性瘢痕又分为凹洞和增生性瘢痕两种。真瘢痕不会自动消失,需要找皮肤专科医师处理才会消失。

95. 如何预防痤疮

痤疮是一种很常见的皮肤病,大部分人因为生活中的不良习惯以及饮食的不规律导致痤疮的发生,对我们的生理和心理均造成了不良的影响,下面我就给大家介绍几种痤疮的日常预防事项:

(1) 避免用手触摸已长出的粉刺或用头发及粉底霜极力掩盖皮疹,尤其要克服用手乱挤乱压粉刺的不良习惯,因为手上的细菌和头发上的脏物极易感染皮肤,加重粉刺,而乱挤乱压可致永久的凹陷性瘢痕。

(2) 常常与脸部接触的物品,例如被子、床单、枕头、洗脸毛巾等,要时常保持清洁,保持清洁的最好方法,就是时常清洗,并暴晒于艳阳下,由于紫外线具有杀死细菌的效果,使得细菌无法生长。所以要养成彻底洗净床单、被子的习惯,洗后还要拿出来晒晒太阳。

(3) 控制皮肤皮脂分泌过多,减少脂肪性食物摄取,少食甜食、油炸食品、巧克力等,避免咖啡、浓茶、酒、辣椒、过热的刺激食品,多吃蔬菜及水果,均衡饮食,保持大便通畅。

(4) 养成每天运动的习惯,适度运动可促进新陈代谢,对于身体及肌肤都有良好效果,但是千万不要5分钟热度,要持之以恒,记住,即使是每天3分钟的体操,也是保持美丽肌肤的秘诀。

(5) 精神上的压力可造成皮脂分泌旺盛,也是长青春痘的原因之一,应该多做一些让自己心情愉快的事情,消除每天的工作或学业上的压力。

(6) 时常熬夜对于肌肤也有很大的伤害,如果不想长青春痘,无论工作或功课再忙,最晚也应该在11点就上床睡觉。你知道吗?肌肤的新陈代谢通常由晚上11点到半夜两点时进行,良好充足的睡眠,能让肌肤受到完善的保养。

(7) 注意面部清洁,养成温水洗脸的习惯,因为冷水不易去除油脂,温水可促进皮脂分泌,选择温和的清洁产品及适当的保湿产品,不要用油脂含量过高的护肤品。每天洗脸请勿过度,洗脸虽然是美丽肌肤的基本,但是一天早晚两次就够了,如果过度清洗,会将皮肤上的保护油脂完全洗去,造成皮肤太过干燥,容易继发细菌感染、加剧油脂分泌。

(8) 许多爱美人士为了掩盖青春痘,常常将底妆涂得很厚,这样容易堵塞毛孔,使青春痘愈长愈烈,形成恶性循环,因此,尽量选择轻薄控油的底妆,同时一定要认真得卸妆洁面。

以上就是关于预防痤疮的方法,痤疮并不是不能预防不能治疗的,要做到预防先行也是不难的。希望大家都能保持良好的生活习惯,只有你对自己的皮肤负责,你的皮肤才会对你的美丽负责!

96. 黄褐斑患者为什么要注意防晒

紫外线照射是黄褐斑加重的重要因素,黄褐斑患者的皮肤屏障功能下降,可能与紫外线照射破坏了表皮的脂质代谢有关,同时伴随着黑素合成增加。既往研究发现,紫外线照射可直接损伤表皮的角质层。最小红斑量的中波紫外线照射,即可完全抑制角质形成细胞中天然保湿因子的代谢,使得角质层含水量下降,临床表现为干燥及脱屑现象。研究也发现,紫外线照射还可以降低角质层内抗氧化酶的活性,使角质层中亚油酸及胆固醇发生氧化变性,从而进一步破坏皮肤角质层的屏障功能。因此做好防晒可进一步保护皮肤屏障功能,避免黄褐斑的加重。

97. 如何修复黄褐斑受损的皮肤屏障

黄褐斑的治疗是一个慢慢调节的过程,色素的改变非常缓慢,每种治疗手段的效果因人而异,起效时间也不尽相同。一般每种治疗方案需要 3~4 个月的连续治疗和观察,有时需要更换治疗方案才能找到合适的治疗手段。黄褐斑治疗起效较慢,患者不能自暴自弃,要尽量保持心情舒畅。患者需加强日常护理,夏季严格防晒,避免使用含有刺激性及重金属的化妆品,不要盲目用药,以免加重黄褐斑,加大治疗难度。

98. 黄褐斑能预防吗

黄褐斑是可以预防的。

（1）**应注意避光**：阳光中紫外线照射会诱发黄褐斑或使黄褐斑加重。因此平时要注意避免强烈阳光的照射，外出应戴帽，最好养成出门打伞的良好习惯。

（2）**外用防晒霜**：既要防中波紫外线又要防长波紫外线，夏季防晒可选有SPF值较高的防晒霜。

（3）**慎用化妆品**：许多黄褐斑患者有外用劣质、过期、刺激性化妆品的历史。已患黄褐斑的患者要慎用化妆品，不能厚涂化妆品以掩盖黄褐斑，这会使黄褐斑加重。许多患黄褐斑的患者求治心切，看到广告就想试试，听到消息就去找，频繁更换化妆品。实际上把自己的脸当成"试验田"。不仅使黄褐斑加重，还可增添新的皮肤病。

（4）**慎用化学药物**：安眠药以及某些抗生素会诱发黄褐斑；避孕药主要成分为雌激素和孕激素，体内孕激素增多时会诱发黄褐斑。

（5）**内调外治**：因肝病、肾病、血液病、营养不良或内分泌功能紊乱，如卵巢肿瘤、子宫肌瘤、月经不调等引起的黄褐斑应针对病因及时予以治疗。

（6）**养成良好的生活习惯**：充足睡眠、愉悦情绪、少烟少酒。

99. 什么是皮肤老化，有什么表现

衰老是指生物随着时间的推移而出现的衰退现象，是自发的必然过程。其表现为结构和功能衰退，适应性和抵抗力降低。作为被覆于人体表面的皮肤，不仅发生内在的退行性变化，还时刻受到外界环境的侵袭。因此，皮肤衰老的过程分为内在性老化和外源性老化。

内在性老化又称为自然老化，是随着年龄的增长，由机体内在的不可抗拒的生理因素引起的老化。表现为细小皱纹、皮肤松弛、变薄、干燥以及皮肤良性增生，如脂溢性角化、皮肤色素小斑点状脱失或沉着、老年血管瘤、软纤维瘤等。

外源性老化主要是指由环境因素引起的皮肤老化，如紫外线辐射、高温、

寒冷、环境污染以及疾病、生活饮食习惯不规律、吸烟、酗酒、生活压力、睡眠障碍等,其中紫外线辐射是最主要的因素,因此又称之为光老化。理论上,这种老化是可以预防和减缓的。主要是光损害的累积与自然老化相叠加的结果。光老化主要发生于面、颈、前臂等光暴露部位皮肤,表现为皮肤粗糙、皱纹加深加粗、皮革样外观,常伴有色素沉着(老年斑)、毛细血管扩张。早期皮肤呈增生性改变,后期合并自然老化可出现萎缩。

100. 为什么你的皮肤老化得比别人快

皮肤老化包括皮肤自然老化和光老化。

皮肤光老化是由于紫外线所致的皮肤慢性损伤,常发生于暴露部位。光老化的皮肤新陈代谢功能衰退,角质形成细胞增生、分化减慢,皮肤变薄。表皮中脂质含量减少,真皮中黏多糖含量也在减少,皮肤 TEWL 增加,变得干燥、脱屑,皱纹增多。真皮中胶原蛋白含量与皮肤自然老化相关,其中以 I 型和 III 型胶原最为重要,随着年龄的变化,其含量也在发生变化,同时胶原变粗、变性。真皮变性弹性蛋白堆积,排列紊乱,皮肤弹性降低,而皮下脂肪层萎缩,皮肤失去支撑,易出现皱纹。同时,成纤维细胞合成的抗氧化酶——过氧化氢酶含量减少,如70~80 岁老年人成纤维细胞合成的过氧化氢酶只有 0~10 岁儿童的一半;紫外线照射后,过氧化氢酶含量可下降 50%~70%,致使皮肤内氧自由基蓄积,造成皮肤氧化性损伤。

皮肤自然老化是由于年龄增长所致皮肤老化,表现为细纹、松弛、干燥、粗糙及各种良性赘生物。因此,有效的防晒、保湿,加之各种美容技术的应用可有效阻止皮肤老化。

4.9 精准护肤的护肤方法

101. 精准护肤到底精准在哪里

精准护肤是精准医疗的延伸概念,精准护肤的核心就是皮肤检测,通过皮肤基因、皮肤功能检测等方法检测出每个个体最深层次的皮肤功能及肌肤护理学综合分析,根据每位用户的肤质类型及情况,加之年龄与环境的因素,大数据对接护肤品数据库,然后针对个人进行个性化护肤。每个人的肌肤如同指纹般独特,性别、年龄、季节、生活环境的差异,所需的护肤品也有所不同,在特殊状态下呈现特殊肌肤问题必须有特殊的配方护肤。

102. 有哪些错误的洗脸方式

错误一:泡沫丰厚的产品能洗得更洁净

纠错:泡沫洁面产品中普遍富含表面活性剂,且碱性成分较多,适用于偏油性肌肤。干性或中性肌肤、气候枯燥时过多运用泡沫洁面产物,往往会使肌肤变得愈加枯燥、紧绷,有时还会伴有轻痒、脱皮等现象。正确做法:有些护肤泥、洁肤乳液的洁肤作用是运用高岭土或皂土的物理性吸除油脂原理,或运用卫生乳液的界面活性交融作用,将油脂与水交融去除,这类产品也有洁肤成效,并且比起泡沫型洁面产品相对保湿作用较好,可以选用这类洁面产品洗脸的。

错误二:洗脸海绵用力擦脸铲除毛孔的污迹

纠错:洗脸海绵的作用是方便我们快速打出丰厚、细腻的泡沫,让泡沫充沛接触肌肤,浮出毛孔中的尘垢。洗脸时切忌用力搓洗肌肤。正确做法:使用洁面产品,一边打圈一边轻轻按压,可以完全溶解尘垢和协助代谢角质的掉落,也不会损伤肌肤。

错误三:用热水洗脸顺便软化废旧角质

纠错:过热的水除了软化角质外,还会损伤角质层。它能完全铲除肌肤的保护膜,易使肌肤松懈,毛孔增大,招致肌肤粗糙。另外,若是油分洗掉过多,也会加快肌肤的老化。而较低温度的水洗脸,又会使肌肤毛孔紧锁,无法洗净堆积于脸部的皮脂、尘埃及残留物等尘垢,不能达到美容的作用。正确做法:用温度接近人体体温的水来洗脸是最合适的,用约35℃的温水洗脸,可以用毛巾一边轻抹肌肤,一边冲刷,这样可以温和地带走脸部的脏物。

错误四:洗脸时间越久越洁净

纠错:其实并不是这样,洗脸时间过长,反而会把揉出来的尘垢又揉进肌肤。并且洗脸时间太长,会形成过度的卫生,洗掉脸部必要的皮脂,脸部反而更干。正确做法:运用洗面奶时,停留在脸部40秒左右即可,整个洗脸的时间控制在3~5分钟为宜。

错误五：洗完脸后让水分在脸上天然风干

纠错：由于水分的天然蒸发会带走肌肤的热量和水分，使肌肤发凉，血管缩短反而会形成肌肤枯燥脱皮，很容易呈现皱纹。正确做法：洗脸后，应该马上运用爽肤水、乳液，再运用具有保湿作用的面霜，这样才是坚持肌肤水分不丢失的正确做法。

103. 皮肤是否有生物钟

人体有生物钟，皮肤同样也有生物钟。

清晨肌肤状况：水分凝滞，面部有油光。原因如下：①肾上腺皮质素在凌晨开始分泌，细胞的再生活力在此时降到最低水平，淋巴循环和血液循环缓慢，水分容易聚集在细胞内，无法代谢掉；②皮脂腺分泌了一夜油脂，在此时已经溢出肌肤，在皮肤表面形成一层油膜。

上午（8:00~12:00）肌肤状况：肌肤功能最强，出油增多。原因：①肌肤的功能动作在这个时间段逐渐达到了最高峰。皮肤组织抵抗力最强，皮脂腺分泌也非常活跃，分泌油脂增多；②表皮细胞新陈代谢速度提高，表皮细胞分裂更加迅速，角质堆积多从这一时间段开始。

中午（12:00~3:00）肌肤状况：肌肤压力最大，抵抗力弱。原因：①血压及荷尔蒙分泌降低，身体逐渐产生倦怠感，皮肤易出现细小皱纹，肌肤对含高效物质的化妆品吸收力特别弱；②此时皮肤的需氧量提高。

下午（3:00~7:00）肌肤状况：肌肤吸收力最强。原因：随着微循环的增强，血液中含氧量提高，心肺功能特佳，胰腺十分活跃，是皮肤能充分吸收营养的好时机。

晚间（8:00~11:00）肌肤状况：肌肤最爱过敏。原因：①微血管抵抗力衰弱，血压下降，人体易水肿、流血及发炎，所以不适合做密集保养项目；②抵抗力衰弱，微循环量陡增，晶体渗透压增加，血糖升高，此时易产生皮肤变态反应，皮肤最容易产生过敏反应。

夜间（11:00~5:00）肌肤状况：肌肤进入修复状态。原因：临睡时至次日凌晨，皮肤细胞逐渐进入高速复制的生长状态，其分裂速度是平时的6倍以上。

104. 护肤是否有生物钟疗法

皮肤有生物钟,所以护肤同样也有生物钟。

清晨护肤重点:醒肤和消肿。清洁是唤醒肌肤的首要步骤,用温水敷面,让肌肤细胞从睡眠中苏醒过来。一定使用性质温和的洁面乳,因为油脂、汗液和空气中飘浮的灰尘附着在皮肤表面,不是简单使用清水就能清洁干净的。早晨也很容易发现自己的眼部甚至全脸都有轻微水肿现象,这些都是由于淋巴循环缓慢,无法吸收掉过多水分。此时可以用小冰袋或废弃的茶叶包轻敷眼周肌肤,让皮肤迅速排出水分。之后一定要使用具有紧致效果的眼霜轻轻按摩眼周肌肤,增强眼部血液循环,收紧肌肤。早晨的保养要应付一整天中皮肤所承受的压力,重点做好肌肤的防护工作。

上午护肤重点:保湿做足一天肌肤都水润。皮肤的保湿工作是整个上午的美容功课,尤其要注意 T 区、眼周和唇角这样的细节部位。只使用化妆水,会让皮肤更干,因为当化妆水蒸发时,会连带将肌肤底层的水分带出。而太油的保养品,若没有透过角质层水分子的辅助,很容易只停留在肌肤表面,渗透力可能不是那么好。所以,当你在进行补水动作时,切记,一定要"先浇水、再封油"。同时,尽量让室内空气畅通,并保证空气中的湿度。由于皮肤新陈代谢速度提高,且皮肤抵抗力增强,一些脱毛或文刺类美容项目可以在这个时间段进行。

中午护肤重点:抗氧化和按摩给肌肤减压。皮肤处于一天中最脆弱,压力最大的时候。这时补充大量的营养也不会吸收,最好是做好防护工作。选择含有维生素 E 或维生素 B 等抗氧化成分的防晒产品做一次补涂,可以在防护的同时抗肌肤氧化。此时可以轻轻地用指腹按摩肌肤几分钟。分别在太阳穴、内眼角、鼻翼两侧和嘴角下方深按下去 5 秒后,轻缓抬起。并伴随在按下时呼气,抬起时吸气的深呼吸。

下午护肤重点:来片面膜给肌肤进补。给肌肤补充养分,此时最便捷的就是敷上一片面膜了。面膜能让肌肤在封闭的状态下吸收养分,从而达到很好的护肤效果。注意使用棉质面膜的时候,一定要从下向上贴附于面部皮肤上,并辅以手指的轻轻按压。此时也可以根据皮肤的需求,去专业的美容机构做保养。

晚间护肤重点：做好清洁和基础保养就足够了，别做面膜等强效护理。用卸妆乳液或卸妆水卸除皮肤上的污垢，并用化妆水做二次清洁。含有天然萃取成分的化妆水可在肌肤表面形成隐形保护膜，阻隔外来刺激、降低敏感现象。晚上 10:00~11:00 间进入晚间保养状态。这段时间身心放松，神情安怡，是皮肤吸收养分的好时机。在这期间，如果还没有进行皮肤的清洁功课，就应抓紧时间了。晚霜和精华也要在清洁后及时补充，让皮肤在睡眠前补充足够的水分和养分。

夜间护肤重点：使用高营养晚霜和护唇膏，加强肌肤修复力。肌肤对护肤品的吸收力特强。应使用富含营养物质的滋润晚霜，使保养效果发挥至最佳。睡觉时可涂上较厚一层护唇膏，醒来后双唇就会保持柔软不干燥。

105. 皮肤是否有自身的保湿系统

皮肤是一个层状结构，从外向里由表皮层、基底膜和真皮层构成，真皮和表皮靠基底膜分割和相连。皮肤覆盖于我们全身，将人体内部与外界环境隔

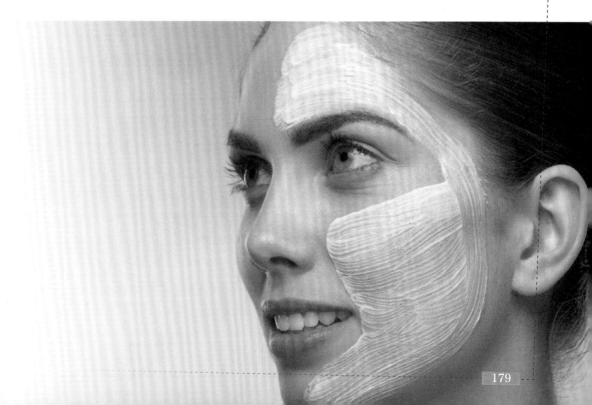

离开来,相当于在人体与外界环境之间构筑的一道"防护墙",主要作用是保护人体,维护人体内部环境的稳定和平衡。

皮肤保湿系统是由水源、水渠和拦水结构组成的。真皮层相当于整个保湿系统的水源,真皮层具有大量的毛细血管,可以通过血液循环输送充足的水分和营养物质,是整个保湿系统的源头。同时,真皮层中含有大量胶原蛋白和透明质酸,能够结合大量的水分,形成凝胶状基质,这种含水的凝胶状基质构成了整个皮肤的水分储存库。基底膜位于真皮层和表皮层之间,是一种具有很多网孔的薄膜状结构,水分和营养物质可以通过这个网状结构顺利到达表皮层,表皮与真皮在交界处呈波浪状的嵌合结构(基底膜)增加了水分输送的面积,它是保湿系统的水渠。角质层的砖墙结构能够防止体内水分营养的流失。天然保湿因子是一类皮肤自身存在的,具有吸水特性的小分子复合物,能够有效吸收并锁住水分,配合防护墙结构,强化锁水屏障,是保湿系统的拦水结构。

106. 皮肤的表皮层如何保湿

表皮位于皮肤的最外层,从里向外共分5层:基底层、棘层、颗粒层、透明层、角质层。角质层由已经角化的细胞和位于细胞之间的屏障脂质构成。这些已经角化的细胞形状扁平,我们称这种形状扁平的细胞为"生物砖块",包覆在这些"生物砖块"周围的屏障脂质称之为"生物水泥",二者共同形成特殊的"砖墙结构"。正常皮肤的角质层厚度约为15mm,包含大约15层这样的"生物砖块"+"生物水泥"的结构,这样的结构足以阻挡外界有害因素的入侵和体内水分营养物质的流失。另外,表皮细胞中存在一种天然保湿因子蛋白(丝聚合蛋白),在生物活性酶作用下分解形成天然保湿因子,天然保湿因子是一类皮肤自身存在的,具有吸水特性的小分子复合物,能够有效吸收并锁住水分,配合防护墙结构,强化锁水屏障。

107. 皮肤的真皮层如何保湿

真皮层位于表皮层下面,绝大部分空间由胶原纤维形成的立体网格和透明质酸水合基质充满。在真皮层,胶原蛋白形成粗细不均的纤维束,粗的纤维束有时分作几股较细的,而细的纤维束有时又会和其他纤维束并合成一股较粗的纤维束,如此不断地又分又合,纵横交错,编织成一种看似凌乱实则有序的特殊的网状结构。以透明质酸为主要成分的多糖基质具有很强的水合能力。众多大分子的蛋白多糖非共价连接或聚集在一根中央丝上(透明质酸),形成巨大的超分子聚集体,其总分子量可达到几千万,能够结合大量的水。真皮层含有丰富的管网系统(血管和淋巴管),负责运送皮肤新陈代谢所需要的水分和营养,是整个皮肤的水分营养库。

108. 皮肤的基底膜如何保湿

表皮与真皮在交界处形成波浪状嵌合结构,真皮靠近表皮部分呈乳头状向上隆起,表皮下伸部分名为钉突,这种钉突和乳头相互啮合的结构一方面有利于真表皮连接,维持表皮紧致;另一方面能增加真表皮的接触面积,有利于真表皮之间的物质交换。基底膜是一种具有很多网孔的薄膜状结构,由层黏连蛋白、Ⅳ型胶原蛋白等形成的复合网格埋于富含黏多糖的凝胶基质中,这种结构具有半透膜作用,允许真皮层中水分及营养物质通过,因为表皮没有运送水分、营养和代谢废物所需要的血管、淋巴组织,只能靠真皮层通过基底膜输送至表皮,以滋润和营养表皮。

109. 如何有效补充角质层水分

清洁皮肤后未涂护肤品时角质层含水量在 30% 左右,当化妆水或乳液涂抹于皮肤上时,短期内角质层含水量能达到 70%~80%,但其中约 40% 的水会在 2 分钟内蒸发掉,因此我们需要保湿护肤品来帮助我们保水、锁水,在角质层表面形成一层油膜防止水分蒸发。优质保湿护肤品含湿润剂、润肤剂和封包剂。湿润剂是指能吸收水分的物质,可以将皮肤深层水分吸引到角质层,也可以从环境中吸收水分(但要求空气中相对湿度在 70%~80%)。润肤剂是一类温和的能使皮肤变得更软更柔韧的亲油性物质,如霍霍巴油、葡萄籽油、澳洲坚果油、鳄梨油、硬脂酸、亚油酸、亚麻酸、月桂酸等,它们可以改变皮肤的通透性,增强皮肤弹性、光滑度、水合程度,从而改善皮肤的外观。凡士林最有效但质感油腻易致粉刺,羊毛脂有效但有时会引起过敏,以胆固醇为主的生物脂质有助于老年人皮肤或光老化皮肤屏障功能的修复,以神经酰胺为主的生物脂质有助于遗传过敏性皮炎患者皮肤修复,以脂肪酸为主的生物脂质适用于新生儿、银屑病患者和尿布皮炎患者。

110. 日常怎样有效补水

温水洁面后,使用化妆水直接给皮肤补水、进一步清洁皮肤、调整水油平衡,接下来根据需要应用精华液修复皮肤屏障,然后应用乳液或面霜(根据肤质选用,干性、敏感性肤质选用面霜,油性、混合性肤质选用乳液)锁水,延缓水分蒸发的时间。可以在觉得皮肤干燥时随时使用保湿喷雾来补水,最好清洁面部后再喷,量不要太多,多余的水分要及时用化妆棉擦掉以免水分蒸发加快角质层水分流失,喷后要及时涂抹保湿乳液锁住水分,否则起不到补水作用。

养成好习惯,随身带水杯,按计划分次饮用水,是皮肤补水的基础。干燥环境,空气湿度不足也可使皮肤失水过多,我们可以在室内使用空气加湿器,保持空气湿度在 55%~60% 左右,增加皮肤角质层含水量。紫外线照射可导致表皮细胞增生速率加快,生成多量的自由基导致皮肤水分流失加重,破坏皮肤屏障结构。因此,皮肤补水后最好加用防晒产品,从而获得较为持久的保湿效果。

111. 皮肤清洁有多重要

皮肤的美容最基础的一步就是清洁。我们每天都在说要洗脸,有的人可能只是单纯地认为洗脸就是为了清除皮肤一天的污垢而已。其实不然,清洁皮肤对于美容有着重要的意义。

(1)**清除污垢,舒适美观**。清洁皮肤能够帮助清除毛孔污垢,保持肌肤的舒适美观。特别是我们的面部皮肤,容易受到灰尘污垢沾染,而且油脂分泌较多,油脂堆积使皮肤变得油腻不适甚至引发皮肤问题而有碍美观。清洁皮肤能够维持皮肤的清洁干净,舒适美观。

(2)**清洁皮肤,预防疾病**。清洁皮肤能够有效清除面部较多的皮脂膜,皮脂及其与灰尘的结合物长时间的堆积在皮肤上很容易破坏皮肤表面脂膜的环境而降低其本身的防御功能,对于皮肤而言,就容易造成皮肤感染,导致痤疮、皮炎等的发生。清洁皮肤能够保持皮脂的正常分泌和排泄,维持皮肤的健康状态。

(3)**合理刺激,防皱抗衰**。清洁皮肤的过程中清洁用品对皮肤会产生温

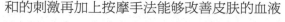

和的刺激再加上按摩手法能够改善皮肤的血液循环、淋巴回流以及血管弹性等,有助于增强皮肤的弹力纤维活性,防止皮肤纤维组织早衰,延缓肌肤衰老。

(4) 舒展皮肤,促进吸收。清洁皮肤能够帮助皮肤表面维持清洁,减少皮肤表面分泌排泄孔道的通畅,有利于皮肤的舒展,对于皮肤分泌、排泄和吸收也有利。清洁皮肤能让毛孔洁净,对于后续保养的吸收作用也会增强。

(5) 过度清洁危害大。尽管清洁皮肤有以上的好处,但是要注意并不意味着需要过度清洁皮肤。过度清洁皮肤可能容易引发皮脂腺过度反应。这时候如果保湿产品没有渗入皮肤内而在皮肤之上,可能就会有痤疮。有的还可能造成脂溢性皮炎,加快皮肤老化等。一般说来,每天早晚洁面即可。

112. 如何正确清洁皮肤

要正确清洁皮肤,首先应树立正确的清洁观念,清洁皮肤的同时兼顾皮肤屏障功能的维护;其次,避免过度清洁,建议每天面部清洁两到三次为宜,即使角质层比较厚的部位如手部,每天清洁的次数也不要大于 10 次;再次,选择含有合适的表面活性剂的清洁产品,温和的非离子表面活性剂可以最大程度地减少表面活性剂对皮肤中蛋白和脂质的损害;然后,选择弱酸性或中性 pH 的清洁产品,维持皮肤正常弱酸性环境,尽量避免干扰皮肤的微生态,如选择含有低聚果糖等成分的清洁产品;最后,清洁同时选择一些含有保湿作用的成分(如多元醇、β 葡聚糖、甘露醇及木糖醇等)以

及具有抗炎作用的成分(如甘草提取物、红没药醇、鼠李糖及马齿苋等),以减少清洁剂对皮肤屏障产生的不利影响,维护皮肤屏障的稳态。

113. 洁面有哪些误区

误区一:"泡沫越多越干净"。

有人认为泡沫洁面产品的泡沫越丰富越好,其实不然,粗糙松动的泡沫往往是因为产品中皂基较多,营养成分较少,所以不能单凭泡沫的多少来判断护肤品的优劣,关键是要看泡沫的品质。高品质的泡沫产品应该是细腻又有质感的,不会在短时间内破裂。这样的产品才可以同时具有滋养肌肤,保持水分的功效。

误区二:"爽肤水可用可不用"。

随着美容科技的不断进步,爽肤水已经不再只是二次清洁的附属产品,而是集多种功能于一身、能独当一面的护肤产品。比如含有精纯维生素 C 和植物精华的爽肤水。让肌肤在不知不觉中白皙光滑。

误区三:"将卸妆产品当作按摩霜"。

卸妆油的主要成分是油和乳化剂。卸妆油卸妆轻松而彻底,但是有一个原则,虽然借由打圈的方式可以溶解彩妆,但是千万别把卸妆乳当成按摩霜,以为推越久卸妆效果越棒,那样只会把好不容易推出来的彩妆污垢又让皮肤给吃了回去,会导致皮肤出现痘痘、发炎等不适表现,这主要和卸妆油的油性成分较复杂有关。

误区四:"深层清洁就是去角质"。

深层清洁是为了去除皮肤深层的污垢和油脂,而去角质则是用化学或物理的方法除去皮肤表面的老化角质细胞。一般情况下,通过深层洁肤的方式可以软化并去掉多余的角质层,频繁的去角质层,只会削薄角质层,对皮肤造成伤害。

114. 如何进行日常皮肤保养

（1）**注意洗脸**：若皮肤为干性，可用冷水和温水交替洗脸，刺激局部皮肤的血液循环，增强面部肌肤的弹性。干性的皮肤在秋冬的时候一定要记得换洗面奶，选择霜状洗面奶。油性皮肤者洗脸时最好先用毛巾热敷 3~5 分钟，再用香皂洗脸，洗后按摩一会儿，可促进局部皮肤的血液循环，改善皮肤新陈代谢。

（2）**均衡营养**：过食甜、辛、辣、酸等刺激性食物，或有抽烟、嗜酒等不良习惯及不爱吃蔬菜水果的人，会使体内酸碱失衡影响健康。因此，要想有健康的肌肤就一定要均衡摄取营养，多吃蔬菜、水果、豆乳制品及其他营养丰富的食物，戒烟戒酒，适当摄取维生素、蛋白质及微量元素等。

（3）**保证睡眠**：中年人事务多，有的经常熬夜加班，睡眠不足，致使面容憔悴、灰暗，眼圈发黑、眼袋显露，生出更多的皱纹。中年人要保证优质睡眠，每天睡足 8 小时。但睡眠时间也不宜过长。保持乐观情绪：经常忧愁、烦恼、易怒的人，会引起机体生理性病变，所以保持乐观情绪会使肌肤更加健美。

（4）**特别护理**：要注意保护皮肤，特别是从事野外作业或高温工作的人群，上班要戴好草帽、防风罩等防护用品，适当涂些皮肤保护剂，防止紫外线过度照射和尘埃侵染。

（5）**正确养护**：①选择护肤品之前，清楚自己的肌肤特性，根据肌肤特性选择适合自己的护肤品。②护肤之前的清洁工作一定要做到位，不可使用过热的水清洁面部，切忌用粗暴的涂抹方式对待你的脸部。③护肤的步骤不容小觑，我们只需要记住一点就能轻松护肤：先水、中乳、最后油。

115. 哪些果蔬有助于改善皮肤状况

有助于改善皮肤状况的果蔬有:

(1) **西蓝花**:其中富含维生素 C、胡萝卜素以及维生素 A 成分,这些成分营养丰富,可以增强肌肤的美白;长时间食用西蓝花可以让肌肤富有弹性,且增强肌肤的抗损伤能力。

(2) **胡萝卜**:胡萝卜是怎么美白的呢?其含有丰富的胡萝卜素成分。胡萝卜素是一种黄色素,当其被我们体内吸收以后,就可以变成营养的维生素 A原。且胡萝卜可以长期保护细胞的一些功能,从而有效地减少皱纹的生成,让你的肌肤细嫩光滑。

(3) **猕猴桃**:很多人都在问吃什么水果可以美白,其实很多水果都是可以美白的,而在众多水果中,是少不了猕猴桃的。猕猴桃的主要成分就是营养十分丰富的维生素 C,维生素 C 可以防止肌肤黑色素的形成,淡化斑点,还可以有效地帮你消除脸上的雀斑。

(4) **西红柿**:西红柿里面蕴含着营养丰富的番茄红素;番茄红素是可以有效地消除一些皱纹,让你的肌肤变得细腻且光滑。要是长期食用西红柿,还可以有效地消除黑眼圈。

（5）**大豆**：大豆是十分有效的美白方法之一。其蕴含着营养丰富的大豆卵磷脂成分。这些成分都能有效抗老化，对肌肤的自由基化学活性有一定的破坏作用，更是可以抑制肌肤色素的生成。

116. 如何巧防电脑辐射

防电脑辐射有 6 个小妙招：

（1）**擦电脑显示屏**：每天开机前，用干净的细绒布把荧光屏擦一遍，减少上面的灰尘，这样在一天的工作中，就会让肌肤少吸附一些灰尘。

（2）**用完电脑要记得洗脸**："静电吸尘"会让你的脸很脏，半天工作下来，一定要洗脸、洗手，按肤质选用不同系列的洁面乳清洗，让皮肤放松。

（3）**做好面部隔离**：要学会使用隔离霜，薄薄的一层，就能够让肌肤与灰尘隔离，比如使用美白保湿隔离霜、防护乳；另外，用点具有透气功能的粉底，也能在肌肤与外界灰尘间筑起一道屏障，但不要用油性粉底。

（4）**注意补水**：电脑辐射会导致皮肤发干，身边放一瓶水剂产品，如滋养液、柔（爽）肤水、精华素等，经常给脸补补水。

（5）**教你自制抗辐射爽肤水**：用 1∶5 比例的甘油和白醋涂搽皮肤，既能让肌肤变滑嫩，又能省钱。

（6）**多喝水，补充维生素 A、维生素 C**：多喝水，既能补充肌肤水分流失，又能促进新陈代谢；每天上午喝 2~3 杯的蜂蜜绿茶，吃一个橘子。绿茶不但能消除电脑辐射的危害，还能保护和提高视力；另外，菊花茶同样也能起着抵抗电脑辐射和调节身体功能的作用，螺旋藻、沙棘油也具有抗辐射的作用。

第五章

皮肤综合管理

5.1 皮肤管理的概述

1. 如何进行皮肤屏障的修复管理

皮肤屏障修复管理可应用于正常皮肤、皮肤敏感状态及多种皮肤疾病中（如湿疹、特应性皮炎、银屑病、痤疮、激素依赖性皮炎等），有计划的、系统的皮肤管理对防止细菌侵入和减少皮肤炎症、刺激及预防复发均有重要意义。角质层与表皮其他各层之间存在相互作用，形成动态的屏障功能系统，皮肤屏障功能的修复管理具体可从脂质、保湿剂、抗敏剂及调节 pH 值等方面入手。针对正常皮肤，生理性脂类如神经酰胺、胆固醇等是较理想的脂质补充成分。外用刺激性药物、滥用激素外用制剂或激光术后皮肤屏障功能被破坏，是皮肤容易出现敏感状态的原因。在保湿剂中添加含有一定抗感染、抗氧化及免疫调节的活性成分如亚油酸、亚麻酸等，可调节角质形成细胞的正常代谢，保持皮肤结构完整及修复受损皮肤。不同疾病脂质的成分减少不同，如特应性皮炎和敏感性皮肤以神经酰胺下降为主，银屑病以游离脂肪酸减少为主，老化或光老化以胆固醇减少为主，提示在针对疾病状态的皮肤管理过程中，应针对不同的病种添加不同的结构脂质成分。在以上皮肤屏障修复过程中，同时辅以心理护理及适当的健康教育，可大大提高皮肤管理的效率，有效改善患者预后及提高生活质量。

2. 什么是皮肤管理，有什么意义

皮肤管理是建立在皮肤科学基础之上的专业护理，其范围主要包括年龄、环境、疾病和用药、生活习惯及精神因素等方面，旨在以人为中心通过有序地计划、组织、指挥、协调、控制及创新等手段,对影响皮肤屏障功能的相关因素进行有效的控制、调节及改善,以期高效地达到治疗疾病、恢复健康及改善生活质量的目的。皮肤屏障修复管理可应用于正常皮肤、皮肤敏感状态及多种皮肤疾病中(如湿疹、特应性皮炎、银屑病、痤疮、激素依赖性皮炎等),有计划的、系统的皮肤管理对防止细菌侵入,减少皮肤炎症、刺激及预防复发均有重要意义。皮肤管理将生活与医学美容有机结合,了解皮肤各部分运作机制,结合先进的仪器设备高效吸收,让美容成分更有效地发挥作用。

3. 皮肤管理的国内外发展现状如何

随着现代社会的进步和生活水平的不断提高,人们对护肤品及化妆品的使用日益广泛,对护肤意识的提高与全民性缺乏护肤知识之间存在着巨大的矛盾:护肤美容市场存在的现状,更进一步促使普通百姓需要掌握更多的护肤知识。护肤已成为一门学问,皮肤问题的解决需要皮肤科专科医生提供针对性的护肤建议,使用具有更高安全性和有效性的医学护肤品。传统的皮肤管理可通过化妆品实现,相应的活性养分仅仅能渗透到皮肤表皮的角质层,而对肌肤最基础的清洁与保护效果不明显。即使一直使用昂贵的化妆品,皮肤问题仍不断出现。此时,正确的护肤及皮肤管理就显得尤为必要。皮肤专业管理师精于各类皮肤诊疗技巧,针对患者皮肤现状以及潜在问题,配合各类仪器针对需求性皮肤进行治疗搭配,合理运用手法、仪器、产品结合来制订皮肤管理方案,使用科学专业仪器或产品进行皮肤改善,使得皮肤更加健康。伴随人们开始注重护肤品的质量与安全性,皮肤科医师需要及时地更新知识和技术,以满足临床日益增长的需求。

4. 皮肤管理中心与美容院和皮肤科的区别

美容院的美容护肤一般就是使用化妆品加上人工手法实施,但普通美容院其实提供给客户的仅仅是一种愉悦的体验感,而不是精准有效的医疗服务,弊端就是无法清理皮肤深层污垢,不能从根本上解决问题,导致皮肤依然

会出现各种问题。所以常常价高也未必有效果。而皮肤管理主要结合医疗皮肤管理和生活皮肤管理的方式来进行皮肤管理,皮肤管理中心的优势就是可以彻底清除皮肤表层和深层的污垢,彻底地把皮肤清洁干净。

而说回皮肤科,最专业的医师是在医院里皮肤科的医师,他们大多"科班"出身,皮肤对他们来说只有"有病的"和"没病的"区别,也就是说皮炎皮癣一类的是他们所关注的,得了病自然需要他们。

国内对皮肤美容管理的研究这方面一直是空白,可是无论是日韩还是到欧美,针对皮肤改善的科技一直有着突飞猛进的长足进步,同时也促使着美容院和美容从业者的发展,每一个美容师也从以前的技师变化成了现在皮肤问题的专家,这些都是因为对皮肤问题投注了很大的关注,才造就了今天的皮肤管理师。

5. 哪些人需要进行皮肤管理

(1) **经常化妆的人群。**无论你的肌肤多白多细腻,也经不住你每天化妆以及不规范的卸妆残留在皮肤里的细小颗粒,每天的卸妆和清洁能够清洁95% 以上,还剩下 5% 就会停留在皮肤上,想要清除这些残留,那么只有定期的皮肤管理才能做到。它不但可以清除毛孔内的杂质和化妆残留,还能让在长期化妆品下呼吸不畅的肌肤得到一次彻底的滋养。

(2) **上班熬夜人群。**上班一族虽然不用面对风吹日晒,但是大量电子辐射对肌肤造成的损伤也不可小觑。超高的生活压力不仅可能在身材上留下痕迹,更有可能在皮肤上留下痕迹。尤其是工作量较大时,不得不熬夜工作也会造成皮肤的损伤。尽管可以用快速的方法消除脸部的疲惫感,但是想要从深层修复肌肤,那就必须进行每周一次的皮肤管理,彻底清除因为辛劳和辐射导致排出不畅的毒素和灰尘。

（3）**毛孔粗大的人。**毛孔粗大一般是由于两个原因造成的,一个是表皮缺水,还有一种就是皮肤的老化。缺水造成的毛孔口是圆形的,而老化形成的毛孔口则是水滴状的。只要这两种情况出现一种,就说明你皮肤已经流失了足够多的水分和营养,非常需要补充它们了。日常补水和使用精华是必须的,但是每周一次的皮肤管理更是必需的。它可以防止肌肤的继续扩张,提高肌肤细胞活性,抵抗老化风险。

（4）**皮肤容易变黑的人。**其实每个人都拥有自己独特的肤色,但是大多数人的皮肤,尤其是裸露在外面的脸部和手部皮肤会逐渐的变黑。这些后天类的变黑其实是可逆转的。平时要注意多多防晒、隔离紫外线、防止肌肤继续黑化之外,每周一次的净化美白管理是绝对少不了的。恰当的美白管理可以清除皮肤中的黑色素,并引导排除皮表,让肌肤恢复白皙和透亮。这类管理通常比自行在家做的美白效果可以提高 60% 左右。

（5）**长斑长痘,面部痤疮多发的人。**现在生活节奏都比较快,特别对于现代女性还要面对家庭和事业的双重压力,会造成内分泌失调,体内毒素长期积压,加上皮肤在日常生活中被外界污染物、灰尘的作用更容易生成色斑、雀斑、黑头、粉刺、痤疮等,还有一些痘印在脸上留下瘢痕,这是很多女性都无法接受的。所以,有长期被痘痘、痤疮和粉刺困扰的朋友,可以考虑立即接受皮肤管理。越早管理,皮肤好的也越快。哪怕脸上有一颗痘,如果发生皮下连续性感染的话,最后脸上还是会留下很多痘印,甚至很难治愈。因此如果你脸上长了很多痘痘,切记要开始进行皮肤管理了。

（6）**懒人族。**想要皮肤吹弹可破,收藏了一堆"护肤大法",可是每天又没有那么多时间打理皮肤可怎么破? 肌肤长期暴露在外,会受到不少的污染,不好好打理是不行的。不如定期做一个皮肤管理,不需要自己动手,只需要躺着享受就好了,最适合懒人一族啦。

（7）害怕皮肤老化,想要逆龄肌肤的人。皮肤老化是自然规律,是岁月留在脸上的记忆。但是,有时候我们只想留住岁月里美好的记忆,而不想要一张皮肤下垂、皮层变薄、满是皱纹、无弹力的脸,希望青春永驻,容颜不老。既然如此,对皮肤进行有效的管理和保养,就更加重要了。

6. 目前市场上的皮肤管理项目,主要分为哪几类

目前市场上主流的皮肤管理项目,大体上可以分为以下七类:

（1）**保湿**:适用于任何肌肤;

（2）**修复**:皮肤问题基本上是由皮肤屏障功能受损所致,表现为痒、红、痛、干等,要解决这些问题,首先就要修复皮肤屏障;

（3）**舒缓**:问题性皮肤一旦受到刺激,就会出现一系列敏感性的症状,要缓解这种症状,就需要用一些舒缓的产品;

（4）**美白**:美白成分众多,如何让美白效果最大化一直都是大家最为关注的问题;

（5）**抗炎**:特别是一些植物的提取物;

（6）**控油**:很多皮肤问题,都是由油脂分泌异常引起,如痘痘,需要配合控油和调节皮脂分泌的相关产品。

（7）**调节新陈代谢**:皮肤的新陈代谢一旦出现异常,细胞的新老更替就会出现问题,要么引起角质层增厚,皮肤显得灰暗;要么造成角质层变薄,皮肤就变得敏感;调节新陈代谢的方法包括果酸微酸、微针等。

7. 皮肤管理会损伤皮肤吗

皮肤管理是介于生活美容和医学美容中的一种无创的皮肤治疗方案,首先根据皮肤检测设备,检测出存在的皮肤问题,分析问题成因,再根据皮肤肤质和问题严重性来制订出个性的方案;并借助高科技仪器,帮助产品吸收达到理想效果。皮肤管理是需要进行的相关检测均为无创,真正做到有的放矢,实现个性化管理。

8. 在进行皮肤管理前,需要进行哪些准备工作

在进行皮肤管理前,首先需要了解自己的皮肤。通过相关皮肤检测,对皮肤情况进行全面而准确的评估。通过脸部皮肤检测仪,进行脸部皮肤检测,检测皮肤的色斑、皱纹、毛孔、棕色斑点、红色区、紫质参数等问题。

9. 多久进行一次皮肤管理比较科学

皮肤管理的基本流程一般包括检测皮肤、专业毛孔清洁、深层补水、私人订制,建议根据自身的皮肤肤质,每周到皮肤管理中心进行1~2次皮肤管理,针对自身肌肤的问题,有针对性地进行问题排除和处理。对于敏感肌肤,不可以过分清洁和去角质,需要针对个人的皮肤状况个性化定制皮肤管理方案。

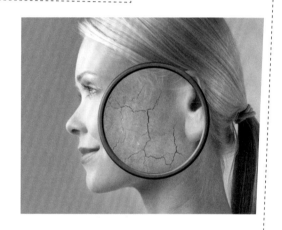

10. 年轻肌肤也需要进行管理吗

一般来说,皮肤从 20 岁开始老化,随着年龄的增长,胶原蛋白不断流失,皮肤弹性下降,继而引起的衰老问题若只靠单纯的护肤是无法解决的,如果想做皮肤管理,20 岁之后就可以开始了。

11. 关于面部抗衰,人们有什么误区

误区一:护肤品越贵越好。

昂贵的保湿药妆品改善皮肤屏障功能并不一定优于便宜的产品。多数药妆品中最贵的成分是包装和香料。

误区二:保湿剂可以抗衰老防皱纹。

保湿剂通过封包减少水分丢失而增加皮肤含水量,因而只能减少脱水引起的皱纹。

误区三:羟基乙酸去角质会有痛感。

羟基乙酸换肤不需要产生痛感就可以促使角质剥脱。

误区四:视黄醇类化妆品可以代替维甲酸。

视黄醇类化妆品不能达到处方维甲酸的抗皮肤衰老功效。

误区五:UV 防护用美黑产品就行。

美黑产品不能提供有效的 UV 防护作用。

误区六:药妆可以深入皮层进行滋养。

绝大多数药妆留在皮肤表面,不能充分穿透到真皮发挥作用。

误区七:只有轻加工产品是天然的。

天然物质没有明确的定义,所以植物性成分可认为是天然的。

误区八:敏感性皮肤者应尽量使用包含植物性成分的药妆。

包含大量植物性成分的药妆难以进行斑贴实验,所以敏感性皮肤和皮肤病患者尽量减少使用这类产品。

12. 如何利用化妆品延缓皮肤衰老

现在市面上有关延缓衰老化妆品主要通过以下途径达到延缓衰老的目的:

(1) 清除过量自由基(自由基衰老学说): 根据衰老的自由基学说,过量的自由基会引起机体损伤导致衰老。因此清除过量的自由基成为延缓衰老的重要手段。拥有清除过量自由基功能的活性原料主要以维生素 C、维生素 E 和辅酶 Q10 为代表。另外,最近备受推崇的植物提取精华原料中也有许多很好的自由基清除剂,如石榴、绿茶、咖啡果提取物等。由于清除过量自由基已经是为大家所证实的延缓衰老的有效途径,所以目前市场上大部分的延缓衰老化妆品都添加了具有清除过量自由基作用的成分。

（2）**防御紫外线（光老化学说）:** 皮肤的光老化是指由于长期的日光照射导致皮肤衰老或加速衰老的现象。日光中的紫外线可引起皮肤红斑和延迟性黑素沉着,破坏皮肤的保湿能力,使皮肤变得粗糙,皱纹增多。目前一些大品牌已经开始在延缓衰老化妆品中添加紫外线散射剂和吸收剂等防晒成分,保护皮肤免受紫外线损害。

（3）**代谢失调衰老学说:** 机体代谢障碍可引起细胞衰老而致机体衰老,因此改善机体的代谢功能,促进细胞的新陈代谢可大大延缓衰老的发生。这一方面比较新的原料有维生素 A、异黄酮素等,能够活化细胞再生力,促进细胞新陈代谢,使肌肤平滑细致。促进细胞新陈代谢也是应用比较成熟的一条延缓衰老途径,大品牌在这一方面的产品比较多。

（4）**补充胶原蛋白和弹性蛋白（基质金属蛋白酶衰老学说）:** 胶原蛋白和弹性蛋白作为一种结构蛋白,广泛存在于动物的皮肤、肌腱以及其他结缔组织中,富含胶原蛋白的组织很容易表现出一些与年龄相关的生理变化。衰老的皮肤中由于胶原蛋白和弹性蛋白的流失,导致皮肤弹性下降、松弛、皱纹增多。因此补充皮肤中的胶原蛋白和弹性蛋白是延缓衰老的又一重要途径。

13. 不同年龄段的人群衰老问题有哪些差异

　　不同年龄段的人群面临的衰老问题有很大的差异,20~50岁的人群主要是光老化,外界因素是造成其衰老的主要原因,表现为皮肤暴露部位粗糙、皱纹加深加粗、结构异常、色素沉着、血管扩张、表皮角化不良等现象。50岁以后的人群由于进入更年期,女性的雌激素水平下降,导致皮肤干燥无光泽,胶原蛋白流失,皮肤变薄,弹性和紧实度下降,皱纹加深,色素增多,出现老年斑等。因此针对不同年龄段的人群应采取有针对性的延缓衰老措施。

14. 不同年龄段的人群应采取哪些延缓衰老的措施

　　20~50岁的人群主要应注意以下五个方面:①防晒,抵御紫外线对皮肤的伤害;②清除过量自由基,通过使用一些具有抗氧化功效的化妆品清除过量

的自由基,消除自由基损伤;③保湿,保持皮肤的湿润可以促进皮肤细胞新陈代谢,保持皮肤的屏障功能,有效抵御外界刺激;④促进皮肤中胶原蛋白和弹性蛋白的合成,胶原蛋白的流失是皮肤呈现皱纹的罪魁祸首,具有促进胶原蛋白和弹性蛋白合成作用的化妆品可以有效地补充流失的胶原,阻止皱纹产生;⑤戒除不良生活习惯,烟酒刺激和不规律的生活也是造成衰老的一个主要原因。

50 岁以上的人群因为机体中的一些更年期变化,需要通过以下五个方面来延缓衰老状况:①清除过量的自由基;②补充一些植物雌性激素,如大豆异黄酮等提升激素水平;③激活细胞新陈代谢,加速皮肤细胞的自我更新;④补充胶原蛋白和弹性蛋白,主要通过体外补充的方法增加皮肤中的胶原蛋白,阻止皱纹加粗加深;⑤通过抑制非酶糖基化和羰基毒化作用来解决皮肤色素沉着、老年斑等问题。

15. 人体皮肤美学有哪些特征

肌肤的美丽,可以从以下几个方面来反映:

（1）**肤色**:皮肤的色泽是视觉审美过程的重要特征。皮肤色泽的变化,可以引起视觉审美心理的强烈反应,皮肤色泽往往因民族、性别、职业等的差异而有不同,例如:在正常情况下,黄种人的肤色表现为微红稍黄才是健美的肤色。

（2）**光泽**:是具有生命活力的体现,给人一种容光焕发、精神饱满而自信的感觉,他向人们传递着生理、心理状态健康的美感信息。

（3）**滋润**:是皮肤代谢功能良好的标志,也与健康的心理状态有关。

（4）**细腻**:细腻的皮肤无论是从视觉还是触觉的角度来讲,都给人无限的美感,柔嫩、光滑、润泽的皮肤,是皮肤美学特点的重要特征之一。

（5）**弹性**:富有弹性的皮肤,坚韧、柔嫩、富有张力。它表明皮肤含水量及脂肪的含量适中,血液循环良好,新陈代谢旺盛,展示着诱人的魅力。

（6）**体味**:是人体反映出来的种种气息,它是一种生命信息的传递、情感的流露和人体语言的交流,在生活中,人们常常利用体香味的原理在自己身上或环境中喷洒上一些令人陶醉的香水,以制造宜人的气氛。

16. 影响皮肤美学的因素有哪些

内源性因素:①遗传因素:父母亲的皮肤状况,是否近亲婚配,胚胎发育的环境等;②病理生理因素:如机体其他器官的病变引起的皮肤色素沉着等,女性内分泌失调及妇科肿瘤等引起的两颊色素沉着,压力较大引起的痤疮,肝肾疾病引起的黄褐斑等;③心理因素:心理因素可影响皮肤细胞的代谢,长时间的不良心理因素可导致皮肤干燥、弹性降低、皱纹的产生等,愉悦的心理状态可激活皮肤的色素代谢而使皮肤容光焕发,充满朝气。

外源性因素:①生物学因素:如蚊虫叮咬可引起丘疹性荨麻疹,某些易致敏植物、花粉可引起荨麻疹或接触性皮炎,细菌感染可引起毛囊炎、疖、痈等,真菌感染可致癣;②物理因素:气候环境变化(如寒冷、紫外线、空气干燥等)、日晒、花粉、污染、饮食等;③化学因素:碱性洗涤剂、药物(糖皮质激素、维甲酸类、过氧化苯甲酰等)、化妆品使用不当。

17. 面部老化有哪些表现

面部老化是面部各层解剖结构随着年龄增加发生变化和相互作用的结果,导致组织松垂、容量减少、轮廓改变以及皮肤质地的改变,最终出现眉毛下垂、上睑下垂、抬头纹、鱼尾纹、木偶纹、三角眼、眼袋、鼻尖下垂、苹果肌凹陷、鼻唇沟、泪沟、口角囊袋、下颌缘赘肉、皮肤暗沉、色斑等。

18. 面部软组织解剖分为哪几层

面部软组织解剖分层一般分为五层:第一层为皮肤,真皮越薄,皮肤老龄化越重;第二层为皮下组织,由皮下脂肪和皮肤纤维韧带组成。皮下脂肪提供组织容量,纤维韧带由数量较少的粗大纤维韧带穿过肌肉腱膜层后分成许多细小的韧带到达真皮,起到连接真皮和肌肉腱膜层的作用;第三层为肌肉腱膜层(SMAS),由肌肉、筋膜和腱膜组织排列组成,面部肌肉呈层状排列,浅层肌肉包括额肌、眼轮匝肌和颈阔肌，深层肌肉位于骨性开口周围提供重要的括约功能，包括面上部的皱眉肌和降眉间肌，口周的提肌群（颧大肌、提上唇肌、提口角肌）、降肌群（降口角肌、降下唇肌）和口轮匝肌，最深层的颊肌和颏肌；第四层为支持韧带和间隙层，年轻时面部间隙较紧，支持韧带短而结实，随着年龄增加，面部间隙增大，支持韧带松弛，且间隙增大程度高于韧带松弛程度；第五层为骨膜层，随着年龄老化，部分骨骼发生吸收，骨骼容积减少尤其是中面部上颌骨的后移使泪沟和鼻唇沟变得更明显。面部骨骼后移也会造成纤维韧带附着点移位，导致皮肤向内凹陷，中面部后退会造成视觉上组织缺损的外观。

　　在面部老化中仍需关注解剖结构还有面部脂肪层。面部脂肪层实际上分为浅深两层，浅层脂肪即位于皮肤下、SMAS 层上方的皮下脂肪，主要功能是保护性的，更多的是对皮肤的滋养，使皮肤保持年轻态，拥有更好的肤色、肤质，同时浅层脂肪老化后会下赘，引起组织松弛。深层脂肪位于 SMAS 层深层，在间隙位置，包括眼轮匝肌下脂肪、颞部脂肪垫、面部内侧深层脂肪垫、颊脂肪垫，提供面部容积和外形支持。基于面部老化的解剖学基础，面部年轻化的实现不是对单一问题的解决，强调综合整体治疗，如通过埋线解决松垂，通过玻尿酸或自体脂肪填充解决容量减少、轮廓改变，通过注射、激光解决皮肤质地改变等。

19. 如何诠释皮肤管理师的角色

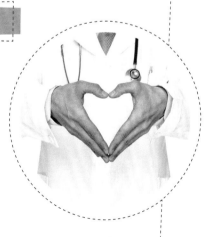

　　专业的皮肤管理师是介于皮肤科医生和生活美容师之间的一个角色。对于病灶类的疾病，皮肤管理师并不比皮肤科医生懂得多，但是对于各种肤质不同年龄的护理方法确是非常精通。皮肤管理师精于各类皮肤诊疗技巧，配合各类仪器针对需求性皮肤去治疗搭配，合理运用手法、仪器、产品结合来制订皮肤管理方案，填补了医学美容的空白。

20. 男士皮肤管理，需要注意什么

由于男性的生理性质不同（雄性激素分泌旺盛）以及心理和行为特点都与女性有明显不同，所以针对其皮肤的管理，以下要点需要十分注意：①肌肤的清洁问题。一般不需要卸妆，而要着重脸部的基础清洁（清洁脸部表面的油脂、灰尘）和深层清洁（去除毛囊中的污垢）；在深层清洁时，果酸和角质铲可以进行混合使用，如果黑头严重的，在热喷和黑头导出液的配合下，进行去除。②营养补给的偏重。男性在 35 岁前进行皮肤管理的，可以偏重于补充水分，而 35 岁之后，同样要进行胶原蛋白的补充。③手法斥力的方式。在对男性进行皮肤手法管理时，手法应该加重 2~3 倍，才可以充分缓解其肌肉组织的疲劳。④心理状态的重视。⑤管理后整理及日常护肤的提醒。相较于女性来说，男士并没有基础的护肤概念。因此，在进行皮肤管理之后，要充分的告知需要注意的事项及之后的日常护肤。

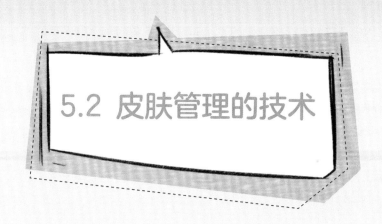

5.2 皮肤管理的技术

21. 什么是射频美容技术

射频美容定位组织加热，促使皮下胶原收缩拉紧，同时对皮肤表面采取冷却措施，真皮层被加热而表皮保持正常温度，这个时候会产生两种反应：一是皮肤真皮层变厚，皱纹随之变浅或者消失；二是皮下胶原质的形态重塑，产生新的胶原质，使皮肤变得紧实。

22. 什么是脱毛术

脱毛术用于去除面部或躯干的多余毛发，传统的脱毛方法包括漂白法、剃毛法、石蜡脱毛法、电解法等，新型的有激光、强脉冲光和光动力疗法。暂时性脱毛法包括漂白法、剃毛、拔毛、石蜡脱毛、手工脱毛、化学脱毛、外科手术、放射疗法。

23. 什么是毛发移植术

毛发移植手术原理是应用显微外科技术取出这些部位健康的毛囊组织，经仔细加工培养后按照自然的头发生长方向艺术化地移植于患者脱发部位，移植后再生的头发保持原有特质，不会再次脱落或坏死。国际主要毛发移植技术包括：①FUT-单体毛囊培植再生技术，从自身后枕部集中提取毛囊,采用专利精细器械单体移植。适合脱发面积较大或者严重者,一次最多可取 3 000 单位左右,术后会留下瘢痕。②FUE- 不开刀的植发技术,采用 FUE 显微电动设备从后枕部,分散性地单个提取毛囊,按照头发生长方向单体移植到脱发部位。适合脱发面积大或者追求完美的人士,单个提取毛囊,无须缝合拆线,愈合较快,不留痕迹,一次可以取 2 500~4 000 单位左右。

24. 什么是水光针

水光针是通过空心微针将营养物质及药物,精准注入皮肤特定层次,有效补充透明质酸、多种维生素等营养物质,刺激胶原蛋白生成,使皮肤变得水润光泽,有效延缓皮肤衰老,改善肤质;还能通过注入药物来治疗疾病。传统的水光疗法是单针线性注射,随着求美者和患者需求的不断提高,逐渐出现了智能化、自动化的电子注射器,可有效减轻疼痛,缩短注射时间,减少药物浪费。电子注射(水光疗法)的技术原理是:利用循环负压吸起皮肤,同时多个空心微针刺入皮肤特定层次,注入营养物质或药物,随后负压消失,注射器和皮肤自动分离。其给药技术特点是:①对于有一定黏度的药物(如透明质酸)注射时设有后退值,减少漏药。②可调的循环负压设计,可以有效吸起皮

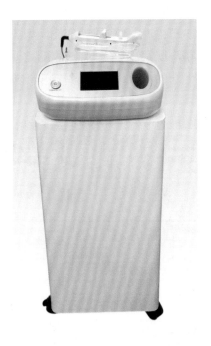

肤,又可防止长期持续负压引起的瘀斑、疼痛。③有多个针头,有效缩短了注射时间。④注射深度可控,给药均匀,注射速度和给药量可智能化调节,提高了水光注射的安全性和效果,减轻求美者或患者的疼痛感。电子注射(水光疗法)的优点有:①皮肤注射,精准给药。②机械刺激,促进再生。③损伤轻微,恢复迅速。

25. 水光针常用药物及营养物质有哪些

电子注射(水光疗法)常用的营养物质和药物电子注射(水光疗法)应选择经过国家食品药品监督管理总局(China Food and Drug Administration, CFDA)认可的营养物质和药物,常用的有透明质酸、维生素、微量元素、氨基酸、肽类、氨甲环酸、肉毒毒素等。

(1) **透明质酸:** 透明质酸通过其水合作用调节组织内水分平衡,促进代谢废物和色素的排出,通过促进成纤维细胞分泌合成胶原和弹性纤维使皮肤弹性增加,从而有效地改善皮肤松弛、皮肤干燥、细纹、油脂分泌过多、色素沉着等皮肤问题。

(2) **氨甲环酸:** 氨甲环酸为合成的氨基酸类抗纤溶药。近年来,氨甲环酸治疗黄褐斑的作用被逐渐发现,其可能的作用机制为:氨甲环酸与酪氨酸有相似的结构,能够竞争抑制酪氨酸酶的活性;氨甲环酸抑制真皮内毛细血管的新生;氨甲环酸抑制肥大细胞的增生和活性;氨甲环酸促进皮肤屏障功能的修复。推荐氨甲环酸注射的浓度不超过 5%。

(3) **注射用 A 型肉毒毒素:** A 型肉毒毒素临床上常用于改善动态性皱纹。真皮内电子注射(水光疗法),可通过抑制神经末梢,释放乙酰胆碱,来抑制皮脂腺的分泌;此外可抑制立毛肌的收缩,减少皮脂的排出,从而达到缩小毛孔,紧致皮肤的作用。推荐全面部肉毒毒素注射的剂量为 10~30U。

(4) **其他:** 维生素类、胶原蛋白、多肽等都可用于电子注射(水光疗法)达到皮肤胶原再生、年轻化等作用。医生可根据求美者或患者的皮肤状况来选择安全的、对症的注射成分。

26. 什么是果酸换肤

果酸换肤,简而言之,就是拿果酸来换肤的意思。即使用高浓度的果酸进行皮肤角质的剥离作用,促使老化角质层脱落,加速角质细胞及少部分上层表皮细胞的更新速度,促进真皮层内弹性纤维增生,对浅层痘疤有较好疗效,也能改善毛孔粗大,但需经多次疗程治疗后才能消除痘疤,其优点是安全、副作用小。果酸可以促进真皮层胶原蛋白的纤维增生及重新排列，使真皮内的基质增加，便会使皮肤变得较为光滑有弹性，也能改善瘢痕。青春痘的患者，除了因本身皮脂腺分泌较为旺盛之外，通常角质层都较厚而阻塞毛孔，妨碍皮脂的排泄才会好长痘痘，果酸在去除角质的同时，也能让皮肤油脂分泌更为通畅，故可治疗恶性青春痘、粉刺等。果酸是一系列自然生成的有机酸的统称。这些有机酸具有弱酸性，来源于甘蔗(甘醇酸)、柑橘类水果(柑橘酸)、牛奶(乳酸)、柠檬(柠檬酸)等。果酸能促进角质层代谢，也可促使皮肤表皮非常性脱落，从而长出新皮肤。因为是很表浅的换肤，所以副作用很少，例如瘢痕、感染、红斑及发炎后色素沉着都很少发生。

27. 什么是倒模面膜技术

倒模，目前在我们国家是用塑形材料(倒模粉)敷于面部，利用塑形材料在塑形过程中产生的热效应，作为一种辅助疗法的一种理疗方法，这种方法，实际可以看作是面膜的一种特殊形式，而倒模技术则是综合面膜、理疗、药疗、按摩、指针的一种综合性治疗、保健技术，就不单单是倒模本身了。

倒模技术，是一种综合治疗方法，他把热疗、针刺、按摩、药疗、面部清洁融为一体，而塑形，只是一种促进皮肤血管扩张，吸收药物清洁皮肤的手段，在整个倒模过程，皮肤血管收缩、扩张、收缩、扩张、收缩反复交替，可以达到紧缩皮肤，增加弹性的作用，使皮肤敛紧，张力增加。又由于面膜敷于脸部，使皮肤水分不易蒸发，加之汗腺扩张，血液循环加快，皮肤升温，便保持了充足的水分，使面部不易出现皱纹和干燥。倒模材料紧贴面部皮肤和术中血管扩张，又使药物加速吸收，而增加了皮肤吸收营养品或药品的量，起到直接治疗作用或保健作用。至于皮肤升温，分泌增加，排出污物、皮脂和术中磨面等清洁过程，又彻底清洁了皮肤，保护了皮肤不受外邪侵袭，所以，倒模术是一种彻底的皮肤清洁、理疗、药物治疗的综合方法。

28. 什么是磁性蜡疗美容技术

磁性蜡疗又称水晶面膜,它含有丰富的维生素及皮肤所需要的营养素。通过蜡疗机的加热、保温,涂在皮肤上可促进血液循环,加强皮肤的吸收功能,并通过磁疗的功能,使蜡中的营养成分和活化因子被磁化,并与皮肤表面的电荷结合,有效渗透到皮肤深层,达到营养成分被磁化、导入、营护肌肤的三重作用。蜡疗面膜所用的蜡为单独纯石油的原油提炼的高品质的、添加了各种物质的,尤其可使皮下组织活化的物质,如维生素E、核桃油等的上等石蜡。磁性蜡炉集溶蜡、恒温、磁化为一体。蜡疗可提高皮肤吸收功能。它不但可用于面部、颈部,也可用于手、脚及全身护理。可以用来增加面霜的渗透力,补充表层皮肤的水分,尤其对缺乏水分的皮肤效果甚佳。主要适用于干性皮肤、衰老性皮肤、超干性皮肤者,或在秋、冬季节、干燥地区均可使用。禁用于面部微血管扩张、油性皮肤及暗疮皮肤者。

29. 什么是微针疗法

微针美容的原理是利用微针滚轮上许多微小的针头,刺激皮肤,在很短时间内微针可以做出超过几百万个微细管道,令活性成分有效渗入皮肤,配以祛皱、美白、修复、祛妊娠纹、祛瘢痕等特效产品,激发新细胞再生时将微针营养全面转化为细胞活性物质。从而达到减淡皱纹、治疗瘢痕及妊娠纹、肌肤美白、减淡色斑、改善眼部皱纹、黑眼圈、收紧及提升面部皮肤组织等理想效果。同时微针刺激真皮层,通过皮肤的自愈能力,促进胶原增生。整形美容、激光美容等方式大都是创伤大、恢复慢、风险相对较大,而微针美容最大的优势就是微创或无创、易操作、痛苦小、高效安全,适合广大求美者。传统的美容方法,有效成分只能渗透入表皮的角质层,效果不显著。而微针美容能增加有效成分的渗透,穿越皮肤表皮层及真皮层,效果更显著;刺激皮肤生成胶原蛋白,增加皮肤厚度,且效果持久;愈合迅速;无永久性皮肤损伤;风险最小。

30. 什么是医用面膜

医用面膜是属于医学护肤品范畴的一类面膜,介于护肤品和药品之间,对于问题皮肤,它可以降低皮肤敏感性,作为药物的辅助治疗手段,对于健康皮肤,它可以减少刺激。那么,医用面膜和普通面膜有什么区别?医用面膜采用无菌生产,包括净化生产车间、医用材料及原材料等,可以直接使用于皮肤伤口,而我们常见的生活护肤品在各方面工艺上的要求都没有如此严格。医用面膜配方精简,不添加任何非功效的添加剂,不仅原料经过严格筛选,产品安全性和有效性都经过试验和临床验证,作用机制更明确,简单概括就是:成分明确、针对性强。医用面膜上市前会通过多家医院临床验证产品的临床功效和安全性,确保对皮肤疾病具有一定辅助治疗作用,由皮肤科医生或药房专业人员针对个人皮肤状况推荐使用相应产品,专业性极高,而绝大多数普通面膜,顾客只能"盲买"。

医用面膜对功效划分精确,产品成分作用机制明确,并经过了科学的试验研究证实,对于不同的肤质,不同的肌肤状况有针对性地进行修复,比如医美微整手术前后,肌肤从表面到底层都有创伤,使用含有生长因子(EGF)、透明质酸、活性胶原等成分的医用面膜,可促进手术创面的愈合。日常保湿则主要是透明质酸、胶原蛋白等功效性成分,达到补水锁水的双重功效,使皮肤接近水油平衡。

31. 什么是微晶磨削术

传统的皮肤磨削术采用砂纸、砂轮或钢轮磨头对凸凹不平的皮肤或色斑进行研磨,使皮肤达到平整、消除色斑。但其磨削技术粗糙,深浅不易掌握,还需局部麻醉,并易出血,术后恢复时间长,患者不易接受。为了克服上述缺陷,便出现了如今的微晶磨削技术。皮肤微晶磨削术是皮肤美容的一种新方法,是利用物理换肤的原理,去除表皮角质层,改善肌肤的再生能力和肤质,以达到改善皮肤松弛、减轻皱纹的目的。1985年在意大利首次使用,随后在欧洲、美国等地得到推广。它通过人工制造的真空全密封双重无菌过滤系统,将真空中的微晶高速喷向肌肤表面,瞬间有数千颗小至微米的晶粒冲击每平方毫米的皮肤,研磨皮肤以达到使皮肤平整光亮、外观改善,从而美化皮肤。

皮肤微晶磨削术有以下特点:①不需要麻醉;②无痛治疗;③短期内可以重复治疗;④治疗方法简单,容易操作;⑤不会明显干扰患者的日常生活。皮肤微晶磨面术是表浅磨削术,作用部位主要在表皮层,可有效治疗日光损伤所致的细皱纹、老年斑、痤疮后的毛孔扩大,治疗后皮肤质地及外观上有显著改善。

32. 什么是化学剥脱术

化学剥脱术的概念在几千年以前就已经有了,古埃及人用酸奶或者动物的油脂,古希腊和古罗马人使用从石灰中提取的腐蚀性物质来使皮肤变得光洁;再后期,欧洲的医生采取了更科学的方法,用碘酒、巴豆油和各种酸以不同的比例配成一种复合物来治疗皮肤的色素异常。如今化学换肤术已经有了更广泛的含义,包括各种各样的试剂,可以治疗多种皮肤疾病。

化学剥脱术就是将剥脱剂(药物)涂在需要更换的皮肤上,使皮肤发生角质层分离和角蛋白凝固,表皮和真皮乳头不同程度坏死、剥脱,随之被新长出的表皮代替,令之焕然一新。化学剥脱术最常用于美容目的,以改善外貌,加强自信。化学剥脱也可以去除皮肤的癌前病变,软化痤疮瘢痕,有时甚至能控制痤疮。石炭酸、三氯乙酸(TCA)、和 α 羟基酸(AHAs)可以作此用途。每个患者适用的确切处方可根据情况进行调整。虽然化学剥脱术可以和面部上提术结合使用,但它不能代替手术,也不能延缓衰老的过程。化学剥脱对颊部、前额和眼周的细微皱纹及口周的垂直皱纹特别有效。α 羟基酸剥脱时可引起刺疼、红肿和结痂。随着皮肤对治疗的适应,问题将逐步解决。在第一次就诊时,要告诉医师自己的愿望。对于可能存在的任何问题都要毫不犹豫地提出来,要求医师详细解释手术的过程和计划,包括它的危险和好处,恢复的时间和价格。如有疱疹史,应在术前告诉医师。

33. 化学剥脱术的分类有哪些

化学剥脱术最常见的分类是依据组织学损伤深度（Rubin 氏分类法）进行的。①表浅剥脱，剥脱深度仅限于表皮角质层。②轻度剥脱，剥脱深度限于表皮内，不进入真皮。③中度剥脱，剥脱深度限于表皮全层及真皮乳头层。④重度剥脱，剥脱深度通过表皮全层，到达真皮网状层。

化学剥脱术适应证包括痤疮、痤疮后瘢痕、毛孔角化症、日光性角化病、黄褐斑、雀斑、日光性色素斑、炎症后色素沉着等。

禁忌证包括：妊娠、哺乳者；不能坚持剥脱术后避光者；六个月以内局部实行过外科手术者；单纯疱疹等病毒感染者；免疫功能不全，接受过放射线治疗者；两周以内局部实行过化学剥脱术者；瘢痕体质，湿疹患者，尤其是异位性皮炎者，精神、情绪紊乱者，等等。

34. 什么是皮肤磨削术

皮肤磨削术（skin dermabrasion）又称擦皮术，是医学美容换肤技术在临床上最为常用的一种方法，磨削术常采用磨头磨削，对表皮和真皮浅层进行可控制的机械性磨削，修复主要靠表皮内基底层细胞和靠近基底层的棘细胞，以及残存的皮肤附属器如毛囊壁、小汗腺导管壁、皮脂腺导管壁等组织，当创面愈合时，可使皮肤表面的组织变化，并使真皮的胶原纤维和弹性纤维重新排布，残存的皮肤附属器（毛囊、皮脂腺、汗腺）会迅速形成新的表皮，创面几乎不留有瘢痕，以完成治疗及美容的一种手术。

传统的磨削术通常是在皮肤表面用砂纸和砂轮抹掉浅表瘢痕，这种方法有很大概率会引发并发症，因此在临床应用中比较少。随着科技的发展，逐渐研制出微晶磨削、激光磨削,这两种方式在临床使用过程中,可以呈现出比较好的磨削效果,而且很少引发并发症,应用的比较多。皮肤磨削术主要的适应证是皮肤瘢痕,无论是痤疮后瘢痕,还是外伤所致瘢痕。一般认为,浅表性瘢痕的治疗效果较好。要想取得较好的效果,除严格掌握适应证之外,还要"精心"选择患者。治疗前明确患者的治疗意图非常重要。事实上所有的瘢痕都不可能彻底治愈,对于期望值过高的患者只能排除在外,不切实际的期望只能增加不必要的医疗风险。

35. 皮肤磨削术的分类有哪些

皮肤磨削术主要分为 3 类,包括电动砂轮磨削、微晶皮肤磨削以及激光磨削。

电动砂轮磨削是利用电动机高速转动的砂轮(或钢制)打磨皮肤瘢痕表面,去掉瘢痕组织,利用组织再生修复创面。砂轮转速为 8 000~10 000 转每分钟,打磨力度较大,打磨深度较深,不仅可以去掉表皮、真皮乳头层,甚至可以贯穿整个真皮层。操作时掌握磨削的深浅程度极为重要。打磨过深会造成正常皮肤组织的过度破坏,形成新的瘢痕。电动砂轮磨削优点是磨削力度大,适合比较大的瘢痕,但由于力度大,深浅不易把握,易损伤正常组织,操作不当易形成新的瘢痕,色素沉着发生率较高。

微晶皮肤磨削的原理是:真空泵提供负压,通过带有小孔的磨头喷出 A12O3 多棱晶体,撞击凹凸不平的皮肤瘢痕表面,达到磨平皮肤的作用,同时经负压吸口将磨下的组织碎屑和微晶颗粒混合物吸除。由于微晶颗粒直径为 100~150μm,均匀作用于皮肤表面,打磨不会太深且易于控制,很少出现新的瘢痕。磨削的深浅可以根据治疗的需要来选择,依次摩擦皮肤表皮,缓慢达到真皮乳头层。微晶磨削术后发生色素沉着的概率很低。微晶磨削不仅可以治疗凹凸不平的浅表瘢痕,还可以减淡色斑,清洁堵塞毛孔,清除黑头粉刺、白头粉刺、脓疱等。

近年来,随着激光技术的发展,超脉冲 CO_2 激光、铒激光磨削进入临床应用,并且表现出较好的磨削效果。它们利用激光高能量定向治疗的原理,可以准确掌握磨削的层次,以取得精细的磨削效果。超脉冲 CO_2 激光采用高峰值短脉冲技术,能使激光在整个短脉冲期保持高峰值能量,可在瞬间准确汽化靶组织,并有止血和使真皮收缩的效应。且其作用于靶组织的时间短于向周围组织的热扩散时间,因此,可进一步减少组织损伤和并发症的发生。铒激光波长 2 940nm,这个波长与水的最大吸收峰值正好相同,因此水对它的吸收能力强,使它每次发射穿透较浅,且热量散失较少,对周围组织的热损伤也较小。可以穿透到真皮中层,能瞬间汽化目标组织。

36. 什么是面部填充术

面部填充术就是通过移植自体组织或埋置人工材料到受术者面部,以达到治疗或美容目的的面部整形手术。面部填充术最好的是采用自体组织填充,因为它最安全,自体组织相容性好,不会产生排异。面部填充的安全性非常的高,面部填充需要经验丰富的专家,而且使用的材料也是非常安全的,在填充后不会出现什么反常的情况。

面部填充术可用来消除面部皱纹。自体脂肪填充除皱手术方法是先抽取受术者腰腹部、大腿等部位的多余脂肪,然后对脂肪进行净化处理,提取纯净的脂肪颗粒注射填充到手术者需要除皱的部位,例如额部纹、眉间纹、鱼尾纹、鼻唇沟深纹等。通过对脸颊填充可使脸形得到改善,面部年轻化。颞部凹陷会影响求美者脸形上半部分的轮廓,让人感觉头大脸小,或是一种颧骨高的感觉。用固体硅胶块充填,很可能给咀嚼咬合带来疼痛或困难。所以丰太阳穴最好的方法是自体脂肪填充,自体脂肪注入颞部不会影响和改变组织或器官的功能,但是却会达到丰颞部的作用。颏部填充术又称隆颏或丰颏术。小颌或后退颌给人以不美的感觉。面部填充术丰下颏可让受术者脸形更适合"三庭五眼"的美学标准。丰下巴的填充物主要有固体硅胶、膨体、自体脂肪三种。一般情况下,对于额头相对比较饱满的人群来说,采用自体脂肪填充可以有效改善额头凹陷的情况,如果自身没有足够的脂肪拿来利用或者是额头凹陷较深比较严重,可以用人工软骨植入或者是膨体或医用硅胶等这些假体进行填充。

37. 面部填充术填充剂主要有哪些

目前市场上的填充剂主要为生物降解和非生物降解两大类。生物降解类填充剂,非永久性的药剂,维持效果时间较长(有时长达 12 个月),但最终被机体代谢掉。目前生物降解类的填充剂刺激胶原纤维再生而达到持久的美容改善效果,不良预后反应或者结局的风险低。这种药剂因为非永久性和易于校正的特点而深受医生和患者的喜爱。包括早期注射剂:脂肪和胶原蛋白、透明质酸、钙羟基磷灰石、聚乳酸、富血小板血浆等。非生物降解类填充剂、永久性填充剂疗效好,效果维持时间长,但是应用的风险更大,要求操作者技术精湛,当然其引起的并发症更常见且更难处理。包括聚甲基丙烯酸甲酯微球、液体可注射性硅胶。

38. 什么是美容冷冻术

冷冻治疗是利用对局部组织的冷冻,可控地破坏或切除活组织的治疗方法。或称冷冻外科。组织快速冷冻,温度降到0℃以下,细胞内、外的组织液形成冰晶,细胞结构被破坏。冷冻治疗法并非20世纪80年代开始,早在我国古代就有用冰块或冰盐水贴敷乳房及颈部使肿块消退或止痛效果。也有用冰敷鼻制止鼻出血,用冰水灌肠、洗胃,治疗胃肠道出血。不过,近十年来随着冷冻技术的发展,冷冻疗法随之有了一个较大突破,我国普及性冷冻治疗,以至于使我国低温治疗达到了国际水平,专科专疾治疗达到世界领先地位。那么,什么是冷冻疗法呢?简单地说是利用制冷物质(如氟利昂、液氮、干冰)产生低温治疗某些疾病的方法。我国各医院应用的冷冻器械均系自制、结构简单、品种繁多,目前人们最喜欢应用的还是液氮为致冷源的冷冻器。

冷冻美容分为:①单纯性美容,即对人体健康无影响的面部缺欠(如雀斑等),用冷冻的方法消除,达到美容目的;②冷冻医疗兼美容,指影响患者健康的体表疾患,如血管瘤、肉芽肿、皮肤癌症等,用冷冻方法治疗疾患,同时达到美容目的。

39. 常用的美容冷冻术方法及注意事项有哪些

目前常用的冷冻方法有:①喷射法:冷冻治疗器的喷头距皮损0.5~1cm,将液氮气直接喷射到治疗的部位;②棉签法:用浸沾液氮的棉签直接触压病损部位或擦磨患部;③接触法:选用与皮肤病变面积相当的冷刀头触压皮肤部位;④冻-切-冻法:对病变部位先进行冷冻,待病变部形成冰球后用手术刀切除，对创面再行冷冻，以杀灭残存的肿瘤等病变细胞。冷冻治疗与冷冻美容时采用何种方法，视病变部位的大小及病变的性质而定，对于病损薄（如雀斑）的部位，接触法或喷射法均可采用。一般冷冻2~5秒，根据不同病变决定冻融周期次数，以达到最佳效果。如需再次治疗，要7~15天痂皮自然脱落后才能进行。对病损范围较大而厚者（如疣），则多采用接触法，其时间适当延长，冻融周期相应增加。冷冻时治疗部位出现白色冻结，有痛感；治疗后局部出现水肿，继之出现水疱或血疱；水疱吸收或破后逐渐形成痂皮，1~2周自然脱落，愈后多留有色素沉着或色素减退，大约在3~6个月色素自然消失。

40. 什么是肉毒毒素注射技术

　　肉毒素是肉毒杆菌产生的毒素，是一种神经毒素，原先用于治疗面部肌肉痉挛和其他肌肉运动紊乱症，用它来麻痹肌肉神经，以达到停止肌肉痉挛的目的，后来被应用于医学美容。肉毒素可以阻断神经与肌肉间的神经冲动，使过度收缩的小肌肉放松，进而达到除皱的效果。或者是利用其可以暂时麻痹肌肉的特性，使肌肉因失去功能而萎缩，来达到雕塑线条的目的，也就是通常所说的去皱和瘦脸。肉毒素是目前毒性最强的毒素之一，1ml剂量可致人死命，战争时曾被用于毒品实验中。目前市场上肉毒素的使用情况有些混乱，一些不具备资质的美容院、小医院也在将肉毒素用于医疗活动中，使用的产品价格极为低廉，操作人员也未经严格培训，疗效值得怀疑，安全性更难以保障，消费者在选择的时候一定要慎重。肉毒素的剂量、注射部位把握不好，轻则出现眼睑闭合不上、眉毛下垂、表情古怪，重则可引起生命危险及严重的后遗症。自1992年美国食品和药物管理局（FDA）批准以来，注射肉毒毒素已成为美国最受欢迎的美容治疗，2015年，注射A型肉毒毒素（BTX-A）超过了670万例。

41. 肉毒毒素注射技术作用原理是什么

近 10 年来,作为安全的注射剂,肉毒毒素在皮肤美容领域的应用得到了快速的发展。肉毒毒素可阻断神经信号向肌肉传递,致使相应的肌肉麻痹,应用于表情肌,可以减弱过度收缩的肌肉以减少动态纹。随着肉毒毒素应用的增加,减少副作用同时增加疗效的新技术不断推陈出新。此外,还发现肉毒毒素在越来越多的疾病或症状治疗中的新用途,包括:瘢痕、皮肤生理学特性、皮脂腺分泌、汗腺分泌、潮红、雷诺现象和抑郁,以及新的技术——微量表浅注射。肉毒毒素注射除皱的作用在于可以阻断"神经"与"肌肉"间的神经冲动,使脸部过度收缩的肌肉松弛,进而使动态性皱纹消失。治疗后的脸部肌肉可保持平滑且不会成皱纹,而未受治疗的肌肉仍可正常地收缩,因此并不会影响正常的脸部表情。以前,要去除脸上的皱纹,可能必须借助拉皮。一般人通常会等上了年纪,皱纹较深时才做拉皮手术;在皱纹刚刚出现时,只有任其发展而无计可施。肉毒毒素注射除皱正好可弥补这段拉皮前的空档,所以年轻人的动态性皱纹也极适用。肉毒毒素注射除皱对于眉心中间的垂直的皱眉纹、眼角的鱼尾纹和笑纹以及抬头或者是在向上望时产生的横额纹等均有明显的治疗效果的。而对于鼻与口唇之间的皱纹、口部周围的皱纹,以及对下巴凹陷的现象或者是皱褶等也是有一定的治疗作用。

42. 使用肉毒素瘦脸需要注意些什么

使用肉毒素瘦脸需注意以下事项:①肉毒素瘦脸后一个月内禁止作脸部按摩、热敷、揉搓。②肉毒素瘦脸后避免吃硬壳类食物;一周内禁食辛辣、海鲜食物、忌烟酒。③肉毒素瘦脸早期可有咀嚼无力、酸痛现象。④因为咀嚼习惯,注射后两侧仍会有轻度的不对称。⑤少数人可能对药物不敏感而导致效果不明显,所以 2 周后应复诊。⑥肉毒素瘦脸后是可恢复的,也就是说在注射 3~6 个月之后,理论上还需要再次注射才能维持效果。⑦首先注射肉毒素适用于早期皱纹,年高者的严重皱纹注射虽有效,但效果较差。⑧注射肉毒素当天不要用化妆品。注射时与医生配合尽量使皱纹展示清楚。⑨注射肉毒素前 2 周内不要服用阿司匹林、氨基糖甙类抗生素药（如庆大霉素、卡那霉素），因为它们会加强 A 型肉毒毒素的毒性。⑩注射肉毒素后 4 小时内，安静休息。身体保持直立。24 小时内不要做剧烈活动。⑪不要去按摩注射肉毒素部位以免 A 型肉毒毒素扩散到其他部位的肌肉。注射肉毒素注意事项一定要严格遵守，以免造成注射肉毒素副作用的出现。而且一定要在正规的医院进行注射。

43. 什么是激光美容

激光美容在国内兴起有二十几年历史，激光美容治疗技术主要是选用光热动力学原理，采用调整不同的激光波长等原理，使得激光安全穿透皮肤，增加患者皮肤的组织营养，增加面部皮肤的骨胶原蛋白活力，促进细胞再生长能力。激光美容治疗技术已经成功应用在人体的不同部位，可安全放心的

为患者解决不同程度的美容问题。此法可以消除面部皱纹,用适量的激光照射使皮肤变得细嫩、光滑。如治疗痤疮、黑痣、老年斑等。由于激光美容无痛苦且安全可靠,受到人们欢迎。激光美容产品的主要原理是采用了对人体有益、透过能力较强、人体组织吸收率高的光波波段,利用弱激光对生物组织的刺激作用,同时对脸部多个美容穴位照射,通过对面部穴位和局部皮肤照射,有效地刺激面部经络穴位,加速血液循环,改善皮肤的供给状态,增加肌肤组织营养,促进皮肤的新陈代谢,去除衰老萎缩的上皮细胞,增强面部皮肤骨胶原蛋白活力,促进细胞再生能力和皮脂腺、汗腺的分泌功能,刺激表皮末梢神经,促进肌体的合成代谢及组织修复,从而改善面部肤色晦暗、色素沉着、皮肤松弛、皱纹、眼袋下垂、黑眼圈、毛孔粗大、皮肤粗糙等,使面部皮肤红润光泽、弹性增强,延缓皮肤的衰老,起到养颜美容的效果。

44. 现阶段的激光美容治疗技术的分类有哪些

现阶段的激光美容治疗技术主要包括不同系列的治疗措施,这些措施都是通过将激光不同波长传递给指定皮肤,从治疗结局来看,激光治疗的结果有两种:脱落性与非脱落性。脱落性激光治疗主要有 CO_2 激光,这种激光可通过作用患者皮肤表面,从而将患者皮肤气化,引发生物学基本反应。特点是可在几微米深度下的组织中产生光热,在光热的作用下,将患者组织气温不断快速提高,在温度的作用下将皮肤病灶组织气化,达到美容的目的。 CO_2 激光较之其他激光作用力更强,可以传递给患者皮肤更多热量,缺点是治疗恢复时间较长,大约需要 15 天左右的恢复期,如激光美容后护理不当,易造成色素沉淀,感染加深等症状。非脱落性激光美容治疗技术比脱落性激光治疗技术,性能更加安全,因其治疗技术并不是对患者皮肤组织进行脱落而是恢复,所以治疗后的恢复时间较短,不良反应较小。

45. 什么是激光嫩肤美容

激光嫩肤美容是激光技术飞跃发展的一项成果,这种方法已经有了很大

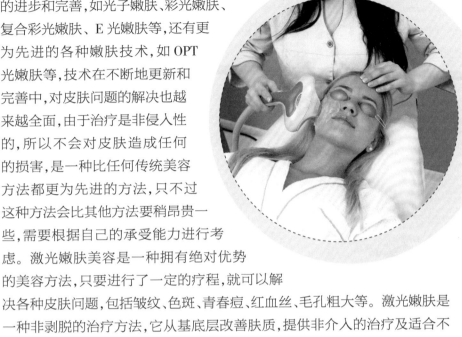

的进步和完善,如光子嫩肤、彩光嫩肤、复合彩光嫩肤、E 光嫩肤等,还有更为先进的各种嫩肤技术,如 OPT 光嫩肤等,技术在不断地更新和完善中,对皮肤问题的解决也越来越全面,由于治疗是非侵入性的,所以不会对皮肤造成任何的损害,是一种比任何传统美容方法都更为先进的方法,只不过这种方法会比其他方法要稍昂贵一些,需要根据自己的承受能力进行考虑。激光嫩肤美容是一种拥有绝对优势的美容方法,只要进行了一定的疗程,就可以解决各种皮肤问题,包括皱纹、色斑、青春痘、红血丝、毛孔粗大等。激光嫩肤是一种非剥脱的治疗方法,它从基底层改善肤质,提供非介入的治疗及适合不同的皮肤状态,通过特定的波长穿透皮肤 5mm 厚度,直达皮肤的真皮层,直接作用于真皮层的胶原细胞和成纤维细胞,使皮肤中的胶原蛋白得以重生,真正达到皮肤护理的作用。它不会对皮肤有任何损伤。

46. 什么是超声波美容技术

超声波是一种频率高于 20 000 赫兹的声波,它的方向性好,穿透能力强,易于获得较集中的声能,在水中传播距离远,可用于测距、测速、清洗、焊接、碎石、杀菌消毒等,在医学、军事、工业、农业上有很多的应用。超声波因其频率下限大于人的听觉上限而得名。

20 世纪 90 年代,美容的趋势越来越接近于医学,很多有碍美容的皮肤问题,必须通过医疗方法才能达到美容的效果,于是有人便将超声波从医学界引入美容界。超声波的引入为美容师提供了一个很好的美容手段,它治疗范围广,治愈率高,而且见效快,无副作用。超声能量对作用区局部有直接作用,通过超声的机械作用、温热作用与理化效应,引起机体的生理反应,使机体的

局部温度升高,减小疼痛和肌肉痉挛,增进血液循环,改进代谢,加速化学反应过程和 pH 值变化,以及影响酶系统功能,这些变化必然对机体局部组织功能状态产生影响,从而达到治疗的目的。超声对远离器官的作用,主要是依靠体液传递和神经系统的反射活动两条途径来完成。其次,超声作为刺激动因,作用于神经末梢的内外感受器,产生冲动,引起神经系统产生答应性活动来治疗疾病。超声在美容中应用的声强约在 $0.5\sim1\mathrm{W/cm^2}$ 之间,其作用机制同上述超声治疗基本相同,主要是热效应、机械按摩效应和空化作用。采用超声原理,使超声波作用于皮肤组织,加强其血液循环及新陈代谢,促进皮肤的通透性和药物的渗透吸收,从而达到皮肤的抗衰老保健及美容效果,是超声波美容的基础。

具体地讲,超声波美容的适应证主要有:①皮肤抗衰老保健作用;②防皱减皱作用;③祛瘀散血作用;④消除或减轻色素沉着;⑤消除眼袋和黑眼圈;⑥治疗炎性硬结痤疮。

47. 男士皮肤管理,需要注意什么

由于男性的生理性质不同(雄性激素分泌旺盛)以及心理和行为特点都与女性有明显不同,所以针对其皮肤的管理,以下要点需要十分注意:①肌肤的清洁问题:一般不需要卸妆,而要着重脸部的基础清洁(清洁脸部表面的油脂、灰尘)和深层清洁(去除毛囊中的污垢);在深层清洁时,果酸和角质铲可以进行混合使用,如果黑头严重的,在热喷和黑头导出液

的配合下,进行去除。②营养补给的偏重:男性在 35 岁前进行皮肤管理的,可以偏重于补充水分,而 35 岁之后,同样要进行胶原蛋白的补充。③手法斥力的方式:在对男性进行皮肤手法管理时,手法应该加重 2~3 倍,才可以充分缓解其肌肉组织的疲劳。④心理状态的重视。⑤管理后整理及日常护肤的提醒:相较于女性来说,男士并没有基础的护肤概念。因此,在进行皮肤管理之后,要充分地告知需要注意的事项及之后的日常护肤。

48. 作为皮肤科常用药,外用维甲酸软膏有哪些注意事项

外用维甲酸软膏的注意事项有:

(1)**注意存放**。空气和日光会使维甲酸的有效成分降解,降低效力,所以药物应装在铝管中,而且最好在睡前使用。有些女士为了美观,会把药物装进透明瓶子中,这样是不对的。应该放置于不透光的瓶子。

(2)**避免肌肤过于干燥**。不要与肥皂等清洁剂共用,否则会加剧皮肤刺激或干燥。由于维甲酸类药物会在某种程度上使皮肤干燥,所以选择在空气湿度相对较大的夏季开始使用,是比较科学的方案。

(3)**等待需要时间**。与处方产品相比,非处方维甲酸产品虽然功效较弱,起效时间也较长大概有 12 周,但是对皮肤比较温和,而且价格相对低廉。因此,我们建议,敏感性皮肤和初次使用者,应挑选浓度为 0.1% 的非处方维甲酸制剂,它可以缓慢地转化成活性成分维甲酸,因而对皮肤的刺激性比较小。最初两周内每三天使用一次维甲酸,接下去的两周可以隔一天用一次,然后增加到每日一次。对于一些人,特别是肤色白皙、虹膜色泽浅的人,适应的过程可能更长些。

(4)**若出现过敏请停止使用**。皮肤过敏是一种维甲酸软膏比较常见的副作用。皮肤过敏也有从轻微,或温暖如皲裂,严重的燃烧、刺痛、脱皮或发红。通常,随着时间的推移皮肤敏感性消退。为了尽量减少维甲酸软膏对皮肤的影响,可以隔日使用,直到皮肤耐受。

(5)**坚持使用**。维甲酸在增加胶原和透明质酸储备的同时,还可以减缓它们随着年龄增长的流失,从而预防皱纹的出现。这也是为什么要从年轻

时就开始使用维甲酸。要注意坚持用药,以拥有持续的效果,否则,皮肤又会变成原来的样子。

(6)**注意防晒**。日光会加重维甲酸对皮肤的刺激,动物实验提示维甲酸可增强紫外线的致癌能力,因此本品最好在晚上及睡前用,白天尽量不要使用。如果必须白天使用,应避免日晒,否则面部易产生红斑、灼伤感及色素沉着。

(7)**避免敏感肌肤**。维甲酸对皮肤有一定的刺激作用,并且会随药物浓度的升高而加重。因此,不要将维甲酸涂抹于皮肤较薄的部位,例如眼睛周围等。

(8)**妊娠起初 3 个月内妇女禁用**。急性或亚急性皮炎、湿疹类皮肤病患者禁用。

49. 什么是直流电离子导入美容技术

直流电离子导入美容技术,是利用直流电的正、负电相斥的原理,将相同极性药物(或营养活性物质)通过汗腺孔,渗透到皮肤的深部,或利用直流电极性作用加强药物(或营养活性物质)对皮肤的渗透,以达到美化皮肤的作用,

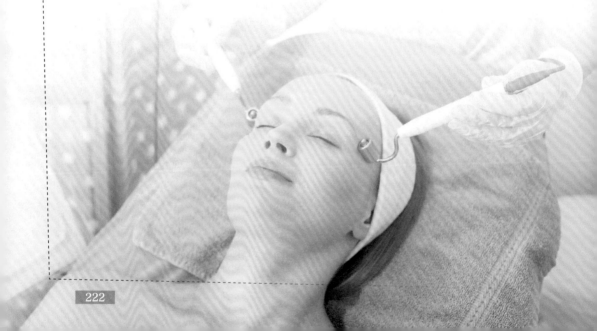

简称电离子导入法。药物离子进入体内后,可直接作用于局部,或进入血液、淋巴液被带到全身,或停留在皮肤的表层形成离子堆,逐渐进入体内。这种疗法的优点是可以把药物直接导入较表浅的病灶,并在局部保持较高的药物浓度,且由于离子堆作用,药物的作用时间长,兼有直流电和药物的综合作用等。其适应证较广,常用的如脑血管痉挛、各种眼病、鼻腔疾病、高血压病、神经衰弱、神经痛、风湿性关节炎、骨质增生、手术后瘢痕粘连、前列腺炎等。供离子导入用的药物较多,也可以用中药,但必须是能够被电离的,药物的成分应当较纯、局部作用应较明显。一般药物浓度为 2%~10%,治疗时间在 20 分钟左右,电流强度根据不同组织、部位及患者的耐受程度而定。某些物质如酸、碱、盐等溶于水时,会产生离子化,在水中分解成带正电和负电的离子,就可借由离子的移动导电。当我们置入通过连续性直流电的正负两个电极时,带正电性离子会远离正极向负极移动,而带负电性离子则离开负极向正极移动,利用离子在水中转移,形成电流通路。利用上述的观念,把两电极分别置放,以人体表面作为两电极沟通的介质,利用同电性相斥,使离子移动时就会进入人体,达到将药导入的疗效。

50. 直流电离子导入美容技术的适应证有哪些

直流电离子导入技术适用于:①多汗症用抗胆碱能药物透入皮肤;②面部色素性皮损用维生素 C 导入;③毛细血管扩张用阳极导入,收缩血管或毛孔;④干性皮肤采用阴极导入,扩张血管。

51. 直流电离子导入美容技术的禁忌证有哪些

直流电疗法的禁忌证主要有:恶性肿瘤患者;恶性血液系统疾病患者;急性湿疹患者;重要脏器病变患者;对直流电过敏的患者;肢体神经损伤导致感觉不灵敏或感觉缺失患者以及预置金属电极板部位有严重皮肤疾病或皮肤损害的患者。上述患者禁止作直流电理疗的主要原因,一方面防止病情恶化;另一方面要防止皮肤感染或烧伤。

52. 什么是蒸汽美容技术

蒸汽美容是一种较先进的美容健肤法，对改善中年人外表较佳。基本原理是以较高的蒸汽与温、湿度刺激面部，使毛孔开启，加快血液循环，消除污垢，消减黑斑与皱纹，使面部红润细腻，洁白光滑，健康饱满。

方法是：脸盆内盛满开水，用大毛巾做成袋状遮住盆周，用发罩裹住头部，水温稍降后，头伸入袋内，脸距水面约 10 厘米或更远，闭目俯身，坚持约 10 分钟。自感水温低蒸汽少后，伸出头稍歇，换盆热水再蒸。蒸完薄搽护肤营养霜，切勿用力擦抹。每月可做 2~3 次。

53. 蒸汽美容技术的工作原理是什么

蒸汽美容术是现代皮肤美容科应用最广泛的一种技术。是我国古代中医学的药物熏疗法与现代高科技的结晶。它是用特制的蒸汽美容器内加入蒸馏水和不同用途的药物，利用电热装置加热后产生蒸汽，并利用高压电弧或高频电场产生负离子氧，水蒸气载着负离子氧喷射到面部或病变皮肤，起到护肤、治疗、美容的作用。此外，蒸气美容仪喷口附近的紫外线灯开启后发出紫外线，对痤疮等炎性皮肤有很好的消毒杀菌作用。所以，现代蒸汽美容术已不是简单地利用蒸汽美容，而是多种技术相结合的一种多功能的美容术。蒸汽具有热力作用，以较高的温度、湿度刺激皮肤，使皮肤表面温度升高，毛囊、毛细血管扩张，毛孔扩张，细胞膜的通透性增加，血液循环加快，血流量增加。同时，组织温度升高、氧离子曲线右移，有利于氧合血红蛋白释氧，使血氧含量提高，皮肤代谢功能增强。蒸汽经管道喷射而出，对皮肤有一定的冲击力,使皮肤产生轻微震动,起到柔和的按摩作用。有利于皮肤吸收水分子、氧离子及药物分子。蒸馏水和蒸汽的渗透压为零,而皮肤细胞的渗透压内外相等,呈等渗状态,一般维持在280~310毫克分子之间。根据渗透压原理,蒸汽与皮肤细胞之间存在的渗透压差,必然会导致蒸汽分子向皮肤细胞内渗透。从而起到补充皮肤水分,滋润皮肤的作用。

现代皮肤美容科所用的蒸汽美容器具有产生奥桑的作用。奥桑是英文OZONE 的译音,意思是臭氧,分子式为O_3。蒸汽美容器内的高压电弧或高频电场将空气中的氧(O_2)激活转化为臭氧,臭氧不稳定,分解产生氧气和负氧离子(O^-),也就是游离态氧。游离态氧活性极大,很不稳定,具有使尘埃沉淀和杀菌消毒的作用。此外,游离态氧极易复合成氧气,具有穿透能力,其进入皮肤血管,可以增加血液含氧量。负离子氧以水蒸气为载体喷射到面部或病变上可以起到杀菌、消毒、增氧的护理作用。

有的蒸气美容器喷口附近装有紫外线灯管,它是人工制造的低压汞石英灯管,将汞装入灯管内,通电后,汞气化放电成紫外线。紫外线可使菌体蛋白质光解,变性而致细菌死亡,对痤疮等炎性皮肤起到杀菌消毒的作用。但紫外线可刺激酪氨酸酶,加速色素形成,故斑性皮肤不应使用紫外线。

在蒸汽通过的多孔筛板上放置用布袋装好的各种中草药,经过短时熏蒸,带有浓郁药味的蒸汽喷出。或在蒸汽机上另装一小杯果汁或牛奶、中药液等。经小管道与蒸汽机相通,使之和蒸汽一起熏蒸面部,可提高美容效果。例如当归用于祛斑,黄芩、黄柏、黄连用于祛痘,薄荷、茉莉花芳香开窍安神;柠檬、西红柿汁用于美白;牛奶养颜。蒸汽可促进药物的吸收,药物可增强蒸汽的美容作用。

54. 蒸汽美容的功效有哪些

蒸汽美容具有五大功效,即:

(1) **深度清洁**,蒸汽喷雾熏蒸面部皮肤可使毛囊及角化细胞软化,有利于在清洁、按摩时清除毛囊深层的污垢和角化细胞,并能较彻底地清除皮肤的污物及化妆品,使皮肤清爽、光滑和细腻。

(2) **高效补水**,能直接有效地补充皮肤水分,使皮肤保持湿润状态并具有一定的弹性。由于角质层水合程度提高,可使皮肤的吸收作用增强,对营养的吸收作用也随之增强。

(3) **改善微循环**,喷射而出的蒸汽可以改善皮肤的微循环,增强皮肤、神经、血管的营养供应,使皮肤保持红润、光泽和柔嫩。

(4) **促愈再生**,由于离子化后的蒸汽富含氧离子,喷射时产生的冲击力有利于增强皮肤对氧离子的吸收。在其热效应的作用下,能加强皮肤的有氧代谢,增加氧合血红蛋白在组织中释氧,使皮肤的供氧改善,可减轻皮肤的水肿、渗出、瘀血、瘙痒等,也能促进皮损的愈合及上皮细胞的再生。

(5) **杀菌消炎**,蒸汽美容仪器一般安装有紫外线灯,启动后可产生臭氧,具有一定的杀菌消炎作用。

55. 什么是冷喷美容技术

冷喷是一种对重度痤疮较为有效的方法。所谓冷喷是用一种经过特殊处理的药水,根据病情使用不同频率和不同温度以雾状喷洒在患者脸上。这种治疗不会让患者产生疼痛,几乎没有什么感觉。

冷喷具有收细毛孔的作用(美容用的),使皮肤光滑细嫩,并能促进血液循环,加速细胞新陈代谢。针对问题性、过敏性皮肤,所产生的负离子蒸汽能有效帮助修复敏感肌肤,长期使用,能祛痘、祛除皮肤红血丝、消除敏感、抑制黑色素细胞、改善暗黄肤色的作用。另外还可以用在日常保养中,比如夏天,从室外晒完热辣的太阳之后,就可以用冷喷让皮肤得到镇静舒缓的作用,安抚日晒后发红的皮肤。根据皮肤类型及治疗目的不同,具有特殊功效和意义的冷喷机成了美容新生代的宠儿。

56. 冷喷机的工作原理是什么

冷喷机将正常饮用水通过物理水质软化过滤器,分离出水中的钙、镁等离子,被过滤的水质变得清纯而无杂质。再经过特殊设计的超声波震荡,产生出带有大量负氧离子的微细雾粒,使人如置身自然森林之境。大量的低温负离子吸附和皮下渗透,给予皮肤最佳保湿滋润与休息,能充分软化皮肤角质层,打开肌肤的自然屏障,更有利于皮肤对营养和护肤精华的吸收,是绿色美容的最佳诠释。由于热喷可能会使黑色素细胞增生,使敏感性皮肤的皮肤炎症、红肿现象加重,因此,冷喷对敏感、病变的肌肤具有特殊的治疗意义。

57. 冷喷机的临床应用有哪些

在面部皮炎的非药物治疗中,冷喷治疗的贡献是非常巨大的,它操作简便、效果显著、不良反应小。冷喷是通过发生器将纯净水转化为汽态水,并且以喷雾的形式作用于面部,这是利用人对寒冷的生理学反应,使面部的毛细血管收缩,循环血量相对减少,微血管通透性降低,同时可改善微循环障碍,减轻面部的充血肿胀,减轻变态反应。而且水是一种良好的介质,既可以镇定皮肤,又可以滋润皮肤。因此,无论哪种类型的面部皮炎,只要出现面部潮红水肿、皮温升高、皮肤紧绷脱屑、毛细血管扩张等都可使用冷喷。冷喷通过低温超导雾化,收缩面部血管,降低皮肤敏感性,同时有效补充水分,促进皮肤屏障功能恢复,缓解皮炎的红斑、紧绷等不适。冷喷液常规使用纯净水,近年来逐渐有医生尝试用中药液进行冷喷也取得很好的效果。临床上,冷喷和湿敷常配合使用。此外,冷喷还能与强脉冲光、微波药物导入、药物系统运用等方法联合运用,更有研究者联合多种治疗手段进行序贯化或综合化治疗面部激素依赖性皮炎。

58. 什么是面部按摩护理技术

面部按摩指在整个面部涂上润肤霜并施用一定的轻柔手法进行按摩,使人面部的疲劳得以恢复,面部轮廓更加清晰,面部皮肤更加光润。

一般的面部按摩可自己进行,在工作或家务之外,对面部进行按摩,既可消除疲劳,又可健美肌肤。按摩前先洗净双手和脸,在脸上涂上按摩霜,按摩时用手掌或手指掌面在皮肤上朝一个方向轻轻按压,按摩方向与面部皱纹成直角,但眼角、嘴角周围的皱纹须环形按摩,按摩完毕用热毛巾擦掉按摩霜。如果面部皮肤有感染或痤疮时,则严禁进行面部按摩。面部按摩方法具有安全、舒适、护治结合、效果明显、副作用小、适应对象广泛、经济方便、不受条件的限制等特点,易为受术者接受。目前在国内外的美容服务及教育机构中,使用和传授的面部按摩方法很多。

59. 面部按摩护理技术功效有哪些

面部按摩不仅能够刺激毛细血管扩张,使局部发热,利于汗腺和皮脂腺的分泌,增加皮肤光泽和弹性,使皮肤柔软润滑,而且使血流加快,局部营养得到改善,反射性的改善局部神经的兴奋性,从而延缓皮肤衰老,治疗某些面部皮肤病。

60. 面部按摩护理技术的分类有哪些

面部按摩分作两类:一类是运用中国传统医学理论中气功和经络原理所设计的按摩方法,称为传统面部按摩方法(简称传统方法);另一类是经国外及港、澳、台美容师传入,以现代医学理论中基础学科的研究成果为基础设计的按摩方法,称现代面部按摩方法(简称现代方法)。

传统面部按摩方法分为依经穴而设计和依面部整体而设计两类,可分为浴面法和经穴按摩法。传统方法,主要通过运动或刺激经穴,调节脏腑生理功能和改善病理变化,通过补和泻的调节方式,恢复失衡状态,达到美容的目的。

现代方法亦可分为依局部而设计和依面部总体而设计两类,可分为分部位按摩方法和总体单一手法按摩。现代面部按摩方法是根据人体头面部解剖结构,生理功能及病理变化而设计的,目的是加强其生理功能,加强生物代谢,改变病理变化,以达到美容的效果。

传统面部按摩方法是以中医理论作为其理论基础。中医学将人看成一个有机的整体,十分重视人体本身的统一性、完整性及其与自然界的相互关系。传统面部按摩方法,就是通过头面部穴位刺激,疏通经络,宣通气血,协调脏腑,调和阴阳,从根本上达到养颜、美容和治疗面部疾患的目的。现代面部按摩方法是根据现代医学对人体头面部皮肤、骨骼、肌肉等解剖组织的认识,对皮肤结构中附属器、血管、淋巴管、神经等生理功能的研究,和皮纹、皮肤再生等变化规律的发现而设计的面部按摩方法。主要通过促进面部皮肤各肌肉群的运动使毛细血管扩张,引起血液循环的加速,皮肤呼吸功能的加强,皮肤营养得以改善,去除衰老萎缩的上皮细胞,利于汗腺、皮脂腺的分泌,进而延缓及消除皱纹,增加面容的红润,消除肌肉的疲劳,提高皮肤柔韧性,既养颜护肤,又治疗面部疾病,如面部轻度肌肉萎缩和面部肌肉痉挛的改善和缓解。

61. 什么是芳香疗法

芳香疗法是一种采用天然植物香料或其提取出的芳香精油,减轻、预防或治疗人体某些疾病的辅助方法。芳香疗法也称为 aroma therpy,"aroma"意指芬芳、香气,即挥发到空气中的一种看不见但闻得到的精细物质,这里指植物芳香精油的挥发性成分,即精油本身;"therapy"意指对疾病的治疗,或者对机体的"调理、辅助疗法"。

最早是由一位法国人提出专业概念上的"芳香疗法",描述了利用芳香精油来治病的方法,是一种辅助性的疗法,属于"自然疗法",与普通医疗相似,但不可取代传统医疗。随着当今回归自然的思潮日趋激烈,芳香疗法也逐渐受到医疗、保健、美容等相关行业的青睐。

中医学认为,芳香疗法以化湿和开窍为两大主要功效。同时中药药理学研究也表明,芳香性中药是一类具有特别气味的药物,具有解肌发表,除邪避秽,鼓舞正气,芳香健脾,疏风散邪,通关开窍,化湿醒脾,止痛消肿等功效。现代研究认为芳香疗法具有抗炎、抗菌、抗癌、止痛、扩张脑血管、改善记忆和情绪、减轻女性经期和分娩痛苦、改善高血压和精神压力等作用。目前,精油多用在美容、保健养生方面,在疾病中作用研究并不常见。

精油的给药途径多样化,主要有口服、肠道、阴道、吸入及局部皮肤(按摩)等途径。研究表明,精油经口服后能够全部快速吸收,很快进入血液循环。而其他给药途径则远不如口服吸收量高,但从安全角度考虑,由于吸入和局部皮肤方式给药时体内吸收量比较有限,易控制,故以吸入和局部皮肤给药的方式较为安全。

62. 芳香吸入法的分类有哪些

芳香吸入法又可以归纳为雾化释放、加热释放、常温释放等。

(1) 雾化释放:芳香雾化吸入疗法是目前治疗呼吸亚健康等疾患常用的方法,是以不同的雾化器利用气体射流的原理,将液体撞击成微小颗粒悬浮在气流中,进入呼吸系统,进行局部湿化;如果同时在雾化液中加入针对性的芳香物质,可以达到稳定情绪、改善心智、消炎、解痉、祛痰等局部治疗目的。

(2) 加热释放:用明火加热,即明火热源对芳香物质加热升温后,释放香氛气息,这种工艺一般在室内小面积范围内使用,从安全性考虑,目前已淡出市场。另有电热源加热方式,目前该类产品在市场上占较大比例。当电加热器接入电源后,PTCR元件就开始升温加热,使温度恒定在天然香料最佳释香状态。

(3)常温释放:常温香气释放比较有代表性的是家居、公共场所、单位办公环境、汽车用品。该类产品利用类似于灯芯纤维素物质的毛细管状物把香气从容器吸引到空气中散香或者利用溶胶缓慢释放香气,称为常温香气释放。精油的优势主要体现在高渗透性、代谢快、不滞留、毒性小等特点,又易于透过血脑屏障,达到开窍化浊、活血化瘀的治疗目的;其次,部分挥发类芳香中药在煎煮过程中,尽管尽量粉碎并减少煎煮时间,仍不可避免香气散失,影响其疗效,精油弥补了这一缺陷;目前中药传统的煎煮方式已经不适合现代社会快节奏的需要,而改良的剂型如丸剂、口服液、片剂效果等均不够理想,精油可能是一种有益的补充。

63. 芳香疗法的注意事项有哪些

(1)部分类型精油有明显的收血管作用,高血压患者、青光眼患者、孕妇应慎用。

(2)有些精油对中枢有强烈的兴奋或抑制作用,一定要注意用量,注意用药时间,且癫痫、哮喘患者禁用或限用。

(3)有些精油有发汗作用,使用时应注意补水。

(4)活动性肺结核患者应慎用。

(5)应在医师或专门从事芳香疗法的专家指导下使用。

64. 什么是日光疗法

日光浴疗法,又称日光疗法。是利用天然的太阳光,根据需要而照射身体的一部分或全部,来防治疾病的一种方法。通过日光的照射,可以调节人体的功能,促进身心健康。

65. 日光疗法的功效有哪些

(1)日光中包括有肉眼看不见的、具有温热作用的红外线,有起化学作用的紫外线及可见光线。紫外线能将皮肤中的 7- 脱氢固醇变成维生素 D,改善钙、磷代谢,防治佝偻病和骨软化症,促进各种结核灶钙化、骨折复位后的愈合及防止牙齿松动等。日光浴,或多在室外活动,经常接受适度的日光照晒是皮肤保健的重要措施。许多人有在冬季晒太阳的习惯,每天三五成群,一面交谈一面接受充足的日晒。

(2)一般来说适度的日光照晒,可以使皮肤血管扩张,促进皮肤新陈代谢以增进皮肤表面的微生物,有助于预防疾病。

(3)日晒还可以使皮肤和汗液的分泌增多,保持皮肤润泽,特别是皮肤干燥和柔弱的人更应接受适度的日晒。适度的日晒对皮肤的保健和人体健康都是有益的,应养成多在室外活动的习惯,进行充分的日光照晒。

(4)生活中除注意要有充足的日晒外,夏季进行一些日光浴也是很有好处的。日光浴可在阳台、庭院、游泳池、海滨及野外进行,除头部及眼睛可戴帽子及太阳镜外,全身皮肤都要通过体位改变接受日晒。

66. 日光浴的注意事项有哪些

夏季长时间的日晒,可以引起日晒皮炎,使皮肤潮红灼热干疼,也可以发生头晕、恶心、心悸、发热等全身症状,应注意防护避免强烈日晒。需要在烈日下劳动和工作时应戴草帽,或在旱伞或凉棚下工作,以避免日晒皮炎和中暑的发生。

日光浴在中午进行时间要短,日晒要适可而止,其他时间日晒可以长一些,几十分钟即可,一般不超过1小时,注意不要长时间的强烈日晒,疲劳和饥饿时都不要进行,因为疲劳和饥饿时身体适应能力低,易产生头晕、心悸等不良反应。

67. 日光疗法常用方法分类有哪些

（1）**背光浴**：以日光照晒背部为主,也可适当转身。

（2）**面光浴**：患者仰面对日坐定,让日光充分照晒面部,戴上墨镜或闭眼。当面部自觉热时,适当转身。主要于青年面部痤疮、疣等。

（3）**全身日光浴**：不断变换体位进行日光浴,让身体各部都能接受日照。

68. 什么是微波疗法

微波是波长为1mm~1m、频率为300~300 000MHz的一种高频电磁波。由于它的波长介于超短波与红外线之间,所以既具有电磁波的特性,也具有光波的特性。它由电磁振荡产生,具有波束状传播的特点,并有能被媒介质所反射、折射、散射和吸收等光学性质。国际上规定医用微波的频率是2 450MHz、915MHz与300MHz,其对应波长分别为12.5mm、32mm、100mm;微波疗法是随着近代无线电技术的发展,在20世纪40年代末期才正式在临床上应用的一种高频电疗法。

69. 微波疗法工作原理是什么

近年来,随着微波疗法的长足发展,各型微波治疗仪器也相继问世,对多种疾病的治疗效果也愈来愈明显。微波疗法主要是利用微波的穿透性和选择性好的特点及其介质加热效应来达到治疗和康复的目的。简单来说,就是借助于各种不同款式的微波辐射器,将微波发生器产生的微波能量导引、照射于人体病变部位,使之由于介质损耗吸收微波能量而发热升温、消灭病菌、杀死病变细胞、促进血液循环和新陈代谢,从而达到治疗疾病和康复理疗的效果。目前的微波疗法主要是利用微波的生物学效应。

70. 微波疗法的分类有哪些

微波的生物学效应主要有生物体的热效应和非热效应。根据应用的角度可以分为微波理疗和微波治疗两种。微波理疗,采用微波适量的局部照射,提高局部生物体的新陈代谢,诱导产生一系列的物理化学变化,如增强血液循环、加强代谢、增强免疫能力等,达到解痉镇痛、抗感染脱敏、促进生长等作用。近年来,微波针灸成为微波理疗研究中的一个热点之一,临床应用表明,它对关节炎、神经痛、扭伤、久治不愈的面神经、肩周炎等具有较好疗效。微波是一种有效的现代化热疗方法。微波治疗恶性肿瘤,利用微波辐射线照射癌组织部位,致使被照射区域的温度上升,达到杀灭肿瘤细胞的效果。因此,设计合理的加热方法是影响治疗效果的主要因素。对于不同的肿瘤组织,使用不同的加热方法会带来截然不同的效果,主要就是加热区域的变化,也就是产生的热场分布不同。

71. 微波疗法的应用范围有哪些

微波疗法可广泛用于治疗雀斑、色斑、老年斑、各类色素痣、扁平疣、寻常疣、跖疣、尖锐湿疣、血管痣、毛细血管瘤、毛细血管扩张、皮肤赘生物、睑黄瘤、毛发上皮瘤、疣状痣、皮脂腺痣、汗腺瘤、汗管瘤、老年斑、先天性色素斑、出血性肉芽肿、皮角、酒渣鼻、去文身、去文眉、溃疡面腐肉清除、鸡眼、某些瘢痕的修复等。

微波热疗是微波照射到病变部位后,病变组织吸收微波能自身产生热量,因此病变组织比其他热敷升温快,并且温度分布均匀。

微波有选择加热的特性,人体的各种组织的介电常数是不相同的,因此各种组织吸收微波的能力也不相同。吸收微波能力强的组织升温就快,吸收能力弱的升温就慢。病变组织往往比正常组织吸收微波能力强,升温快,从而达到了选择治疗的目的。微波热疗可以确诊病变部位,而其他热敷治疗方法则不能。若病变部位是炎症,病变部位的微血管因被发炎组织压迫而变窄,造成血液循环不畅,当用微波照射病变部位时,难免同时照射到与病变部位相毗邻的健康组织,也就是病变组织与健康组织同时被微波加热。对于健康组织而言,吸收微波产生的热量大部分被循环的血液带走,通过皮肤散发到体外;对于病变组织,因血液循环不畅而急剧升温。当局部病变组织温度升到 38~39℃时,患部就有疼痛感了。疼痛部位就是病变部位,从而准确确定了病变位置,这一特点对提高疗效,缩短疗程大有裨益。

72. 什么是水疗疗法

　　水疗疗法是指利用各种不同成分、温度、压力的水,以不同的形式作用于人体以达到机械及化学刺激作用来防治疾病的一种方法。也就是我们常说的 SPA。SPA 一词源于拉丁文 "Solus Par Agula",意指用水来达到健康,健康之水。SPA 是指利用水资源结合沐浴、按摩、涂抹保养品和香熏来促进新陈代谢,满足人体视觉、味觉、触觉、嗅觉和思考达到一种身心畅快的享受。

　　SPA 是由专业美疗师、水、光线、芳香精油、音乐等多个元素组合而成的舒缓减压方式,能帮助人达到身、心、灵的健美效果。水疗是目前应用很广泛的一种康复疗法。在欧美和日本,这一疗法与音乐疗法、娱乐疗法一起和传统的理疗、作业疗法、语言疗法和心理疗法等共同组成康复疗法系统,发挥着重要的作用。

73. 水疗疗法的分类有哪些

广义的水疗包括体内水疗和体外水疗。体内水疗指饮水疗法和洗肠疗法；狭义的水疗专指体外水疗，即利用水以及存在或附加在水中的物理化学因素，从体外作用于人体，从而达到防病治病和康复的目的。

水疗的理化因素很广，涉及力、热、声、电和磁，以及附加在水中的各种物质的化学效应。

（1）依照不同的作用因素和使用方法可以作不同的分类，而且各分类之间也难免存在一定程度的交叉和重叠。

（2）按水的温度分类

1）冰冷水疗法：水温为 15~20℃。

2）冷水疗法：水温为 21~30℃。

3）温冷水疗法：水温为 31~36℃。

4）温水疗法：水温为 37~38℃。

5）热水疗法：水温为 38~39℃。

6）高温水疗法：水温为 40~50℃。

7）变温水疗法：先后在两种不同的水温中进行水疗。

（3）按水中化学物质的性质分类

1）淡水水疗法：不在水中人工地附加另外的化学物质。

2）盐碱水疗法：在水中附加某些具有康复作用的盐碱类物质，如：.K1、LK1、苏打等。

3）矿物质水疗法：在水中加入某些具有康复作用的矿物质，如各种微量元素、硫黄、硫酸镁、硫化氢、含氡的矿物质等，类似于矿泉疗法。

4）芳香型水疗法：在水中加入某些气味宜人的挥发性物质，如松针油、樟脑、香精油等。

5）中草药水疗法：在水中加入某些有康复效应的中草药提取物。

（4）按水的物理形态分类

1）液体水疗法：即一般的常规水疗法。

2）雾气水疗法：在较高温度的水蒸气或雾气中进行水疗，如桑拿浴。

3）冰水疗法：用冰块或碎冰碴，直接或包在布袋中，对身体的皮肤进行摩擦。

（5）按水与人体接触的方式分类

1）浸泡水疗法：以身体局部或大部淹没在水中，其中包括盆式和池式浸泡。

2）冲淋水疗法：水从一定的高处对身体的局部或全身进行冲淋。其中又可分为扇形淋浴、雨式淋浴、圆式淋浴和瀑布式淋浴等。

（6）按水与人接触的部位分类

1）全身水疗法：使水与身体大部分部位同时或相继接触，达到整体康复效应。

2）局部水疗法：仅仅让身体的某些局部与水接触，达到局部康复效应，常用的有面部水疗法、肩背部水疗法、手臂部水疗法和脚腿部水疗法等。

（7）按水或附加在水中的物理因素分类

1）涡流式水疗法：盆或池中的四角装有喷水器，形成一定的漩涡式的流体力学效应，水压不超过 39MPa。

2）电振水疗法：在水中通入安全范围内的直流电，在水中产生离子效应和振动作用，电流强度为 0.5~1.5A，电压为 24V。

3）超声水疗法：在水中施加适宜频率的超声波，通过水对身体深部产生物理效应。

4）磁水疗法：在水中施加适宜强度的磁场，或使用适宜强度的磁化水，对机体的电解质分布产生影响。人体是一个有机的统一整体。水疗具有多种刺激因素，所以人体对水疗可以表现出复杂的综合效应，其中包括皮肤、心血管、神经肌肉、内分泌、热交换以及疲劳后的恢复过程等方面的效应。这些效应可以是局部性的，也可以是全身性的。水疗对感觉末梢具有良性刺激，能改善血管功能，促进局部和全身循环；具有松弛肌肉和缓解痉挛的作用；水疗利用化学因素对机体产生调节，能激活皮肤内脏耦联关系；有利于体内生化反应和免疫过程。

74. 什么是光动力学疗法

光动力疗法（PDT）是用光敏药物和激光活化治疗肿瘤疾病的一种新

方法。用特定波长照射肿瘤部位,能使选择性聚集在肿瘤组织的光敏药物活化,引发光化学反应破坏肿瘤。新一代光动力疗法(PDT)中的光敏药物会将能量传递给周围的氧,生成活性很强的单态氧。单态氧能与附近的生物大分子发生氧化反应,产生细胞毒性进而杀伤肿瘤细胞。与传统肿瘤疗法相比,PDT 的优势在于能够精确进行有效的治疗,这种疗法的副作用也很小。

光动力疗法,又称艾拉光动力疗法(ALA-PDT),是一种联合应用 5- 氨基酮戊酸及相应光源,通过光动力学反应选择性破坏病变组织的全新技术。

75. 光动力学疗法的工作原理是什么

光动力疗法是利用光动力效应进行疾病诊断和治疗的一种新技术。其作用基础是光动力效应。这是一种有氧分子参与的伴随生物效应的光敏化反应。其过程是,特定波长的激光照射使组织吸收的光敏剂受到激发,而激发态的光敏剂又把能量传递给周围的氧,生成活性很强的单态氧,单态氧和相邻的生物大分子发生氧化反应,产生细胞毒性作用,进而导致细胞受损乃至死亡。PDT 已成为世界肿瘤防治科学中最活跃的研究领域之一。

76. 光动力学疗法的适用范围有哪些

近年来,我国 PDT 基础研究和临床实践都有了很大的发展,其内容涵盖了肿瘤 PDT 的所有方面。可以说,凡是光能照到或照得透的地方都能进行 PDT,如体表、口腔、耳、眼、鼻、喉、子宫以及通过内镜可以达到的部位如气管、支气管、食管、贲门、胃、结肠、直肠、膀胱等部位的癌症均可采用 PDT。有的实体部位如肝脏,可采用光纤在 B 超导引下进行穿刺治疗。PDT 也被用于非肿瘤型疾病,如皮肤病(尖锐湿疣、牛皮癣、鲜红斑痣等)、类风湿关节炎、眼科疾病(眼底黄斑病变)的治疗。

77. 什么是光子嫩肤技术

光子嫩肤是一种先进的高科技美容项目,采用特定的宽光谱彩光,直接照射于皮肤表面,可以穿透至皮肤深层,选择性作用于皮下色素或血管,分解色斑,闭合异常的毛细血管,同时光子还能刺激皮下胶原蛋白的增生。对于肌肤的日常保养护理,光子嫩肤是最佳的选择。

78. 光子嫩肤技术的工作原理是什么

光子嫩肤术是一种无损性、非消融性的皮肤医疗美容技术,它不破坏表皮层;是将广谱的强光辐射至皮肤真皮层,引起真皮层原有胶原蛋白变性,促使真皮层新胶原蛋白的合成,改善多种皮肤瑕疵,如毛细血管扩张、细小皱纹、皮肤红斑、色素改变和毛孔粗大等,达到增强皮肤弹性、改变面部皮肤状况等医疗美容的效果,而患者无须忍受疼痛和较长的恢复时间。强脉冲光能迅速有效分解面部色素颗粒,能改善皮肤整体质量,有效改善痤疮、皱纹、毛孔粗大、光老化皮肤。光子嫩肤所产生强脉冲光作用于皮肤后能产生光化学作用,恢复原有弹性,刺激成纤维前体细胞分泌更多胶原蛋白,抚平细小皱纹,提升紧致皮肤。此外,光子还能无损伤穿透皮肤,并被组织中的色素团及其血管内的血红蛋白选择性吸收,在不破坏正常组织细胞的前提下,使扩张的血管、色素团块、色素细胞等被破坏和分解,从而达到去斑美白、祛红血丝的效果。

79. 光子嫩肤的适应证和禁忌证有哪些

光子嫩肤适应证:无创性面部嫩肤、无创性皱纹去除或减少、非面部嫩肤、黄褐斑或其他色素改变、黑眼圈、纠正化学磨削术等留下的不良反应、增强皮肤弹性、年轻人的轻度皮肤病变。

禁忌证:皮肤癌及癌前病变、孕妇、日光性皮炎急性期、光敏感性皮肤疾病、皮肤感染、正服用光敏药物或抗凝药等、敏感性和干性皮肤、血管脆性大如糖尿病、瘢痕体质。

80. 光子嫩肤技术的常见不良反应和并发症有哪些

常见不良反应和并发症:治疗中有疼痛、红斑、水肿等即刻反应。轻微的灼热感,可能持续0.5~2小时;轻微的发红,持续4~12小时;治疗后雀斑可能会出现轻微的变深,一般一周内较深的色素沉着可逐渐脱落。可能产生的不良反应有暂时性的紫癜、水疱或水肿,可以采用温和的皮质类固醇治疗。偶有烫伤、色素沉着或减退以及瘢痕形成等。以上多与参数选择不恰当有关。在治疗前确定皮肤类型、病灶种类及部位、深度、颜色等,以选择恰当的治疗参数。

治疗参数的选择:

(1)**波长**:波长较长则穿透深,对表皮损伤较轻;反之则重。

(2)**脉宽**:脉宽大则作用时间长,热量渗透深;反之则浅。

(3)**脉冲延迟时间**:脉冲延时越长皮肤冷却越彻底、越安全,但病变部位的温度也会降低。

(4)**能量密度**:能量密度越高作用越强,对皮肤较黑者能量密度应调低;由三次脉冲切换到两次脉冲时,能量降低20%。能量是光子作用的大小,能量越大在一定范围内作用越好,但损伤越大。由于在治疗过程中不可避免要对周围正常组织产生热效应,可能会对组织造成损伤,发生变性、坏死等现象,影响疗效和预后效果。因此要保护周围正常组织不被损伤是很重要的。

目前较常用的保护措施是使用冷凝胶或冷却箱以及整合性接触冷却系统等,以降低组织温度,从而减少不良反应,提高安全性。

81. 光子嫩肤技术的术后注意事项有哪些

(1)光子嫩肤,特别是第一次治疗后,色斑颜色可能出现加重,此时无须担心,一周内即可变淡。

(2)注意防晒,涂防晒霜(SPF≥15)。

(3)饮食上无特殊要求。

(4)光子嫩肤效果的维持与自身生活习惯和环境有密切的关系,如紫外线的作用、皮肤的护理、防晒剂及药物的应用、不良的工作饮食习惯等,因此应特别注意工作和生活状态的调整。

82. 什么是光声电治疗

随着光声电在临床医学的应用进展,更多基于能量的上述设备应用于皮肤和黏膜疾病的治疗或者用于改善容貌。这些设备无论是热作用机制,还是非热作用机制,均会对皮肤、黏膜产生不同程度的炎症反应,多数可自行修复,少数若处理不当,可能遗留远期不良反应甚至并发症。

光声电治疗是在激光和强脉冲光技术医学应用的基础上逐渐发展起来的物理治疗手段。早期的光疗发展到20世纪60年代的激光(laser)技术,并发展到强脉冲光(IPL)。随后进一步推广到应用射频和聚焦超声技术等用于临床治疗和医学美容领域。因此美国激光医学会专门定义了"基于能量的设备"这一名词。

83. 光声电治疗工作原理是什么

　　光声电治疗的原理主要包括：选择性光热作用原理、选择性光热分解原理、光动力治疗原理和激光光刀组织切割、气化与点阵激光治疗原理、弱激光和弱光的光调节作用原理。直接利用聚焦的高能激光作为光刀实施外科切除手术的治疗方法，主要有激光除痣、囊肿摘除术、良恶性浅表肿瘤的切除手术、牙龈成型术、系带成型术和瘢痕切除等。点阵激光是利用阵列排列的微小激光束输出的技术，对目标组织进行剥脱与非剥脱处理，如点阵 CO_2 激光治疗瘢痕等。近年来利用聚焦超声来选择性加热皮肤软组织如胶原蛋白或脂肪等目标组织，达到皮肤年轻化的目的。还有利用射频技术（单极、双极射频）来加热皮肤内胶原蛋白的除皱嫩肤治疗。

84. 光声电治疗会出现哪些不良反应

　　（1）**红斑、水肿和毛细血管扩张**：激光术后局部出现红斑常发生于激光术后 24 小时以内，有时伴发风团或者局部水肿。眼周和口周激光治疗术后的红斑或水肿可能持续的时间略长，可达 48 小时左右。血管扩张持续存在常发生于激光换肤术后。

　　（2）**干燥、脱屑、瘙痒和皮肤敏感**：激光术后，特别是过度接受高能量强脉冲光或者剥脱性激光治疗后，常出现皮肤干燥、脱屑、瘙痒、不适等表现，甚至形成敏感肌肤。及时进行面部补水治疗，选用功效性保湿修复霜护肤，治疗局部注意防晒等可减轻上述不良反应，降低敏感肌肤的发生。

　　（3）**紫癜**：多发生于脉冲染料激光术后，特别是好发于脉宽短于 6 毫秒的激光治疗术后，常持续 5~7 天，之后逐步变淡直至消失。紫癜更常见于下肢肤色较深人群，使用长脉宽、低频、适当的冷却和避光剂时可以缩短紫癜持续时间。

　　（4）**毛囊周围红斑、水肿、渗出和结痂**：红斑与水肿常见于激光脱毛术后，一般于数小时后逐渐消失；渗出和结痂常见于有创激光治疗后，如激光剥脱术、Q 开关激光治疗术等，一般 3~10 天可消失。

　　（5）**疼痛**：是基于能量设备的术中和术后常发生的不良反应。疼痛程度存在个体差异,不同设备、部位、年龄以及技术操作等与疼痛有一定的相关性。减轻疼痛的方法主要有对治疗部位的冷却和局部麻醉药物的使用。冷却方式主要有三种:直接使用固体接触式冷却装置、自动制冷剂喷雾或冷喷。冷却可使治疗部位的皮肤降温,减轻疼痛,降低水肿和降低残余热灼伤的危害。

(6)灼伤:是光电治疗中比较常见的并发症。灼伤产生的反应及后果有红斑、水疱、糜烂和瘢痕等。主要原因系能量过高、脉宽太短或表皮冷却不足。安全的参数设置、合适的表皮冷却方式和慎重选择连续脉冲激光器可以有效地避免灼伤。红斑持续时间在 24~72 小时,不需特殊处理,可自然消退。非剥脱性激光产生的红斑持续时间较短,而剥脱性激光致红斑的发生率较高,可持续数周到数月。出现水疱或者糜烂时要及时处理创面,创面保护和防止感染也是减少瘢痕形成的关键。

(7)其他少见或罕见的不良反应:其他少见或罕见的不良反应如激光术后局部皮肤硬结和皮神经损伤等可专科处理。

85. 光声电美容术后会出现哪些并发症

(1)增生性瘢痕:增生性瘢痕的出现提示发现严重的光电损伤,系伤及真皮胶原纤维和皮肤附属器结构所造成,可能存在有家族易感性。常因能量过大、不恰当的冷却方式、术后感染、脉冲在紫癜处重叠、重复治疗过度和不恰当处理等所致。

(2)凹陷性瘢痕:相对少见,常因能量过高所致。过高的能量和不恰当的冷却,损伤了真皮胶原纤维和皮下脂肪组织,导致皮下组织萎缩。凹陷性瘢痕很少能随时间的延长而改善,通常需要通过注射填充或其他治疗方法进行修复。

(3)色素沉着(PIH):PIH 常见于深色皮肤类型,IPL 治疗的患者中发生率近 20%,Ⅳ型皮肤发生率可达 45%。DPL 和 KTP 激光产生色沉的机会也比较高,剥脱性 CO_2 激光更易产生 PIH。PIH 还可发生于调 Q 激光和脉冲染料激光治疗后。恰当的参数设置和操作手法对预防 PIH 至关重要。

(4)色素减退和脱失:较少见,常发生于调 Q 激光和脉冲染料激光等治疗后。调 Q 激光产生的色素减退可以是暂时性的,也可能为永久性的。脉冲染料激光治疗鲜红斑痣时,发生色素减退的概率大约是2%~31%,可选择相对较长脉冲持续时间,能量不可过高,以减少色素减退的发生。脱毛处理中能量使用不当也可造成色素脱失,尤其肤色深者。

(5)毛发减少:较少见,可见于调Q激光,尤见于调Q激光多次洗眉时。也可发生于长脉宽1 064nm激光治疗时,例如长脉宽1 064nm激光治疗眼周近眉区域的血管瘤时,可能造成眉部毛发减少,系穿透较深的激光热效应损伤毛囊根部的毛乳头所致。

(6)爆发性痤疮:可发生于换肤激光治疗或强脉冲光治疗的患者中,发生率3%~15%。光动力治疗痤疮时,常发生原有痤疮皮损加重现象。此类爆发性痤疮预后良好,大部分可以自愈。

(7)文身颜料的异常加深和文身性肉芽肿:部分文身者在光电治疗后可能出现皮炎、过敏,系文身颜料发生变化导致变态反应所致,可致原有文身颜色加深,或肉芽肿形成。

(8)感染:不常见,可为细菌、真菌和病毒等感染。细菌感染常由葡萄球菌引起,好发于剥脱性光电治疗伴有渗出、水疱和结痂的治疗后。一般发生于术后4~7天,需要及时处理。病毒感染常发生于激光换肤术后,几率近1%,好发于口周的光电操作后,有播撒性HSV感染并形成严重瘢痕的报道。真菌感染罕见,有报道见于剥脱性光电治疗后,表现为局部红斑和瘙痒。

86. 光声电治疗后皮肤黏膜该如何进行基础修复

修复(repair)在医学上指组织和细胞损伤后,机体对缺损部分在结构和功能上进行恢复,主要通过细胞的再生来实现。如今,人们对美容护肤的要求、对皮肤问题的处理,已经不再满足于简单的遮盖,而要求"美容修复"。

机体的生理性修复是一种基础修复,需要经历以下阶段:止血和炎症反应期、表皮新生期、肉芽组织形成期、纤维和基质形成期、创面收缩期、血管新生期、以及基质和胶原重塑期。随着光声电技术广泛应用,各类修复材料不断出现,对激光或光电术后的皮肤发挥修复维护效果。目前常用的皮肤屏障修复材料包括:壳聚糖、碙裁电离辐射交联水凝胶、透明质酸、细胞生长因子和胶原蛋白等。在皮肤黏膜的修复过程中,各种局部和全身因素通过影响创伤修复的一个或几个病理生理过程影响创伤愈合的过程。局部因素有:异物、感染、适当的含氧量、局部血液供应等;全身影响因素有:年龄、性激素、应激状态、糖尿病等,此外,肥胖、吸烟、酗酒、营养因素等。

87. 光声电治疗后该如何护理

无论是剥脱性还是非剥脱性的光声电治疗,恰当的基础护理是必需的。

(1) 保湿:光声电治疗后可损伤皮肤的屏障功能,增加患者的不适感。含神经酰胺、透明质酸及胶原蛋白等面膜类材料可用于保湿,修复屏障功能。

(2) 防晒:术后短期内外出佩戴太阳帽、穿长袖上衣及长裤、撑遮防紫外线伞等,且避免长时间暴露在日光下。外用安全性高且防晒效果佳的防晒剂等,推荐防晒霜的防晒指数(SPF)在 30 以上,PA(+++)。

(3) 饮食:光声电治疗后,应注意饮食清淡,愈合之前避免进食芹菜、灰菜、油菜、芥菜等光敏性食物及辛辣刺激的食物,可多进食富含维生素 C、维生素 A 的食物。某些药物如四环素类、喹诺酮类等也具有一定的光敏性。适当补充蛋白质、脂肪和糖类等必需的营养成分,同时多饮水,可促进皮肤黏膜的修复。

(4) 其他:治疗后适当抬高治疗部位,可减轻组织的水肿反应;术后至愈合这段时间内应避免搔抓治疗区域皮肤;避免游泳或进行剧烈的体育活动等。

88. 剥脱性治疗后如何进行皮肤修复

剥脱性治疗术修复是一个复杂的过程,包括炎症反应、细胞增生、基质沉积以及组织重塑,多种细胞及细胞因子共同参与。预期的并发症包括持久性的红斑、色素改变甚至出现感染、瘢痕。为尽可能降低术后并发症的发生,获得最佳的治疗效果,剥脱性治疗术后促进皮肤的再生和修复尤为重要。

术后创面护理的原则是预防感染,促进愈合,避免瘢痕形成。指导患者养成良好的皮肤护理习惯及进行正确有效的术后护理。一般在完成治疗后的一周内,建议患者尽量避免清洗创面,创面区域不涂抹保湿霜、防晒霜等,尽量少化妆或不化妆,减少接触性皮炎和感染的发生。剥脱性治疗后皮肤组织通常会出现肿胀、渗出,可根据皮肤的即刻表现进行冷敷,一般为 15~30 分钟,需注意避免冻伤。若肿胀、渗液明显时,可使用 3% 硼酸溶液湿敷。

89. 创面术后护理有哪些方法

创面术后护理主要包括两种方法:开放或者封闭创面。有研究发现,2 种处理方法的结果并无明显的差异。具体使用应根据创面的大小、部位、手术深度以及患者的工作生活方式和经济状况等决定。治疗后两三天内,可以使用敷料封闭创面,渗液等减少后可去除敷料,在创面上使用抗生素软膏。现今研究及临床均证实,湿性创面愈合更快。不断地外用含有抗生素的凡

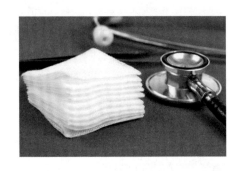

士林软膏,能够预防感染,防止创面结成硬痂,促进创面愈合。在该阶段,联合使用生长因子能促进肉芽组织形成,使创面再上皮化进程加快,并且能减少瘢痕的发生,临床上常使用表皮生长因子、血小板生长因子等。治疗后约四五天,大部分患者创面会形成薄痂,约 7~10 天薄痂逐渐脱落。此后,应指导患者使用合适的医学护肤品,促进皮肤屏障功能的恢复。在创面愈合后至半年内,保湿和防晒是必要的,经常保持皮肤的湿润有利于皮肤的新陈代谢和组织再生。剥脱性治疗后,瘢痕发生是最严重、最少见的并发症。先天因素、术前有口服维甲酸类药物史、治疗层次过深、感染、术后护理不当等会使瘢痕发生的风险增大。术后进行正确的护理,加快创面愈合可降低瘢痕风险,若出现皮肤局部发红、增厚,需考虑瘢痕发生的可能,可进行激素药物局部封闭或使用染料激光治疗。

90. 非剥脱性治疗后如何进行皮肤修复

与剥脱性治疗相比,非剥脱性治疗恢复期较短、副作用较少而轻。修复要点如下:

(1) 冷喷及湿敷:可予以冷喷或毛巾包裹冰块冷敷治疗区域,使用冰块冷敷时应避免使皮肤温度过低。避免摩擦皮肤。如红斑、肿胀、渗出明显,可用纯净水、生理盐水或3%硼酸溶液冷湿敷。

(2) 预防感染:需要预防术后皮肤感染,必要时可用莫匹罗星等外用抗生素制剂薄薄地涂于创面。治疗部位既往有单纯疱疹病史者,可口服伐昔洛韦和(或)外用阿昔洛韦软膏等预防病毒感染。

(3) 促进愈合:目前有各类修复材料用于临床。术后可外喷成纤维细胞生长因子(FGF)、表皮细胞生长因子(EGF)或各类具有促进创面愈合的其他生长因子,以加快创面的愈合。此外,多项研究表明,激光术后使用胶原贴敷料,在抗炎、抗感染、止血、收敛以及加速创伤愈合等方面都有积极作用。

91. 水光注射后是否还需要补水

我们通常所说的补水是指角质层的补水。真皮水分来自于血液的供应,与基质中透明质酸结合,一般不容易丢失,日常生活中只要饮食结构均衡,不需要特别补充。目前比较热门的水光注射是将透明质酸、肉毒素、自体血清等物质用特制注射工具通过负压系统将皮肤吸起并注射到真皮层从而起到改善肤色、提升面部、增强皮肤弹性、水润度、光泽度的微创美容技术。水光注射的确可以增加真皮透明质酸的含量,但透明质酸具有强大的吸水、保水能力,质量分数为2%的透明质酸能结合质量分数98%的水分。

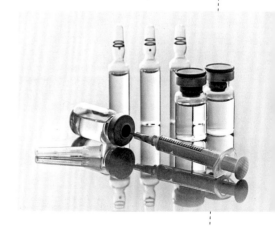

因此做水光注射后更需要加强角质层

的补水保湿,否则角质层水分被真皮透明质酸吸收后皮肤干燥甚至产生细纹脱屑,达不到理想的补水及美容效果。

92. 激光术后如何护理

激光美容手术所使用的能量较大,术后皮肤会出现红肿、灼热感和轻微疼痛,均属于正常反应。所以术后要即刻进行冰敷、冷敷、湿敷、冷喷,并持续40分钟以上,以减少术后皮肤反应。

激光美容主要利用的是光热效应,手术过程中会带走皮肤中的水分,所以术后要即刻补水,根据做的激光项目,向医生咨询适合的补水方式。

激光美容手术的能量能够破坏皮肤正常的保护机制,所以激光术后一天之内不要让治疗区域碰水,更不要使用洗面奶等产品洗脸,以免因此造成感染或发炎。做好术后防晒工作,选择 SPF30 以上的防晒产品,避免阳光直射到皮肤。激光光束的能量是高于太阳光的,如果术后没有做好防晒工作的话,很可能导致术后出现色素沉着等反应。

术后预防感染。激光美容一般创伤很小,但是如果术后护理不当,也会造成感染发炎,导致色素沉着和瘢痕,术后需遵医嘱,做一些防感染的处理。

93. 激光术后常见问题有哪些

(1)一部分人群或者病症在术后可能会出现结痂等症状,属于正常反应,一般 7~10 天便可以自然脱落,切记不要手动揭掉,以免形成瘢痕或造成感染。

(2)一部分病症和人群会出现水疱,这也是属于正常的现象,一般情况下,较小的水疱可以自行消失,如果水疱过大的话,可以请医生处理。

（3）恢复期间,切记不可以用手直接接触治疗区域,以免造成感染或发炎,形成瘢痕或色素沉着。恢复期间,一般不建议化妆,以免影响治疗结果。如果遇到要化妆的情况,可以使用医学护肤产品。恢复期间,不要进行蒸桑拿、泡温泉等热浴,更不要参加剧烈运动、对脸部揉搓和接受脸部按摩,以免造成感染或延缓治疗。恢复期间,不能吃辛辣刺激的食物,不吃海鲜和光敏性食品和药品。可以适当补充一些维生素 C,促进新陈代谢。恢复期间,不要喝酒、服用阿司匹林等药物,以免加重治疗后的皮肤反应。

94. 什么是红外线疗法

红外线疗法亦称热射线疗法,是利用红外线照射人体来治疗疾病的方法。红外线是不可见光线,医用波长在 760nm~15μm 之间。其生物效应主要是热能。

红外线辐射人体能改善局部血液循环和组织代谢,促进局部渗出物的吸收,降低肌张力,以及消炎、镇痛等,主要用于治疗各种类型的慢性关节炎、肌肉劳损、挫伤、血栓闭塞性脉管炎。较浅的神经炎和神经痛等。红外线的照射量以患者有舒适温和感为准,一般辐射器与皮肤面的距离为 45~60cm,每次照射 20~30 分钟,每日 1~2 次。中医临床常把红外线照射与推拿综合应用,或在照射面上涂以中药(大多系活血化瘀止痛之品)溶剂以提高疗效,或进行穴位照射(红外线灸)。

95. 红外线疗法的功效有哪些

红外线疗法具有多种作用:

（1）促进血液循环,利用远红外线反应,可使皮肤皮下深层温度上升,微血管扩张,从而促进血液循环,复活酵素,强化血液及细胞组织代谢,对细胞恢复年轻有很大的帮助并能改善贫血。

（2）调节血压,远红外线可使微血管扩张,促进血液循环,从而改善高血压、低血压的相关症状。

(3) 消除内容,缓和关节酸痛。远红外线深透力可达肌肉关节深处,使身体内部升温,放松肌肉,带动微血管网的氧气及养分交换,并排除积存体内的疲劳物质和乳酸等老化废物,从而达到消除内肿,缓和关节酸痛之功效。

(4) 调节自律神经。自律神经主要是调节内脏功能。人长期处在焦虑状态,自律神经系统持续紧张,会导致免疫力降低、头痛、目眩、失眠乏力、四肢冰冷等症状。远红外线可调节自律神经保持在最佳状态,改善或祛除以上症状。

(5) 改善循环系统。远红外线照射的全面性和深透性,对于遍布全身内外无以数计的微循环组织系统,是唯一能完全照顾的理疗方式。微循环顺畅之后,心脏收缩压力减轻,氧气和养分供应充足,自然身轻体健。

96. 什么是紫外线疗法

紫外线疗法是利用紫外线照射人体以治疗疾病的方法。紫外线也是不可见光线,医用波长为 180~400nm。紫外线在光谱中,是位于可见光紫色光线以外的一种不可见光线。按照其生物学作用特性的不同,可将紫外线分为3 个波段,即长波紫外线、中波紫外线、短波紫外线。这些紫外线,他们对皮肤的穿透能力与他们的波长成正比。也就是波长越长,对皮肤的穿透能力就越大。通常,UVA 大部分都可穿透到皮肤真皮的中、下部,UVB 仅一小部分能达到真皮的上部,UVC 则基本上达不到真皮层。紫外线生物学作用主要是光化学效应,对人体细胞、体液、神经末梢均有影响。

97. 紫外线照射的功效及临床应用

紫外线照射具有抗佝偻和骨软化、促进局部血液循环、加快伤口愈合、提高机体免疫功能,以及杀菌、消炎、脱敏、止痛等作用,在皮肤可见的反应主要为红斑反应和色素沉着。临床常用来治疗多种皮肤病、佝偻病、骨软化症、老年性骨质疏松、烧伤、风湿性和类风湿性关节炎、支气管炎、支气管哮喘、产后缺乳等。采用紫外线治疗要正确地确定照射剂量，不同疾病和不同部位有不同要求，一般以生物剂量或红斑量为标准剂量。中医临床目前也用紫外线作穴位照射，或口服中药（如补骨脂，作为光敏剂）配合紫外线照射治疗银屑病和白癜风等。

98. 干细胞与护肤有什么关系

　　干细胞，是一类具有自我更新、高度增生和多向分化潜能的细胞群体，也被称为"种子细胞""万用细胞"，具有无限的分裂和分化能力以便产生、修复或者再生组织。干细胞有两个重要的能力使它们区别于其他细胞，第一是自我更新能力，它们可以自我更新，甚至在长时间无活性之后仍然可以，第二是分化潜能，干细胞在特定的生理或者实验条件下具有分化为其他特定细胞的能力。当干细胞分裂时，它具有保存一个干细胞的潜能或者变成其他某种特定的分化细胞。皮肤干细胞存在于表皮的基底层以及真皮中，向皮肤提供一个细胞库，可更新和修复老化及损伤的皮肤；另外，在干细胞分化的过程中，可产生很多丰富的人体所需的生长因子及生物活性物质，在美容护肤领域，尤其是在对抗皮肤老化中，干细胞具有广泛的应用前景。

99. 如何利用干细胞技术进行皮肤管理

　　干细胞向皮肤提供一个细胞库，更新和修复老化及损伤的皮肤，并可分化成为族系特定的细胞如角质形成细胞、成纤维细胞、黑素细胞、脂肪细胞等。皮肤干细胞因其良好的效果和取材的方便，被逐渐应用到皮肤管理当中。目前在整形外科和皮肤科应用较多的干细胞种类主要为间充质干细胞、表皮干细胞、血管内皮祖细胞、脂肪干细胞等，主要领域包括抗衰老、创伤修复与组织工程、脂肪移植等。

100. 基础面部护肤,有哪些推荐的皮肤管理项目

　　基础护理是对正常肌肤的常规管理,对维持肌肤的良好状态和消除肌肤潜在问题发生具有良好的作用,通常来说推荐的皮肤管理项目以清洁、补水、提供胶原蛋白为主,以保持正常肌肤正常的新陈代谢。其中清洁管理最为重要。所谓清洁管理,是指每周要进行一次深层清洁管理。切忌频繁地进行深层清洁,如果皮肤较为敏感,建议平均4周进行一次深层清洁。在每次清洁护肤后可进行大约5分钟左右的简单脸部皮肤按摩,可以帮助皮肤加快血液循环,促进新陈代谢功能。洗脸按摩完之后再使用收敛补水类的化妆水,更有助于肌肤水分的保持。

101. 对于深度护理,有哪些推荐的皮肤管理项目

　　(1) 水光注射:利用透明质酸直接对皮肤进行注射,能够让面部皮肤水润柔嫩、光泽透亮,使得皮肤光滑透亮,能够解决真皮层缺少水分的问题,改善小小的皱纹,效果明显。

　　(2) 超声刀:以高强度聚焦式超音波作用于皮肤,并且有不同的探头,可分别作用到表皮、真皮层及以往只有手术拉皮才能达到的筋膜层,可由深到浅带动皮肤紧致提拉,一次治疗就可以达到明显的年轻化效果,随着胶原地不断增生重组,呈现整体年轻化状态。多探头作用不同层次,可媲美手术拉皮。治疗更安全可靠,效果十分显著。

5.3 问题皮肤的管理

102. 如何处理皮肤屏障受损引起的皮肤疾病

方法如下：

（1）**生理性修复**：通过主动为皮肤补充生理性脂质来进行屏障的修复。主要补充的成分是：神经酰胺、胆固醇、游离脂肪酸，这三种成分在配方时存在一个最合适的摩尔比来混合。

（2）**抗敏舒缓**：护肤品有效抗敏的作用机制，一个是通过天然抗敏活性物质，减少刺激，舒缓神经系统，防止体内抗炎组织胺的反抗。常见的成分有：金盏花油、金缕梅提取液、杏糖醇、洋甘菊提取液等。还有就是通过能高效清除自由基的抗氧化成分，保护肥大细胞和嗜碱性粒细胞的细胞膜不受自由基侵害，从而抑制致敏因子的释放，从根本上阻断过敏反应的发生。比较高效地抗氧化成分有：维生素 C、维生素 E、硫辛酸等。

（3）**抗感染祛红**：红脸可能是由皮肤疾病所导致的，包括：玫瑰痤疮、生理性潮红、湿疹、脂溢性皮炎、接触性皮炎等。皮肤长期敏感，并伴随有红脸现象的人，应该先去皮肤科医生那里做个诊断，弄清楚是否有皮肤疾病。护肤品并不是治疗性的药品，如果是皮肤病，需要先通过医疗手段解决。当皮肤出现这些问题时，都会有不同程度的炎症反应，导致毛细血管扩张和白细胞聚集，出现红脸、红血丝、肤色不均的情况。有效抗感染的功效性护肤品成分有：仙人掌果、芦荟、没药醇、尿囊素、茶树油等。

（4）**减少化妆的频率**：很多女性朋友都有长时间上妆的习惯。其实，对于皮肤屏障受损的女生来说，减少化妆的次数可以有效地减少对皮肤的伤害。同时，在选择卸妆产品的时候，要尽量选择温和的产品；而且卸妆的时候，要使用化妆棉轻轻擦拭,切忌粗暴地涂抹。

(5) **清洁产品的正常使用:**去角质产品、皂基产品以及磨砂类产品的使用都很容易对皮肤造成伤害,建议使用的频率保持在一周 2~3 次,不要过于频繁。

(6) **养成良好的作息习惯:**早睡早起,经常进行体育锻炼都可以帮助改善肌肤状态。修复受损的皮肤屏障,保持皮肤健康的最好方法就是要保护好皮肤屏障功能。

(7) **护肤品选择:**平时涂抹一些具有屏障修护作用的乳液,可以有效提升皮肤的免疫力,让肌肤变得坚韧。建议使用不含激素、香精、致敏防腐剂等刺激和致敏成分的产品,如修护乳,核心成分皮肤屏障修复因子,模拟皮肤角质层双分子膜的三个主要成分:神经酰胺、植物甾醇、游离脂肪酸,快速重建类似皮肤结构的双分子膜,高效修复受损肌肤屏障。

103. 你的"体香"让你尴尬了吗

夏天一到,自带"体香"的姑娘小伙们的烦恼就来了,不管喷多少香水、止汗剂遮盖都无济于事,总是在社交生活中感到尴尬。这种"异香"我们称之为"狐臭或腋臭",是由于异常发达的大汗腺分泌的有机物如蛋白质、脂质、脂肪酸、胆固醇、葡萄酸、胺和铁等,经过皮肤表面细菌氧化、分解产生。常与小汗腺异常分泌引起的多汗症伴发。腋臭有家族遗传性,好发于青壮年,女性发病率高于男性(女:男比率为1.4:1),在受热、运动、饮酒、情绪激动时臭味可加重。

腋臭患者会表现出以下某一或某几个方面:

(1) 出汗后汗味比较浓烈,用手去摸腋下会有一种难闻的异味;

(2) 耳道处明显潮湿或者发黏;

（3）过量的汗液排出后会使腋毛发黏；

（4）汗液长时间存留还会导致内衣变色发黄、有异味；

（5）腋毛上会产生出一些白色或黄色的细小结晶状的颗粒物；

（6）自己很容易闻到异味或者别人近距离也能闻到刺鼻的异味。

104. 腋臭的临床治疗方法有哪些

腋臭的临床治疗方法具体有：

（1）外用药物，主要是通过止汗、抑菌杀菌来达到暂时掩盖气味、控制出汗等效果，缓解味道。如止汗除臭香体露、狐臭净味水等。但这种外用方法效果难以长久持续，还可能产生接触性过敏、刺激等不良反应。

（2）手术清除皮下大汗腺，治疗效率高。已从传统的梭形大切口改良为现在的微小切口术式以尽可能地减小创面，但相对来说，依然存在恢复周期长、并发症多、瘢痕风险高等问题。

（3）A 型肉毒素腋下注射。肉毒素能够抑制支配汗腺的胆碱能神经末梢释放乙酰胆碱，从而导致腋窝区汗腺逐渐萎缩，汗液分泌量逐渐减少。但受肉毒素代谢周期影响，疗效有时间限制，一般单次治疗效果可维持 4~6 个月左右。

（4）黄金微针射频点阵。利用黄金包裹的绝缘微针将射频能量直接作用到目标靶组织——大汗腺，使之受热凝固变性坏死，达到治疗作用。局麻、微创、单次治疗有效，术后外用消炎药和表皮修复药物恢复快。

（5）MiraDry 微波治疗，特定的微波频率和技术将微波能量精准地传输到真皮与脂肪交界处（即汗腺分布区），维持治疗温度在 60℃，有效破坏汗腺细胞，再配合水冷却系统将皮肤表面温度降至 15℃，有效保护表皮和真皮上部使其免受微波热能的损伤。安全、单次治疗有效，术后无恢复期。

105. 对于抗衰，有哪些推荐的皮肤管理项目

以下皮肤管理项目可用于抗衰：

（1）填充剂注射：主要是胶原、玻尿酸等的填充，可以维持一年左右，一般

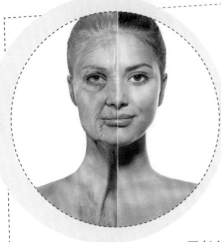

用于填充皱纹、丰唇。

（2）**注射除皱**：肉毒杆菌素可以改善各式面部的皱纹。

（3）**自体脂肪移植充填**：适用于面颊部，颞区，上睑凹陷的人群。

（4）**激光治疗**：目前先进的激光设备可以刺激胶原新生重塑，达到紧致皮肤，除皱美白的效果。

（5）**射频抗衰治疗**：具有立即性的紧肤效果及长久性的再生效果两大功能。

106. 对于美白，有哪些推荐的皮肤管理项目

美白即健康的白，应该是能够透出光彩的亮白。要做到从肌肤深层透出光彩，就要扫清肌肤里的黑色素，开启肌肤内在光彩。紫外线对皮肤的损坏有两种：一种是即时伤害——太阳灼伤和晒黑；另一种则是长期伤害——晒斑和色素沉着，幼纹和皱纹出现，可导致皮肤癌。因此，日常防紫外线是护肤的重要措施之一。具体措施包括防晒美白、美白保湿、美白食品、美白面膜、化妆品美白。

美白可以分为天然美白即牛奶美白、芦荟美白、番茄蜂蜜美白、醋蛋液美白、中医美白、珍珠粉美白、鲜果美白；美白作用的饮食即牛奶、海带、蔬菜（豌豆、土豆、白萝卜、胡萝卜、冬瓜、芦笋、甘薯、蘑菇、豆芽、丝瓜、黄瓜）、水果（橙子、香蕉、柚子、梨子、桃子、大枣、杨桃、柠檬、草莓、猕猴桃、樱桃）。

107. 对于祛痘，有哪些推荐的皮肤管理项目

祛痘，是运用医学技术或方法消除青春痘的过程。青春期时，体内的荷尔蒙会刺激毛发生长，促进皮脂腺分泌更多油脂，毛发和皮脂腺因此堆积许多物质，由于这种症状常见于青年男女，所以才称它为"青春痘"。对于祛痘

的日常护理主要是做好肌肤清洁工作,做好补水工作,选择适合的祛痘品,及时应对并发症状。经典方法包括药物、激光、糖皮质激素、果酸法、芦荟、除痘面膜、珍珠粉去痘印。目前新方法有磁悬浮——韩国肌肤橡皮擦祛斑,水玻璃,水分离祛斑技术,水分离祛痘疫苗技术。

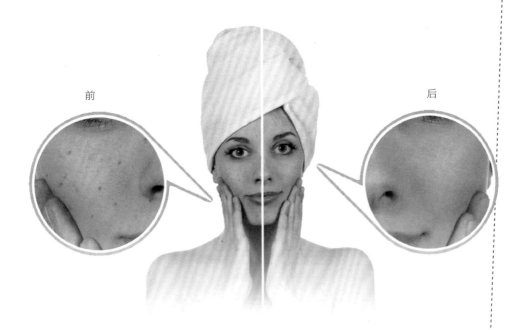

前　　　　　　　　　　　　　　　　　　后

108. 对于祛红,有哪些推荐的皮肤管理项目

　　红血丝是毛细血管及静脉显露的原因,其中皮肤变薄也是一个主要原因。所谓的红血丝实际上应称为毛细血管扩张,其扩张的原理包括如气候、高温、低温、风沙、紫外线、强光等。激光祛红血丝是采用激光祛红血丝仪祛除红血丝程序的治疗,引进的激光祛红血丝仪具有专门去红血丝的激光程序,针对各种原因引起的细血管显露均有确切效果。目前激光去红是最有效的方法,不伤害皮肤,不会留下瘢痕或者是色素沉着,无须休假。激光刺激皮肤的真皮层,可以激发胶原蛋白的生成,增加皮肤的厚度和密度,使毛细血管不会因为皮肤过薄造成血管外露。治疗后要加强防护,充分保湿,减少刺激,加强饮食调理。

109. 对于敏感性肌肤,如何进行皮肤管理

敏感性皮肤是一种问题性皮肤,任何肤质中都可能有敏感性肌肤。敏感性肌肤一般特征为看上去皮肤较薄,容易看到红血丝(扩张的毛细血管),皮肤容易泛红。一般温度变化,过冷或过热,皮肤都容易泛红、发热;容易受环境因素、季节变化及面部保养品刺激,通常归咎于遗传因素,并可能伴有全身的皮肤敏感;饮食改变或压力变大时,肌肤容易出现发红、瘙痒、刺痛等现象;肌肤很容易被太阳晒伤。

管理方法如下:物理镇定是指利用物体或者大气温度,接触表皮,从而进行的镇定。这类镇定,主要由仪器组成,比如冷热电泳仪的冷疗,以及超声波导入时的冰水镇定等。化学镇定就是应用产品中所含有的有效成分对肌肤进行的镇定。这类镇定产品,主要含有大量的植物配方,比方说,芦荟、海藻、积雪草、马齿苋等。

110. 让肌肤逆生长,让童颜永驻——皮肤老化的护肤

皮肤处于松弛无弹性、深皱纹,毛孔粗大时,可通过超声刀将热能聚焦到皮肤筋膜层,促使筋膜层收缩,提拉肌肤,同时刺激皮肤大量合成胶原蛋白收缩细毛孔,消除皱纹,重焕童龄美肌。采用激光治疗皮肤老化的方法较多,基本可分为有创和无创两类。有创光嫩肤又可分为应用全表皮气化结合光热原理进行的表皮重建光嫩肤,与部分表皮气化结合局灶性光热原理进行的点阵表皮重建嫩肤两种形式,以达到表皮重建、胶原蛋白收缩和真皮再生,改善皮肤质量的目的。无创光嫩肤也可分为表浅的强光嫩肤治疗、扫描激光的真皮嫩肤治疗和局灶性的点阵激光嫩肤治疗等多种形式。

111. 长斑肌肤该如何管理

肌肤长斑一般出现在日光、X线、紫外线照射后,表皮中黑色素体瞬间变成

氧化型而使皮疹颜色加深,形态变大,数目增多。化妆品、妊娠、内分泌紊乱、种族及遗传也可致皮肤色素沉着斑的产生。色斑沉着还与患者的休息及精神状况明显相关,精神抑郁、熬夜、疲劳均可加重色素沉着。因此,肌肤长斑首先要寻找诱因,避免日光照射,一年四季外出时面部均应外用遮光剂;针对妊娠期长斑的患者,应适当补充富含维生素 C、维生素 E 的食物,注意保持乐观的情绪;皮肤处于亚健康状态的皮肤屏障受损肌肤,首先使用医用化妆品修复皮肤屏障后,再针对长斑类型使用药物或激光等治疗手段。

112. 暗黄肌肤如何重焕光彩

不当的生活习惯使肌肤暗黄的主要原因有:防晒不足、电脑、电离辐射产生的自由基导致角质层的损伤、洁面不彻底、肌肤经皮失水过大,补水不足、熬夜、疲劳、精神抑郁。

因此,首先要去除导致肌肤暗黄的诱因,做好皮肤防晒,定期清理角质层,保证充足的睡眠,保持愉悦的心情。

目前也有很多改善皮肤暗沉的医美手段。皮肤暗沉的患者可通过果酸焕肤、水光针注射、强脉冲光(IPL)等来改善肤色。脉冲激光主要利用波段光产生的光热作用,使真皮胶原重排,增强血管功能,改善肌肤微循环。目前常用于改善暗黄肌肤的激光主要有:白瓷娃娃、皮秒激光、1 550nm 点阵激光等。

113. 肤色不均该如何管理

随着年龄的增加、外界的污染、防晒不足、光线刺激导致的皮肤氧化、日常工作精神压力大、内分泌失调、睡眠不足、缺乏运动、新陈代谢减慢等均可导致肤色不均匀。但是,肤色不均匀除了依靠日常的皮肤清洁、保湿、防晒和抗氧化作用的产品的使用之外,还可以配合激光换肤、水光注射等医美手段从根本上解决肤色不均的问题。激光换肤主要利用光热分离效应,穿透真皮层,重塑真皮胶原,改善肤色不均等皮肤的亚健康状态。

常用的激光技术主要有:黑脸娃娃、白瓷娃娃、皮秒激光等。光子嫩肤后应更加注意防晒、保湿和补水;1周内避免使用刺激性护肤品;治疗期间禁食感光性食物。

114. 如何让你松弛的肌肤重返紧致活力

皮肤松弛的原因是由于:①随着年龄的增长,真皮胶原蛋白和弹力纤维蛋白减少;②皮肤脂肪、肌肉的支撑力不够;③地心引力、遗传、精神紧张、受阳光照射及吸烟也使皮肤失去弹性,造成松弛。

针对病因,我们首先要注意日常的皮肤护理,科学减肥,注重休息,放松心情。对于不可抗因素的皮肤衰老导致的皮肤松弛,我们可以利用激光技术、玻尿酸注射技术、线雕等医美手段,使松弛的肌肤重返紧致活力。其中,线雕技术是采用直接植入胶原蛋白线的方式对肌肤进行提拉,通过线体的提拉,从而改善皱纹、皮肤松弛等现象。该技术安全、微创、持续时间长,是目前改善肌肤松弛的优选手段。

115. 如何消除你的黑眼圈、眼袋

黑眼圈是由于熬夜,情绪波动大,眼疲劳,衰老导致眼部皮肤血管血流速度过于缓慢形成滞流所致。眼袋是下眼睑周围皮肤松弛老化、细胞缺内源氧、托不住眼部淤积的脂肪,脂肪隔眶而出,造成眼部衰老臃肿的征象。

所以在保证充足睡眠的情况下,使用眼霜配合一些轻柔的眼部按摩,促进眼部皮肤血流加速,可改善黑眼圈的状况。针对肥大的眼袋,追求完美的话,可通过物理或者手术手段祛除眼袋。目前祛除眼袋的方法主要有:激光祛眼袋、镭射祛眼袋、吸脂祛眼袋、自体脂肪移植祛眼袋。以上方法通过经验丰富的医师操作,可有效祛除眼袋,紧致松弛的皮肤。

116. 眼部细纹只用眼霜就够了吗

眼部细纹是指眼部皮肤受到外界环境影响,形成游离自由基,自由基破坏正常细胞膜组织内的胶原蛋白、活性物质,氧化细胞而形成的小细纹、皱纹。眼部四周的肌肤,保护功能弱,加上眼部四周的肌肤水分容易蒸发,在保水能力不佳的情况下,干燥是眼部细纹形成的主要原因。

使用眼霜配合轻柔的按摩手法,可给眼部肌肤补充水分,改善眼部细纹的情况。但仅仅使用眼霜是不够的,还应注意按摩手法。注意防晒,减少光损伤,条件允许的话可注射肉毒素、玻尿酸等填充剂来改善眼部细纹状况。

117. 怎样有效祛除皱纹

针对细小的干纹,可根据年龄、肤质状况挑选适合自己的面霜或眼霜,配合轻柔的手法按摩。如年轻女性可注重选择补水型的产品;对于 25 岁以上的可选择抗衰老的产品;40 岁以后可选择有紧致功效的护肤品。

除此之外,还可使用玻尿酸、肉毒素注射面部除皱法,该方法能迅速填充皮肤皱纹,且不会出现

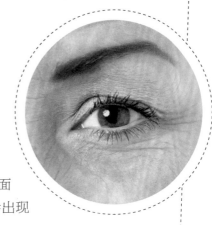

排异反应;针对皱纹较深、区域较广的额头部位、颞部皱纹可选择小切口除皱术。目前,射频美容逐渐成为除皱的热点。射频美容定位组织加热,促使皮下胶原收缩拉紧,同时对皮肤表面采取冷却措施,真皮层被加热而表皮保持正常温度,使皮肤真皮层变厚,皱纹随之变浅或者消失,还可以重塑真皮胶原,产生新的胶原质,使肌肤更加紧实。

118. 早衰肌肤的管理方法

皮肤衰老可分为内因和外因。内因主要包括:皮肤新陈代谢减慢,真皮内的保湿因子减少、皮肤附属器功能的自然减退、皮下脂肪储存逐渐减少、生物体内活性酶逐渐减少,大量自由基释放损伤肌肤。外因主要包括:毛孔堵塞、日晒导致皮肤过度氧化、寒冷、干燥的气候使皮肤缺乏水分。

所以,在日常生活中,我们应该注重皮肤的保湿和防晒,多食富含维生素C和维生素E的蔬菜水果,注重皮肤的清洁,适当使用抗氧化的美容产品。经济条件允许的情况下可使用医美手段例如激光技术、射频技术、水光等注射技术来改善皮肤的松弛、皱纹、色素沉着等皮肤老化问题。

119. PM2.5 带给肌肤的损伤及预防

PM2.5 即细颗粒物的简称,指环境空气中空气动力学当量直径小于等于 2.5 微米的颗粒物。它能较长时间悬浮于空气中,其在空气中含量(浓度)越高,就代表空气污染越严重。虽然 PM2.5 只是地球大气成分中含量很少的组分,但它对空气质量和能见度等有重要的影响。与较粗的大气颗粒物相比,PM2.5 粒径小,面积大,活性强,易附带有毒、有害物质(例如,重金属、微生物等),且在大气中的停留时间长、输送距离远,因而对人体健康和大气环境质量的影响更大。随着 PM2.5 的监测技术的发展和信息的公开,PM2.5 对人的呼吸系统的危害已深入人心,对其的防治主要关注于呼吸系统的防护。

120. PM2.5 能进入皮肤吗

PM2.5 能通过毛孔进入皮肤。PM2.5 是对直径小于 2.5μm 的空气悬浮颗粒、液滴的统称，正常皮肤毛孔直径在 3 000~5 000nm，2.5μm=2 500nm，故 PM2.5 可以通过毛孔进入皮肤。毛孔之外的正常皮肤，因为有坚固的角质层自我保护，吸收量甚微。

121. PM2.5 对皮肤有哪些危害

PM2.5 来源复杂，成分复杂，化学成分主要包括有机碳（OC）、元素碳（EC）、硝酸盐、硫酸盐、铵盐、钠盐（Na^+）等。它们会直接或间接（诱发光化学反应）刺激皮肤，诱发痘痘、皮肤敏感、泛红、干燥等不适。具体如 PM2.5 中的硫酸盐，在大气中经日光照射，容易形成气溶胶，对皮肤有刺激和腐蚀作用，还可与环境中的金属离子镍结合，形成的硫酸镍会造成皮肤的过敏，过敏率甚至高达 24%；硝酸盐分解出的亚硝酸盐可与环境中的

其他污染物结合，形成的亚硝酸异戊酯，可刺激皮肤、黏膜，甚至诱发皮肤白斑病。

另外，由于毛孔是 PM2.5 进入肌肤的主要途径，硫酸盐、硝酸盐等化学物，加上 PM2.5 中的一些石油、粉尘类颗粒物，共同通过毛孔进入肌肤，会干扰毛孔、皮脂腺导管、皮脂腺、毛囊的正常新陈代谢，诱发毛孔堵塞、皮脂腺导管角化异常、皮脂分泌过多、毛囊受损等，促使肌肤出现粉刺、黑头、痘痘、脂溢性皮炎、脂溢性脱发等不适症状。

122. 如何抵御 PM2.5 对皮肤的危害呢

PM2.5 对皮肤的伤害可以是急性、也可以是亚急性或仅是日积月累的缓慢过程;是否出现伤害、出现伤害的时间和严重程度等因素不但与 PM2.5 浓度和成分有关,还与个人遗传背景、应急能力、生活饮食、性别、年龄、身体健康状况等多因素相关。

123. 深度清洁能否防 PM2.5 呢

深度清洁有一定作用,适当的清洁能洗掉皮肤上附着的 PM2.5 微粒,但是注意千万不要因此反复清洁(特别是用清洁力强的洁面产品反复清洁),因为清洁过度会损害角质层,而角质层对 PM2.5 有防护作用,损害了角质层反而得不偿失!

124. 隔离霜能否防 PM2.5 呢

尚无科学研究证实隔离霜能有效隔离 PM2.5,相关宣传基本上仅停留在概念层面。另外,我们也没法在雾霾天就将自己全身肌肤隔离,或装在口罩似的密封套里。

125. 防晒能否防 PM2.5 呢

有一定作用,因为防晒可以减弱光敏反应诱发的间接刺激。因此可以通过戴帽子打伞等物理方法防晒,以及通过涂抹防晒霜防晒,来达到防 PM2.5 的目的。从根本上说,PM2.5 诱发的所有肌肤不适,都伴随肌肤细胞内炎症因子和自由基的增加,因此最切实可行的防 PM2.5 的方法是减少炎症因子和自由基的产生,加快细胞修护 PM2.5 对肌肤造成的损害,从而间接抵御 PM2.5。

那怎么办呢？可以使用含较多抗炎、抗氧化植物提取物或维生素 A、C、E（经典抗氧化剂）的补水保湿护肤品，同时饮食上注意补充抗氧化剂，另外做好皮肤的防晒，以及适度的清洁工作，就可以在一定程度上抵御 PM2.5 对皮肤的损害。

126. 敏感肌肤护理因人而异——你选对了吗

由于敏感肌肤的症状因人而异，其表现也各不相同，所以肌肤敏感护理也是因人而异。假设皮肤现在状态不稳定，不管是易瘙痒（有人经过一棵柳树或者看到一个桃子都会痒），或者用很多产品都刺痛，或者在某个区域经常性地反复发痘。出现这些问题，有可能是皮肤屏障问题，有可能是涉及神经系统，也有可能和免疫系统有关，建议先咨询医生，再考虑"进一部护理"。大部分人皮肤都有修复能力，只要不干扰它，它很可能会"自己解决问题"。除了基础的"保湿滋润"和低 SPF 的温和防晒霜之外，建议不要给皮肤"补"任何东西——不清楚问题的原因，道听途说去使用一些产品，可能会加剧问题。

127. 敏感肌肤护理的时候需要留心的问题有哪些

（1）虽然国际香精香料协会对于香精的使用有严格规定，但是护肤品中的香精，仍然是重要的刺激源。所以，如果皮肤处于很不稳定的状态，建议选择"无香精"的产品，单纯利用产品的保湿功能，不要追求"香喷喷"的愉悦感。

（2）防腐剂的使用，是为了避免产品在运输和使用过程中微生物的滋生，对于使用者是有益的。但是，仍然有人对于某种特定类型的防腐剂的感受性比较强，比如有一部分人觉得含有苯氧乙醇浓度比较高的产品就很不舒服。所以，注意自己是否属于这种人群，注意调整自己的产品选择。

（3）无防腐的产品，有可能是用了"二醇"（比如"戊二醇"）类的"能够对抗微生物"的化学品。相对来说比较温和，但是也有人对"二醇"感受力较强，可能会觉得略有痛感,但是如果你对比了几个产品之后发现自己属于这少数的一群,在之后的购买中也要注意。

大家希望自己皮肤变好变美的心情我们特别能够理解,但是我们还是要坚持"循序渐进,徐徐图之"的大原则,让皮肤逐渐适应,并且在适当的地方"适可而止",不要过分挑战皮肤的极限。

128. 唇部干裂太痛苦,应该怎么办

人体的嘴唇周围一圈发红的区域叫"唇红缘",它的湿润全靠局部丰富的毛细血管和少量发育不全的皮脂腺来维持。

(1) 秋冬嘴唇易干裂:嘴唇干裂多发生在秋冬季节,主要原因是秋冬气候干燥、风沙大,加上人体维生素 B2、维生素 A 摄入量不足造成的。加上嘴唇角质层太薄,所以保持水分的能力很低,唇部就特别容易干燥起皮,颜色暗淡。

(2) 嘴唇干裂别舔:有些人为了滋润口唇,喜欢用舌头去舔,其实这是一种坏习惯,因为舔唇只能带来短暂的湿润,当这些唇部水分蒸发时会带走嘴唇内部更多的水分,使你的唇陷入"干—舔—更干—再舔"的恶性循环中,结果是越舔越痛,越舔越裂。同时唾液里面含有淀粉酶等物质,风一吹,水分蒸发了,带走热量,使唇部温度更低,淀粉酶就粘在唇上,会引起深部结缔组织的收缩,唇黏膜发皱,因而干燥得更厉害。严重者还会感染、肿胀,造成痛苦。

129. 唇部皮肤护理的方法有哪些

对于唇部皮肤护理,方法大体上分成两个大类。

(1) 严格保湿:由于唇部皮肤结构相对比较简单,没有汗腺、皮脂腺和毛孔的问题,所以唇部往往可以涂抹非常厚重的润唇膏和口红,如果嘴唇很脆弱,可直接用白凡士林来做封闭。这种简单粗暴的"封闭",能够在相当长的一段时间内,直接截断水分外流的通道,让唇部皮肤获得比较充分的水分。

（2）**适当地去角质：**去角质膏能够迅速改善，但是如果频繁使用，就会导致唇部皮肤出问题——唇炎。我们推荐的使用频率，即使是健康的唇部皮肤，一周也不能超过一次，两周一次比较保险。在水分充足的前提下，可以合理推测唇部皮肤的"酶"此时能够正常工作，新陈代谢速度恢复到正常状态。

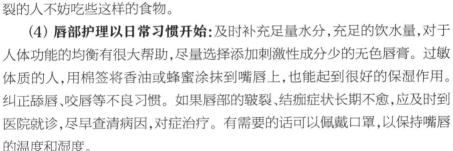

（3）**防治小妙招：**气候干燥，平时应多喝白开水，多吃新鲜蔬菜水果。莲藕、荸荠、梨等食物有生津、止渴的功效，嘴唇容易干裂的人不妨吃些这样的食物。

（4）**唇部护理以日常习惯开始：**及时补充足量水分，充足的饮水量，对于人体功能的均衡有很大帮助，尽量选择添加刺激性成分少的无色唇膏。过敏体质的人，用棉签将香油或蜂蜜涂抹到嘴唇上，也能起到很好的保湿作用。纠正舔唇、咬唇等不良习惯。如果唇部的皲裂、结痂症状长期不愈，应及时到医院就诊，尽早查清病因，对症治疗。有需要的话可以佩戴口罩，以保持嘴唇的温度和湿度。

130. 宝宝涂唇膏有什么影响

到了冬天，妈妈喜欢给宝宝涂抹唇膏，认为这样可以避免嘴唇干燥。其实唇膏内所含的颜料、化学基质，会吸收口唇黏膜细胞内的水分，使得口唇黏膜细胞发生脱水现象，以致口唇黏膜变得干燥起皱，宝宝会情不自禁地用口水来滋润口周皮肤和口唇黏膜。

宝宝这种不能自行控制的做法不但不能减轻不适，反而会使口周皮肤和嘴唇黏膜越舔越干燥。因为唾液内含多种消化酶和酸性成分，对口周皮肤和口唇黏膜细胞有刺激作用，会促使口周皮肤和黏膜细胞发生分解、脱落，以致口周皮肤和嘴唇黏膜出现干燥、脱皮屑现象。

131. 你知道什么是光敏性食物吗

光敏性食物指那些容易引起日光性皮炎的食物。通常来说,光敏性食物经消化吸收后,其中所含的光敏性物质会随之进入皮肤,如果在这时照射强光,就会和日光发生反应,进而出现裸露部位皮肤的红肿、起疹,并伴有明显瘙痒、烧灼或刺痛等症状。这种情况我们称之为植物性日光性皮炎。

132. 植物性日光性皮炎有哪些症状,是怎么产生的呢

植物性日光性皮炎是指身体接触某些光敏性植物后,再经一定波长的光线照射所导致的皮肤出现红、肿、痛、红斑丘疹水疱等皮炎症状,在过敏体质人群中尤其容易发生。它的发生有两个必要条件:光和光敏性植物,两者缺一不可。当患者吃了光敏性植物或者接触了光敏性植物的汁液后,在强光照射下,皮肤上吸收或吸附的光敏性植物就会和日光发生反应,进而引起裸露部分皮肤红肿,皮损出现,发生日光性皮炎。

133. 常见的光敏性植物有哪些呢

(1) 有浓郁气味的香菜、芹菜、茴香、香椿等;

(2) 野菜类的荠菜、苋菜、灰菜;

(3) 某些水果:无花果、柑橘、柠檬、芒果、菠萝等;因为这些蔬菜及水果中都含有一种叫呋喃香豆素,它是一种天然的光敏剂,当接触到紫外线时,就会产生光敏反应,进而导致皮肤被晒伤。

除此之外,"光敏性海鲜"包括螺类、虾

类、蟹类、蚌类等。

　　小提示:当你选用品牌产品时一般是比较不容易受到这方面的伤害。如果皮肤出现了光敏感现象,即尽管做了防晒护理,但是前额、两颊及鼻子等处还是很容易出现过敏反应,那你就一定要格外注意身边是不是出现了上述这些物质。

134. 空调房护肤指南有哪些

　　我们都知道,皮肤失水的速度,很大程度上取决于周围环境中空气的"饥渴"程度,如果周围的空气很"渴",就会想尽办法从我们的皮肤里"吸"取水分,皮肤失水就会加快。

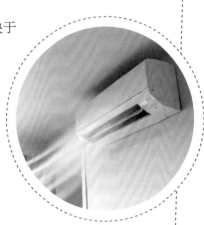

　　皮肤在夏天晒后水分流失严重,而且在空调房中水分也极易流失,锁住水分是护理肌肤的重点。质感柔软、含有植物天然的滋润及保湿成分的保湿乳液,能有效促进皮脂分泌,防止水分流失。另外,如果加上油类保湿产品和肌底液就最好不过了。

135. 空调房注意事项有哪些

　　长时间处于冷气房,皮肤易干燥、形成小细纹。若无法关掉冷气,那请加强肌肤保湿;而室内外的温差影响,则需要重视保养上的油水平衡,每天摄取 1 500~2 000ml 的水分,表皮层则做好防止水分丧失的防护层。另外,以保湿保养品提升角质细胞储水力。让肌肤维持在最佳的保湿状况,角质细胞紧密排列,肌肤就会紧实亮透。

136. 皮肤问题这么多,应该先解决哪个

　　一般来说,皮肤常见的问题有出油、干燥、炎症、屏障受损等。但是这

些问题互相之间并不是绝对独立的,往往有着千丝万缕的联系,落实到每个人脸上的具体轻重复杂程度都不一样,没办法绝对地说哪一个占据优先地位。

如果一定需要一个参考方向,暂且不考虑因人而异的部分,那么通常炎症是更加急于解决的问题。根据我们日常看到的情况,炎症直接导致的皮肤症状往往更严重,比如丘疹、脂溢性皮炎、痤疮等,这种情况我们是建议大家优先就医控制炎症的。

在遵医嘱的前提下,可以再进行屏障的修复和保湿工作(油皮适当控油),这里通常来说可以双管齐下,但一定要注意产品的温和性,不要再次诱发炎症。具体制订方案还是要依据你的皮肤情况。举个例子来讲,有些人的肤质属于"外油内干"型。而导致这种干的,一般来说是两种情况:一是外部环境过于干燥,即使你的皮脂那么多,依然扛不住;二是"屏障受损的油皮",油脂分泌量不减,但皮肤失水速度大大增加,对外部刺激的耐受能力大大降低。不管是哪种情况,适度加强保湿都是必要的,可以选择一些更好的保湿产品,也可以尽量减少吹空调、室外吹风等。而屏障受损的话,还需要修复屏障,除了基础的护肤(适度清洁、合理保湿、加强防晒),并辅以一些修复类产品,尽量避免其他外部刺激源,暂时停止化妆,专心让皮肤修复回健康状态。

137. 逆生长真的存在吗

表皮层有五层,对于日常护肤来说,最重要的是角质层,既能对抗外敌,又能对内保持水分;角质层有几种东西最最最重要:角蛋白、NMF 和铺在角质层外面的皮脂;所谓屏障受损,就是角质层被破坏,屏障功能受到了影响,抵抗外敌和锁水功能都会下降,皮肤会更容易干燥、刺痛、发热、泛红等。对于护肤而言,有两大首要原则:保护屏障功能、保持合理水分。而要做到这两大原则,就要从最重要的角质层下手。

首先要做的,就是做好基础,未雨绸缪——合理清洁、适度保湿、加强防晒;然后,合理使用功效产品,不要盲目使用猛药;最后,如果悲剧已经不可避免的发生了,那就要亡羊补牢——使用修复类产品,并且最好是停用除修复以外的一切功效产品,减少刺激风险,同时继续合理清洁、适度保湿、加强防晒。但对于产品的选择上可以略做调整,选择更温和一些的。

138. 如何精细地进行逆生长护理呢

(1) 合理清洁:过度清洁,是屏障受损最常见的原因之一。不要经常使用强力清洁的洁面剂,过分的洗去皮脂会造成失水增加,细胞间脂质也会一定程度的流失,也可能造成干燥和屏障功能削弱;清洁泥膜、去角质产品不要肆无忌惮的往脸上招呼,这不是清洁,这是扒皮啊,不把角质层扒干净了不算完,还可能造成干燥和屏障功能削弱;尽量不要天天卸妆,每卸一次妆,对于角质层造成的破坏,正常要 8 天左右的时间才能恢复,依然可能造成干燥和屏障功能削弱。

(2) 适度保湿:无论你的皮肤状态是什么样,适度的保湿都是一件非常重要的事。皮肤干燥会加速衰老,促使细纹产生,对于屏障受损的人来说,干燥的环境也不利于屏障恢复。

(3) 加强防晒:屏障受损时期要尽量减少刺激,建议大家以物理防晒为主,口罩、遮阳帽、太阳伞一套设备全都招呼上,别嫌麻烦。另外可以用一些温和的纯物理防晒辅助。

139. 颈纹护理方法有哪些

颈纹产生的四大原因包括:紫外线、颈部缺水、长期低头、遗传基因。

(1) 紫外线影响:日晒和电脑辐射,随着年龄的增加而加深,皱纹可能非常明显。

(2) 颈部缺水:颈部肌肤细薄而脆弱,皮脂腺和汗腺的数量只有面部的三分之一,皮脂分泌较少,难以保持水分,更容易干燥,所以很容易产生皱纹。

(3) 长期低头姿势不当:低头族可要小心喽,手机不离手,低头玩手机,久

而久之除了脸部皮肤松弛变成大 U 脸,颈纹也是越来越深,越来越明显。

(4) **遗传因素:**与年龄无关,只能靠日常护理淡化,这就是为什么有些注重护理的人也有颈纹的原因。

对于颈纹的护理包括以下方法:

(1) **经常拉伸:**平时日常生活或是工作中,要时不时地锻炼一下颈部的肌肉和肌肤,最简单的方式是把头向后仰,使颈部的肌肉、皮肤,尽量舒展得到休息。

(2) **平躺睡姿:**睡觉时保持平躺的姿势对预防颈纹的产生非常重要,这样可以直接避免颈部肌肤受到压迫而长时间处于褶皱状态。记住,高枕并不是无忧哦。

(3) **注意清洁:**汗液和排泄物较多的颈部,用洁面产品保持清洁,才不容易产生皱纹。清洁时,使用低刺激的中性或弱酸性洁面产品,用手从下向上按摩。洁肤后,涂抹具有改善皱纹功效的护肤品为佳。

颈纹护理应注意以下方面:

(1) **不能常低头:**不管是低头看书还是玩手机,颈部的肌肤都会受到压迫,久而久之,肌肤就会出现类似于表情纹一样的折痕——颈纹。

(2) **不能暴晒:**颈部的皮肤其实比脸蛋更细嫩,长时间的暴晒会让你的颈部皮肤加速老化,皮肤会因为紫外线的侵袭而变得干燥易衰老,细纹慢慢爬上你的脖子。

(3) **不能高温:**水温太高会使颈部变得干燥缺水,降低颈部肌肤对于外界环境刺激的防御能力,变得粗糙松弛。

140. 到底是什么造成了颈纹

皱纹大体上可以分成两个来源。

一个是皮肤自身的胶原蛋白和弹性蛋白受到紫外线和衰老的影响,质量下降,数量减少,原本平整的皮肤表面,就会像失去水分的干旱地面,形成很多细小纹路。另一个问题,来自于皮肤下面的脂肪和肌肉的变化。由于皮肤本身的厚度也就 1~2mm(包括表皮和真皮在内),如果皮肤下面的脂肪和肌肉的结构变化,皮肤表面也会出现纹路。

第一种比较细小的纹理,大部分都是由于阳光中的紫外线经年累月的侵扰,胶原蛋白和弹性蛋白被持续地破坏造成的。第二种比较粗大的那些线,则是由于反复的运动(比如点头和摇头),或者是不良的睡姿(仰卧或者俯卧,长期保持姿势不变),或者是生活习惯(坚持不懈地低头看手机),造成皮肤的折叠。伴随着皮肤本身的衰老,弹性下降,脂肪层流失,皮肤的这些折叠就被长期保存下来了。第三种皱纹,主要原因是由于衰老,原本支撑均匀皮肤的颈阔肌,逐渐变得力有不逮,于是他们就集中力量办大事,缩了起来,中间留了好多空缺,皮肤表面也就变得沟壑纵横。

141. 针对不同的颈纹该如何护理

对付第一种纹路,基本上就是护肤的套路。防晒是第一位的,如果在乎这些细纹的话,千万不能放弃防晒,因为紫外线就是主要成因。

第二种纹路,建议改善生活习惯,尤其是睡姿和坐姿,手机也不要一直盯着了。由于这种纹路很大程度上涉及了脂肪层,单纯护肤品是很难产生效果的,可以咨询一下医美手段,联合医美方法会起到良好的功效。

第三种纹路,必须要到医院寻求治疗方法,在特定的地方注射特定量的肉毒素,可以有明显的效果,但是保持时间是半年多,后面需要再注射。

颈纹这个东西,形成起来不知不觉,一旦有了就很难办。所以,良好的生活习惯,适当的睡眠姿势,坚持运动,营养均衡,预防才是最好的办法。

142. 如何应对毛孔粗大

毛孔粗大的原因很多,常见的有遗传、日晒、高温、辛辣、高热量饮食、内分泌变化、护肤品堵塞等。找到病因才能达到理想的治疗效果。对于伴有黑头、油脂分泌旺盛的毛孔粗大,药物治疗可选择西咪替丁、螺内酯、维甲酸类抑制油脂分泌,化学治疗可选择果酸、水杨酸,光电治疗可选择强脉冲光(IPL)、点阵激光、调 Q 激光。对于光老化引起的毛孔粗大可以选择黄金射频点阵、Viva 纳米射频点阵、点阵激光。

对于伴有玫瑰痤疮的毛孔粗大,可以选择平衡矩阵嫩肤(BBL)、IPL、Botox 水光,治疗面部基础疾病的同时可以缩小毛孔。不管是采用何种治疗手段,治疗后的皮肤都应加强抗氧化护理和积极保湿,促进屏障功能修复,同时在日后生活中做到长期管理调控,如清淡饮食,避免辛辣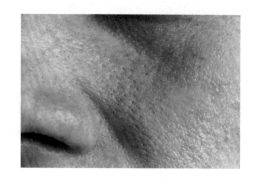刺激、油炸、甜食,注意休息和控制情绪,才能达到理想的效果。

143. 黄褐斑该如何管理

黄褐斑的治疗不能仅以去除色素为靶点,如果表皮屏障功能得不到恢复,则可能导致黄褐斑的复发和加重。

根据黄褐斑的发病机制,建议治疗方案第一步应以促进表皮屏障功能恢复为靶点,如果表皮屏障功能得以恢复,则色素屏障会逐渐减弱恢复到两者的平衡状态,表皮色斑会慢慢淡化;第二步可以在表皮屏障恢复的基础上,再以色素为靶点,予以抑制黑素合成的药物,进一步淡化色斑;第三步如果再辅助抑制真皮血管扩张的药物或活血化瘀中药或脉冲染料激光治疗封闭血管,则可以更好地防止黄褐斑的复发。

黄褐斑需要早期内外结合治疗,去除诱发因素,同时加强防晒。外用药物可选用氢醌、2%~4% 曲酸、20% 壬二酸、1%~5% 苹果酸、维甲酸制剂等。全身治疗可静脉给予维生素 C。可尝试使用短脉冲二氧化碳激光、染料和 Alexandrite 激光、Q 开关红宝石激光等物理疗法,对部分患者有一定疗效。

144. 针对痘坑,有哪些推荐的皮肤管理项目

凹陷性痤疮瘢痕的治疗疗程较长,起效较慢,可以达到一定的改善效果,仍应遵守"防重于治"的原则。正确的生活习惯和有效的炎症期处理都能显

著减少瘢痕形成。而对于已经形成的痤疮瘢痕,往往无法自行消退,需要医疗干预。

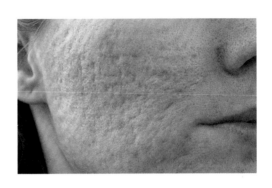

（1）肉毒素可应用于前额、鼻唇沟、下颌处的痘坑。

（2）化学剥脱术:化学剥脱剂涂在病变的皮肤上,使角蛋白凝固、表皮和真皮乳头不同程度坏死,角质层随之剥脱并逐渐被新长出的表皮代替,起到改善肤质外观的作用。化学剥脱还可以在一定程度上刺激真皮启动修复机制,使凹陷性瘢痕变浅并软化。常用的剥脱剂包括 25%~30% 水杨酸、20%~30% 三氯醋酸以及 20%~70% 果酸等。

（3）皮肤磨削术:皮肤磨削术是指对表皮和真皮浅层进行可控的机械磨削,在创面修复愈合过程中,表皮再生,真皮的胶原纤维和弹性纤维增生并重新排布,从而改善皮肤质地和弹性的医学美容操作。在凹陷性痤疮瘢痕的治疗中,皮肤磨削术还可以起到磨平浅表瘢痕、去除色素等作用。

（4）针对较大的凹陷性瘢痕,可采用组织填充术,通过注射、外科治疗等手段,将填充物置于凹陷性瘢痕下方组织,起到填补缺损、平复瘢痕的作用。

（5）针对凹陷性瘢痕尤其是基底部略宽大、局部血供不丰富的瘢痕,可采用环钻切除、环钻抬高术、皮下切割术、直接切除缝合术等手术方式进行治疗。

激光和强脉冲光是近年来发展最为迅速的疗法,可以针对所要治疗的痤疮瘢痕进行针对性选择;而激光和强脉冲光对于真皮的热刺激则可以激活组织修复,促进胶原增生,修复凹陷瘢痕。可选择的激光有点阵激光、饵激光、超脉冲 CO_2 点阵激光、595nm 脉冲染料激光等。

图书在版编目（CIP）数据

护肤与皮肤屏障 / 杨森主编 . —北京：人民卫生
出版社，2019
ISBN 978-7-117-28688-6

Ⅰ.①护… Ⅱ.①杨… Ⅲ.①皮肤 – 护理 – 基本知识
②皮肤病 – 诊疗 Ⅳ.①TS974.11②R751

中国版本图书馆 CIP 数据核字（2019）第 142758 号

人卫智网	**www.ipmph.com**	医学教育、学术、考试、健康， 购书智慧智能综合服务平台
人卫官网	**www.pmph.com**	人卫官方资讯发布平台

护肤与皮肤屏障

主　　编：杨　森
出版发行：人民卫生出版社（中继线 010-59780011）
地　　址：北京市朝阳区潘家园南里 19 号
邮　　编：100021
E - mail：pmph @ pmph.com
购书热线：010-59787592　010-59787584　010-65264830
印　　刷：北京顶佳世纪印刷有限公司
经　　销：新华书店
开　　本：710×1000　1/16　　印张：19
字　　数：302 千字
版　　次：2019 年 8 月第 1 版　2019 年 8 月第 1 版第 1 次印刷
标准书号：ISBN 978-7-117-28688-6
定　　价：89.00 元

打击盗版举报电话：010-59787491　**E-mail**：WQ @ pmph.com
（凡属印装质量问题请与本社市场营销中心联系退换）

55检